格物致理

批判性科学思维

THE CRITICAL THINKING IN SCIENCE

包景东 编著

科学出版社

北京

图书在版编目(CIP)数据

格物致理·批判性科学思维/包景东编著. —北京：科学出版社，2014.6
ISBN 978-7-03-040967-6

I. ①格··· Ⅱ. ①包··· Ⅲ. ①物理学–高等学校–教材 Ⅳ. ①O4

中国版本图书馆 CIP 数据核字(2014)第 121960 号

责任编辑：王胡权　昌　盛／责任校对：韩　杨
责任印制：张　伟／封面设计：迷底书装

科学出版社出版
北京东黄城根北街 16 号
邮政编码：100717
http://www.sciencep.com

北京虎彩文化传播有限公司 印刷
科学出版社发行　各地新华书店经销
*

2014 年 6 月第　一　版　开本：720×1000 B5
2023 年 8 月第六次印刷　印张：18
字数：241 000

定价：49.00 元
(如有印装质量问题，我社负责调换)

前　言

"(但)理论思维仅仅是一种天赋能力。这种能力必须加以发展和锻炼，而为了进行这种锻炼，除了学习以往的哲学，直到现在还没有别的手段。……一个民族想要站在科学的最高峰，就一刻也不能没有理论思维。"

——恩格斯[①]

教育部高等学校物理学本科指导性专业规范对人才培养提出了"素质、能力和知识"三个基本要求，其中在创新能力方面，首次强调了培养学生应具备"批判性思维能力"。通常的本科教学流程是：教师在课堂上讲授"正确的知识"，学生在课后做"正确的练习"，但缺乏批判性思维能力的训练。批判性思维指的是能抓住要领，善于质疑辨析，基于严格推断，富于机智灵气、清晰敏捷的思维。在现代社会，批判性思维被普遍确立为教育特别是高等教育的目标之一。

---

① 《马克思恩格斯选集》第3卷，第465-467页，人民出版社，1972年。

对于理工科课程来说，它们信息丰富、逻辑严谨、难度较大，包含了批判性思维的几个核心要素：解读、分析、评价、推理等。批判性思维首先要借助"解读"来澄清观点，祛除表述的模糊性，对问题的歧义进行澄清；然后是对理由和论断的"分析"，在语境中找出潜在的理由，在论断中发现隐含的观点；"评价"是批判性思维能力至关重要的一个环节，因为人们常常接触大量无理由的论断或者不可能要求对方作出说明的事情。毫无疑问，在理工科教学中加强本科生的批判性思维能力的训练，尤其是新生一踏入大学校门，就让他们接触这种思维模式，这对提高教学质量、培养创新型人才大有裨益。

旷世天才理查德·费曼（Richard Phillips Feynman，1918—1988）以其特有的风格纵横捭阖，他身上所散发的人格魅力依然有其现实意义，这就是：科学的怀疑精神、做事的求实态度和区分真善的能力。无独有偶，美国物理学家卡尔·韦曼（Carl Edwin Wieman，1951—）由于玻色-爱因斯坦凝聚的研究成果获得2001年诺贝尔物理学奖后，把研究领域转向理科教育。他将理科教育比喻成运动竞技教练员的工作："如果想让谁成为一个伟大的足球选手，就应该多积累在足球场上的实际经验。但同时，教练员必须要经常到场，了解运动员正在做什么，要指导运动员应该怎样做才能做得更好，怎样才能使选手进行更好地训练。在知识领域道理也是一样，为了实现更好的理科教育必须要这样做。"他将理想的理科教育归结为三点：第一，使学生建立明确的学习动机；第二，必须让学生对所学的问题进行深入的思考，为学生提供他们能够坚持不懈地深入思考的有价值的科学问题；第三，不能期望他们自己解决所有的问题，要定期检查他们在考虑什么，为他们提供一种能够支持和引导他们进步的反馈意见。

秉承纠正错误比灌输真理更使人印象深刻的理念，采取将知识融于问题之中，剖析错误产生原因的方法，希望藉此来回答"学生到底学到了什么？"之问，把他们的兴趣引向所学的课程及科学之中。

让我们仰望科学的天空，处处闪烁着智慧的光芒！那些物理学大师的名字铭记在心：牛顿、麦克斯韦、玻尔兹曼、拉普拉斯、爱因斯坦、玻尔、费曼、温伯格、杨振宁……

学习自然科学，不仅仅需要方法论，还需要有一点世界观；不仅仅需要数学，还需要一点哲学。正如王安石在《读史》中所写的那样："糟粕所传非粹美，丹青难写是精神。"

本书名的前缀为格物致理，其中"格物"意思是探究事物的道理，"致理"意思是达到明白事理并加以运用。合并起来就是：探究事物的原理法则，而总结为理性知识并加以运用。这里，"格致"还和"物理学"有一段渊源故事呢。现在我们所采用"物理学"作为 physics 的汉译名，其始于 1900 年出版的藤田丰八从日文翻译的《物理学》。他采用汉字"物理学"作为 physics 的译名。藤田丰八原拟用"格致"作为中文版的名称，参与翻译的王季烈认为原书名很好，未改。自此物理学这一名称通行全国。1898 年的京师大学堂章程中使用的还是"格致"，在 1902 年的新章程中即改为"物理学"。①

在理工科教学中引入批判性思维能力训练是一个新生事物，作者虽然努力工作，但难免有叙述和取材不当之处，希请广大读者批评指正。

本书得到北京市教育委员会"高等学校教学名师"共建项目的资助，谨致谢忱。

包景东

2014 年 4 月

于北京师范大学

---

① 赵凯华. 百年北大物理前五十年回溯 [J]. 物理, 42(9): 613-630, 2013

目　录

前言

第1章　批判性思维//1

    1.1　思维的种类//2

    1.2　逻辑学的基本概念//13

    1.3　客观、美学和想象力//25

    1.4　认识批判性思维//34

    1.5　基本技能和态度//36

    1.6　学术范畴的批判性思维//39

    1.7　运用批判性思维的障碍//41

    1.8　批判性阅读、做笔记及写作//43

第2章　论辩、悖论和博弈//48

    2.1　什么是论辩？//49

    2.2　论辩的特征和识别//54

    2.3　认识悖论//56

    2.4　从经典到量子悖论//61

    2.5　博弈论//65

第 3 章　科学家如何运用批判性思维//72

    3.1　科学发现始于问题// 73

    3.2　物理定律的本性// 76

    3.3　牛顿的批判性思维之路// 78

    3.4　爱因斯坦的突破性// 80

    3.5　费曼风格// 84

    3.6　霍金喜欢打赌// 88

    3.7　杨振宁"兴趣 — 准备 — 突破"三部曲// 90

    3.8　科学方法贴近教育// 91

第 4 章　批判性思维在科学事件中的作用// 95

    4.1　自然法则胜过基本假设// 96

    4.2　模型在于解释自然而不是赋予自然// 102

    4.3　物理学中的意外实验// 105

    4.4　不存在与图像或理论无关的实在// 106

    4.5　科学的诡辩：电子双缝实验// 108

    4.6　实在问题：EPR 佯谬和贝尔不等式// 115

    4.7　量子力学给人类社会带来巨大影响// 120

    4.8　共振：粒子是如何探测出来的？// 126

第 5 章　让逻辑纠正错觉// 130

    5.1　力学和它的黄金律则// 131

    5.2　混沌破灭了拉普拉斯梦想// 134

    5.3　质量是什么？// 137

    5.4　大尺度力学效应// 140

    5.5　和谐的力学世界// 148

第 6 章　"不可能性"体现正面价值// 153

6.1　能量转换与守恒// 154

6.2　可逆与不可逆过程// 159

6.3　猜测与推理并举// 166

6.4　热力学时间之箭// 170

6.5　无处不在的熵变// 175

第 7 章　连接微观和宏观世界的桥梁// 181

7.1　从"砸蛋中奖"谈起// 182

7.2　用微观状态解释宏观现象// 188

7.3　经典和量子的分界线// 196

7.4　当代科学方法论// 198

第 8 章　思维能力训练// 209

8.1　需关注的问题// 210

8.2　力学// 214

8.3　热学与热力学// 238

8.4*　统计物理学// 259

最后的话// 277

# 第1章　批判性思维

两位中世纪思想家如是说："我疑故我知"（安塞姆）；"我思故我在"（笛卡儿）。

一位旅居北美的华裔学者比较了他在国内念本科生、国外读研究生的经历，写下了如下一段文字[①]：

在国内做学生时，我经常看到书里说，认识、实践和继承前人的经验传统的过程，就是"去伪存真、去粗取精、由此及彼"的过程。但是，到底怎么去进行这些工作呢？直到在英国和加拿大的研究生课堂上，我才不断地、而且是痛苦地体会到自己缺乏的东西：对思想和论证的合理分辨、解释、挖掘和扩展的能力。在聆听西方同学们的分析发言时，我坐在那里，不知怎么提出合适的问题、有新意的推断、有根据的反驳，……多半时间里我只是一个讨论班上的听众，对讨论的主题没有贡献。

---

① ［加］董毓. 批判性思维原理和方法——走向新的认识和实践. 北京：高等教育出版社，2012.

这个故事表明，缺乏认知发展和批判性思维基本功训练的学生们，在开放、求真和反思的面前会显得无力和迷茫。那么，什么是批判性思维？我们如何养成批判性思维能力？让我们就此在科学的世界里开始充满奇趣和挑战的批判性思维之旅吧！

1.1 思维的种类

现在你正在思考。想一想，准确地说，你现在正做什么？当你思考之时你大脑中正在发生什么？与我们的大脑比较起来，我们对于宇宙基本规律、原子核以及我们身体的认知要多得多。牛顿给出了连接地球和星体的万有引力定律，爱因斯坦给出了质能公式，沃森和克里克破解了基因遗传密码，但是大脑的模型至今还没有真正建立起来。

如果未来的十年里我们没有获取新思想，生活会怎样呢？我们对于夸克和纳米技术作何感想呢？我们如何与他人谈话呢？当然了，思想是积累的，我们伴随着思考成长，并因此而改变我们将来之思考能力。

简言之，思维就是思考。思维的重要性、核心性是通过思维活动将听、看、读的输入信息转换成说、做、写的输出结果。

一、批判性思维

"批判的"(critical)源于希腊文 kriticos(提问、理解某物的意义和有能力分析，即"辨明或判断的能力") 和 kriterion(标准)。从语源上说，该词意味着发展"基于标准的有辨识力的判断"。人们常以赞美的态度使用"批判性思维"一语，因为这个命名要求我们坚持不懈地聚焦于重要问题，客观地遵循引导我们走向答案的理由和证据。批判性思维的渊源可追溯到古希腊苏格拉底所倡导的一种探究性质疑，即"助产术"：

在关于某种道德品质的本性或美德本质的会话中，一个问题出现了。苏格拉底表露出对这个问题的迷惑或无知，而他的朋友用一个说明来帮助他。这个说明变成一个论题。面对苏格拉底的诘问审查，这位朋友不得不对该论题加以辩护。在回应者进行某种初步的说明之后，苏格拉底提出一连串的问题，初看起来这些问题似乎并不直接对那个说明有什么影响，而回应者几乎总是要对这些问题给予"是"或"否"的回答。这种盘问是苏格拉底反驳的核心。最终，苏格拉底归纳出他的朋友在回答这些问题的过程中所承认的东西，而这一归纳的结果与他的朋友先前所提出的那个说明是矛盾的。结果，那个说明现在要被修改或放弃。然后，更多这样的说明做类似的尝试，最终被修改或抛弃。

可以看出，苏格拉底方法的实质是：通过质疑通常的信念和解释，辨析它们中的哪些缺乏证据或理性基础，强调思维的清晰性和一致性。这一事例体现了批判性思维的精神，因此苏格拉底被尊为批判性思维的化身。

对于批判性思维，我们或多或少都有所接触。大多数的日常活动都会用到批判性思维的一些基本技巧，比如：判断我们的所见所闻是否可信；采取措施去探究某一个事物是真是假；当有人不相信我们时，为自己辩护。因此，"批判性思维是智力的训练过程"。

虽然我们具有批判性思维，却未必一直都在使用，也未必用得很好。不过这很正常，因为我们不需要用同等的批判性思维来处理每一件事情。但是，想在大多数的职业中取得成功，良好的批判性思维是必不可少的。每一阶段的学习也需要更深层次的批判性分析，以便分析所见、所闻、所为，拥有更加清晰的思路，更好地进行论辩，解读新的情况和事件。

二、创造性思维

说到创新，就不可避免地考虑创造性思维，进而思考创造性思维和批判性思维的密切关系。创造性思维是能引发新的和加以改进的解决问题的方法的思维方式。创造性思维引发新观点的产生，批判性思维是对所提供问题的解决方法进行检测，以保证其有效性的思维方式。这两种思维方式对有效解决问题都是必要的。

但是，人们对批判性思维存在以下几种误解。一种误解是，有人认为批判性思维是否定的，即本质上是发现缺陷。然而，一个批判性思维者不仅仅是质疑判断，这是因为质疑、判断是为了寻求理由或确保正当性，为我们的信念和行为进行理性奠基。故批判性思维也是建设性的。批判性思维使人们意识到自己所在的世界中的价值、行为和社会结构的多样性。人们还以为，批判性思维作为一种控制的手段在起作用，是有害的、应避免的东西。其实，批判性思维是个人自治的基础。还有一种误解是，批判性思维并不包括或鼓励创造性。这可能源于一个错误观念：创造性本质上是打破规则，但是，恰恰相反，创造性常常包括大量对规则的遵循。一个原创的洞察力恰恰需要知道如何在给定的情景中解释和应用规则。现在科学工作者将取得原始创新性成果作为重要期盼。人的生活要求创造性思维和批判性思维的平衡发展。

> **举例1.1　水的浮力**
>
> 　　阿基米德在洗澡时，见到水从浴盆溢出的情景而突发灵感，兴奋不已，以至于裸体跑到街上大呼"找到了！"但是，当身体浸入水中时，上升水位部分的水与排出的水重量一样，之所以使阿基米德或其他人深信不疑，原因是它可以通过实验加以检验。批判性思维需要一些标准来判断想法的实用性。

三、科学思维

科学与其说是一种知识体系，不如说是一种思维方式。很少有哪天我们听不到在医学、信息、航天、物理学等领域又有了新的发现。科学方法成为我们理解物质世界和社会心理世界的工具，而知识爆炸日益加剧了对这种方法的依赖。　科学方法往往是通过四个主要阶段向前运行的一种归纳思维类型：

① 观察；② 构思假说；③ 实验法；④ 确证。

举例1.2 地球引力对落体的影响

伽利略在研究地球引力对落体的影响时就采用过这四个阶段。首先,伽利略观察物体下落的时间越久,速度就越快;随后,他构想了一个假说:落体的速度以一个常量的加速度增加;再后,他的实验(图1.1)就是让一些球沿着一个斜面滑下,测量球不同点的速度大小;最后,他试图通过分析实验结果确证他的假设,而实验结果也恰恰表明这些球的速度以重力加速度增加,和他原来的假设是一致的。为了进一步确证他的结果,伽利略和其他人多次进行了实验。

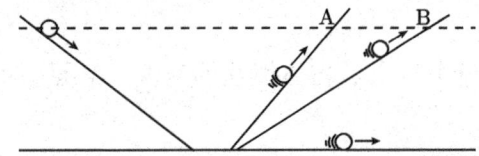

图 1.1 导致伽利略产生惯性概念的滚动小球沿斜面运动的实验

科学的世界是经验的世界、观察的世界。为了应用科学方法,科学家必须能够做好观察和测量。因此,科学研究中的所有变量必须由可观察、可测量的术语界定。通过给变量以这种**操作型定义**,我们就能向他人清楚地表明这些变量是什么。以及观察或测量如何显示它们的存在。物理学家必须确定从一个原子核裂变中产生的物理踪迹表明了什么或者定义某些原子微粒。宇航员必须以能够识别的方式界定一个黑色洞口(当它出现在他们对深层空间的观察时)。同样,心理学家也必须以可测量和观察的方式界定这些变量,如爱、沮丧和压力。总之,没有一个操作型定义,就无法应用科学方法。

下面举几个最基本的物理量的操作型定义。

(1) 时间的计量:以铯-133原子基态的两个超精细能级间跃迁相对应的辐射的9192631770个周期的持续时间作为1秒。这种定义的好处是:原子从一个能级跃迁至另一个能级发出或吸收的电磁波的频率很稳定,利用其振荡次数可计量时间。当人们感慨"时间哪儿去了?"就是希望对时间给以某种操作型定义。

(2) 长度的计量：1983 年，第 17 届国际计量大会规定米的新定义：1米等于光在真空中传播1/299 792 458 秒时间间隔内所经路径的长度。这样规定有几点好处：激光的频率和波长非常稳定，激光的测量技术满足米定义的精度要求；为保持真空中光速不变，1975 年第 15 届国际计量大会推荐的光速为：$c = 299792458$ m/s，米的定义恰好与此推荐协调一致。

(3) 原子质量单位：符号"u"，它为碳的同位素 ^{12}C 原子质量的 1/12，

$$1\ u = 1.660\ 565 \times 10^{-27} \text{kg} \approx 1.66 \times 10^{-27} \text{kg}.$$

巴黎国际计量局中的铂铱合金千克原器为标准物体，规定其质量为 $m_0 = 1\text{kg}$ (千克)。

(4) 惯性质量：质量本质上是物体惯性的量度，下面利用气桌动量守恒实验来定义质量。

图 1.2 左边表示气桌，它包括平台和滑块，在平台上铺上白纸，两滑块置于其上，滑块内装有电池。它一方面驱动薄膜泵向下喷气形成气垫使得滑块浮于台面上以避免干摩擦；另一方面则等时间间隔地利用高压放电在滑块下面中心处打火花，在纸上形成斑点，见图 1.2 右图。当滑块沿水平方向运动时，可通过处于一直线上相邻斑点距离相等，证明滑块做匀速直线运动；测量相邻斑点的距离以确定滑块速率，斑点排列方位给出运动方向。令滑块 1 和滑块 2 以某初速度运动并碰撞，测出两滑块速度改变量 Δv_1 和 Δv_2。改变滑块初速度反复实验多次，发现各次 Δv_1 和 Δv_2 虽然不同，但总有

$$\Delta v_2 = -\alpha \Delta v_1, \quad \alpha = |\Delta v_2|/|\Delta v_1|,$$

其中 α 为常数。取其他滑块反复实验多次，仍有上式成立，只是 α 取值不同，α 与两滑块有关。

取一个已知质量 m_0 的标准物体与待测质量为 m 的物体相碰撞，用 Δv_0 和 Δv 分别表示标准物体与某物体速度的改变量，将两物体的 α 记作 m/m_0，有

$$m = m_0 |\Delta v_0|/|\Delta v| \text{kg}.$$

这就是某物体质量的操作型定义，它把定义质量单位后经实验测出的 m 叫做质量。

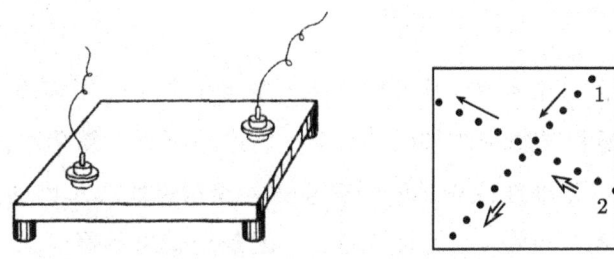

图 1.2　左：气桌实验的喷气滑块在平台上；右：电火花在平台纸面上留下斑点

现在，物质的多少用物质的量来说明，在国际单位制 (SI) 中，物质的量的单位为 mol(摩尔)。可见物质多少和惯性质量已不是同种概念。表 1.1 列出了七个 SI 基本单位，它们是相互独立最重要的基本物理量的单位，是所有单位的基础。

表 1.1　SI 基本单位制

量的名称	单位名称	单位符号	定义
长度	米	m	米是光在真空中 (1/299 792 458)s 时间间隔内所经过路程的长度
质量	千克	kg	千克等于国际千克原器的质量
时间	秒	s	秒是铯 -133 原子基态的两个超精细能级之间跃迁所对应的辐射的 9 192 631 770 个周期的持续时间
电流	安培	A	安培是在真空中，截面积可忽略的两根相距 1 米的无限长平行圆直导线内通以等量恒定电流时，若导线间相互作用力在每米长度上为 2×10^{-7}N，则每根导线中的电流为 1A
热力学温度	开尔文	K	开尔文是水三相点热力学温度的 1/273.16
物质的量	摩尔	mol	摩尔是一系统的物质的量，该系统中所包含的是基本单元数与 0.012kg 碳 -12 的原子数目相等。在使用摩尔时，基本单元应予指明，可以是原子、分子、离子、电子及其他粒子，或是这些粒子的特定组合
发光强度	坎德拉	cd	坎德拉是一光源在给定方向上的发光强度，该光源发出频率为 540×10^{12}Hz 的单色辐射，且在此方向上的辐射强度为 1/688W/sr

四、逻辑思维

什么是逻辑？逻辑是研究推理的学科，通俗地说，逻辑可以说是思想的计算。

推理的理论和方法本身，是逻辑之术。逻辑学的价值不限于其术，逻辑体现分析理性，这是科学精神的基础。批判性思维不限于逻辑思维，但其核心部分是逻辑思维。作为批判性思维的逻辑思维，或作为逻辑思维的批判性思维，就是人们的日常逻辑思维。这方面的能力，就是逻辑思维素养。

有一种趣题，国外人称为 puzzle(智力趣题)；另有一种趣题，国内人称为"脑筋急转弯"。这是两种不同类型的趣题。前者训练与测试批判性思维能力，而"脑筋急转弯"从某种角度看也许有利于启发思维的灵活性与想象力，但它本质上不诉诸或测试逻辑思维能力。有些"脑筋急转弯"的趣味效应，恰恰建立在思考者的逻辑含混与疏漏之上。

"脑筋急转弯"所转的那道弯儿，与批判性思维无关！

以下是一个歧义问题，是一道典型的"脑筋急转弯"题。

脑筋急转弯：$1+1 \neq 2$

提问：在什么情况下，1 加 1 不等于 2？

回答1：1 加 1 在任何情况下都等于 2。

回答2：1 加 1 在算错的情况下不等于 2。

回答3：在矢量合成情况下，两个不在同一方向上的单位矢量之和等于长度不大于 2 的矢量。

回答4：1 加 1 可以大于 2。

第一个人固执己见，他的脑筋未转弯；第二个回答人是投机主义者，他可以对类似问题都给出无错的答案，将被出题者判为优胜，但这样的回答无任何信息量；第三个回答者运用了批判性思维，建立了一个比出题者的思维还深入

的命题；最后一个宣言经常在整合两个团队或公司的动员会上碰到，一个振振有词的官员说："我们要产生 1 加 1 大于 2 的效果！"它虽然使听众脑筋一时转不过弯儿，但不失为一个励志的话语。

这样的"急转弯"，不是训练脑筋如何严格地合乎逻辑，而是训练如何巧妙地违反逻辑。如何巧妙地违反逻辑？这不是伪问题，对于论辩来说非常有价值。论辩不同于科学论证，它的目的是求胜而不是求真。但这已不属于逻辑科学了。逻辑的功能是求真，而且主要是一种以"必然得出"的姿态求真。

下题不是"脑筋急转弯"，它测试的是批判性思维能力。

> **智趣题之一： 百米赛跑**
>
> 甲和乙比赛百米短跑，甲领先乙 10 米到达终点。乙再和丙比赛百米短跑，乙领先丙 10 米取胜。如果甲和丙做同样的比赛，那么结果会是怎样呢？

如果你的答案是"甲领先丙 20 米取胜"，那就错了。

三个人一起比赛，当甲到达终点时，乙落后甲的距离是 10 米，即这时乙跑到 90 米处；而丙落后乙的距离是 90 米的十分之一，即 9 米。因此，如果甲和丙比赛，那么甲领先丙 19 米到达终点。

以下是一个与上题类似的智趣题。

> **智趣题之二： 哥俩谁赢？**
>
> 兄弟俩进行了 100 米短跑比赛。结果，哥哥以 3 米之差取胜，换句话说，哥哥到达终点时，弟弟才跑了 97 米。兄弟俩决定再赛一次。这一次哥哥从起点线后退 3 米开始起跑。假设第二次比赛两人的速度不变，谁赢得了第二次比赛？

这次，你吸取了上一题的教训，没有急着回答，而是在纸上画了几条平行线。因而给出了仍然是哥哥胜利，而不是平局的结果。因为由第一次比赛可知，哥哥跑 100 米所需的时间与弟弟跑 97 米所需的时间是一样的，所以在第二次比赛中，哥哥和弟弟同时到达 97 米处；而在剩下的 3 米距离中，由于哥哥的速度快，当然还是他先到达终点。

智趣题之三： 求平均速度

某人骑自行车从 A 地到 B 地，前一半距离他骑车的速度是每小时 30 公里，后一半距离他骑车的速度是每小时 20 公里，问全程他骑车的平均速度是多少？

这是 1977 年全国高考物理试卷中的一题。如果你简单地将两者相加除以 2，给出的答案是每小时 25 公里。那么你错了！正确的计算应从平均速度的定义出发：设骑车人走过的路程为 s，他所花费的总时间 t 是两段路程所用的时间之和，平均速度等于

$$\bar{v} = \frac{s}{t} = \frac{s}{\frac{s/2}{30}+\frac{s/2}{20}} = 24 \text{ (公里/小时)}.$$

分析 为什么会出错呢？

对于匀加速度直线运动情况，我们知道可以用初速度 v_0 和末速度 v_t 相加除以 2，来求得平均速度。其实，这是利用了梯形面积的求和规则：在横轴为时间、纵轴为速度的平面坐标系中，画出速度–时间直线段，其与横轴围成的面积就是物体行走的路程；梯形的面积等于上底加下底乘高除以 2。然而，本问题中给出的是速度关于路程的变化关系，并且速度的转换不是在所花费时间的中点上。因为求平均是对时间而言的，所以不能用两个半程的速度之和除以 2 来作为平均速度 $\bar{v}$。

思考 如何更改问题，使两个速度相加除以 2 给出正确的平均速度？

这是可以办到的：将"前一半距离"改成"前半段时间"，"后一半距离"改成"后半段时间"，从而

$$\bar{v} = \frac{s}{t} = \frac{v_0 \frac{t}{2} + v_t \frac{t}{2}}{t} = \frac{1}{2}(v_0 + v_t).$$

一般来说，在逻辑素养中，相关的知识不是以知识形态存在的，而是以直觉形态存在的。掌握知识需要学习，把知识转化为直觉需要训练。虽然知识储备会为你的逻辑判断助力，但更为重要的是逻辑需要训练而不是记忆。正确的结果总是符合逻辑的，而如果你对问题的解答找不到逻辑基础支撑的话，那么你就不应坚信真理在你这一边，要修正它。

五、说服式思维

给说服下定义很容易，但是要说服他人却并非易事。说服就是影响某人使其接受我们的信息。强有力地说服是一门高要求和极灵活的艺术。这门艺术要求我们必须了解人性、控制我们的情绪，以及进行周密的思考；要求我们必须注意时间、地点、周围环境、信息、接受者及其价值观。同时，它还要求我们必须谨慎地进行表达，否则一个情绪的流露或者一个不当的用词都将使说服的大厦倒塌。

正如亚里士多德所说，"所有的人都有讨论并坚持某一个观点的倾向。"不论有意与否，我们的选择都会影响到他人。我们无法停止说服，活着就是不断地说服与被说服。由于说服是生活的一部分，所以我们需要了解它，并学会如何成为一个有力的说服家。以下几个要点对你是有帮助的。

(1) 客观与诚实：我们倾向于相信那些无偏见的、诚实的人。亚里士多德称这种说服靠的是个人品格，这常被当做判断一个人的人品的主要标准。

(2) 克服偏见：当偏见显现出来时，它会歪曲我们的论点，使我们的听众不愉快。消除各种偏见的第一步就是要认识它们；第二步是要消除我们的偏见，尽量采用全面的观点来客观地解决问题。只有这样，听众的接受度才会提高。

(3) 知识与好感度：一个说服者虽然知识丰富、客观无私，却虚伪做作、傲慢无礼、争强好胜，人们还愿意听他讲话吗？人与人之间相互吸引背后的原则就是互惠，即人们趋向于爱那些也爱我们的人。

(4) 动机与意图：我们需要回答这样一个问题："在这个话题上，我为什么想要说服这些人？"动机往往与意图有关，而要知道自己的意图是什么，必须回答这样的问题："我们希望自己的听众作何想、作何感、作何事？"意图有助于我们驰向说服之家。

(5) 理性地诉求：当我们的证明使用了事实、事件、原始材料或者可靠的见证者，我们几乎可以说服正常的人。不过，通常情况下我们的证据没有这么大的威力，我们还需要求助于逻辑来构建坚实的论证。

当然，还有其他一些派生性思维模式，例如：逆向思维，也就是先猜测出结果，然后再寻找证据。请不要怀疑或低估了这种思维方式，它在许多科学发现中发挥奇妙的作用。

六、常见的思维错误

下面五个思维错误都是经常发生的，在我们每一个人的身上时常可以发现它们的影子，特别在情绪紧张时出现。当你读到它们的时候，请思考这些错误是怎样影响你的学习、工作和生活的。

(1) 个人化：一种以自我为中心的思维方式，即认为世界是围绕个人旋转的。

(2) 两级化思维：把复杂的事物分成一个极端和另一个极端，也被称为"黑白式思维"或者"二分式思维"。例如，一个沮丧者可能仅以消极的眼光看待自己而对自己的优点视而不见。

(3) 以偏概全：指的是在单一的事件基础上却得出宽泛的结论。例如，一个大学生的一门功课没有通过，然后就认为自己不适合学这个专业。

(4) 灾难性思维：这是忧虑人具有的一个普遍特征，他们总以最差的可能结果来思考事情。

(5) 选择性偏差推论：指的是聚焦于事情的某个细节而忽视了更多的内容。

例如，一位老师从百分之九十的学生那里获得了"非常喜欢"的评价，但是相反的是，他却老是纠结来自少数学生的那些不喜欢的评价。

1.2 逻辑学的基本概念

汉语中"逻辑"一词，是从英语中 logic 音译过来的，有"规律"、"法则"等意思。中国古代称逻辑这门学问为"名"或"辩"。当我们在语言中使用"逻辑"这个词时，通常有以下四种含义：① 客观事物发展的规律性；② 人们思维的规则；③ 某种特殊的理论、观点和看问题的方法；④ 逻辑学，即关于推理和论证的学问。合乎逻辑地思维，辨别自己和他人思维中的谬误是批判性思维的核心。

大多数的时候，人们处于自由自在的思维状态。因为批判性思维是以逻辑方法为基础的，所以我们先了解一些逻辑学的基本概念。

- 逻辑是什么？
  ○ 在学生眼里，它是因为与所以的关系；
  ○ 在教师眼里，它是真与假的关系；
  ○ 在哲学里，它是辩证关系；
  ○ 物理学是最讲逻辑的。
- 逻辑有什么用？

逻辑是一种推理科学，它可以使我们清醒，在科学发现中起着举足轻重的作用。好的推理可以引出真理；坏的推理则会给出谬误，并导致人们犯错。

以下的词语是我们耳熟能详的，经常会有意或无意地使用。首先从逻辑学意义上给出它们的严格表述，然后再用实例尤其是物理方面的故事来说明。

一、逻辑学的基本概念

1. 概念

对任一事物的一种陈述。每一个概念的形成都需要五个步骤：陈述、对比、抽象、概括、命名。建立一个正确的概念有什么好处呢？它既能唤醒我们的过往经验,又能作为标志把它传输给他人。

概念的相容关系有:同一关系(如"北京"和"中国首都")、从属关系("教授"从属于"教师")、交叉关系("教育专家"和"教育硕士");概念间的不相容关系有:矛盾关系(例如:"本单位人员"和"非本单位人员")、反对关系(例如"红色"和"黄色")。

> **举例1.3 如何均分物品**
>
> 老师给学生出了一道有趣的数学题:"两个妈妈,两个女儿,分三个烧饼,每人要分到一个,怎么分?"
>
> 有的同学说:"大人两个人共一个,小孩一人一个。"
>
> 老师说:"那不行,不能分半个,每人要分到一个。"
>
> 有的同学说:"除非再买一个,否则,没法分。"
>
> 请问你有什么好的方法?
>
> 分析:你可以发现本题其中有两个概念的外延是重合的。"两个妈妈,两个女儿"实际上可以是三个人,即姥姥、妈妈、女儿。其中一个既是女儿又是妈妈。三个人分三个烧饼,当然是一人一个。

重视和把握好基本概念是物理学教与学的底线。然而,人们在形成一个新概念和使用的过程中,非常容易被潜意识和惯性思维所左右。例如,对于力学中的角动量概念,初学者总是和转动联系起来,而对做直线运动的质点是否有角动量则心存疑虑。如图 1.3,按照质点角动量的定义知:$L = r \times p$,这里 r 是质点相对于某一固定点的位置矢量,p 是质点的动量矢量,见图 1.3。注意这里的"×"数学上叫做两矢量之间的矢积或叉积,角动量的方向垂直纸面向里;其大小等于 $L = rp\sin\theta$,其中 θ 为矢量 r 右手螺旋到矢量 p 的夹角,而 $r\sin\theta$ 为固定点到粒子运动的直线轨迹的距离。因此,一个以匀速率沿一直线运动的粒子相对于线外任意一点的角动量不等于零且保持定常。

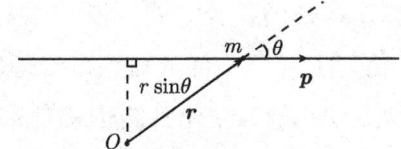

图 1.3 一质点沿一直线匀速率运动的过程中,其相对于一定点的角动量守恒

分析 虽然这两个物理量中都有"动量"这个共同的词汇,但是"角动量"并不从属于"动量",当然两者更不是同一关系,不过你可以认为两者有一定的交叉关系。所谓交叉关系,是指外延有且只有一部分重合。

有时,我们明明感觉对方的描述是错误的,但却说不出使他/她改变主意的道理,反而被其搞得理屈词穷,比如第 2 章将谈到的悖论就属于这类情况。

- 认知、图像、术语与概念的关系
  ○ 概念相对于图像,指代的范围更宽广。概念是一类事物的集合,而图像仅仅指代某个特定的事物或物体。物理上经常希望把一个抽象的概念具体化、图像化,以致更容易被人们所接受。
  ○ 术语特别是学术术语是一个外部符号,是抽象概念的具体表达。多个术语组成命题,而命题是各种逻辑的主要构成,术语的重要性也在这里,它是逻辑的基础。我们经常听到一些年轻的学生参加学术会议时,抱怨云山雾里,显然这是正常的,这与他们的知识储备有关。但无论如何本科生尽早接触前沿领域,总是值得鼓励的。

2. *假设*

一个猜想、命题或者原则,被假定或者理所当然地采用。目的是为了做出一个结论或者推论去证明一个观点。

科学上的假设源自于预测。它不仅仅是一个事实的综合,因为事实的叠加不能给出法则或原理。我们没有看见法则,我们看见事实,然后大脑通过事实思考法则。借助于预测的力量,从一些事实推断出产生的原因。很多假设其实是大脑思维经过判断得出的一种合理的直觉。

"假设"需要依靠不完全推理的推论方式支撑，它从已知的知识推理出未知的、超越经验的知识。物理上屡见不鲜的是许多定理往往并不是从基础出发，而是创设者"灵机一动"逆向思维，先猜测也就是先假设，然后再去佐证它、完善它，使之成为一个理论。牛顿最不喜欢的词就是"假设"。

3. 理论

一个已被证实和确立的假设，且是一个明显的事实。

让我们深入理解假设与理论的关系。理论是一个比假设更具有说服力的词汇。理论是建立在原则上，而原则是建立在独立论证上。假设仅仅假定了动机的效应，但是并没有证据可以证明这个动机是有效的；理论是一个靠大量可行的证据支撑起来的假设。

当假设被用来解释我们已经认识的、各种各样大量的事实时，被称为理论。于是，我们有"万有引力理论""哥白尼太阳系理论""光的波动理论"，等等。所有的这些理论最开始都源自于假设。

4. 判断

把对物体的两种见解放在一起对比，分析它们之间的异同，或者一个属于或不属于另一个。

判断一个命题是错误的比判断它是正确的要容易些，这就是经常用证伪来评断一个命题是否科学。按照证伪派的观点，它必须是可能被证明是错误的，比如"所有的乌鸦都是黑的"，那么你只要找到一只不是黑色的乌鸦，就可以证明这个命题的错误，但你做不到这一点，因此这个命题没有问题。

为什么必须证伪呢？因为对于科学理论来说，"证实"几乎是不可能的。比如我们说"宇宙的规律是 $F=ma$"，这里说的是一种普遍性，而你如何去证实它呢？除非你观察遍了自古至今宇宙每一个角落的现象，发现无一例外，你才可以"证实"这一点。即使这样，你也无法保证在将来，这条规律仍然起着作用。事实上，我们对待科学的态度是，只要一个理论能够被证明为"错"但还未被证明"错"，我们就暂时接受它为可靠正确的。不过它必须随时积极地面对证伪,也就是说科学总是在自我否定中不断完善。

另外,许多物理定律并不建立在严格的微观和宏观理论之上,而完全是对经验(甚至谈不上有意的实验)的总结,比如热力学定律。但由于迄今没有发现与之相左的事实,那它就可被认为是一条普适的真理。历史上不少人自称设计出了第一类或第二类永动机,但它们都经不起推敲,当然,你不要被他们巧妙安排的陷阱所迷惑。

5. 推理

推理的四个步骤:抽象、概括、判断、结论。推理的两个种类:归纳推理和演绎推理,它们之间相互独立又相互依赖。

○ 归纳推理是从个体现象中发现普遍规律。举例来说,通过大家都看到的"冰在一定温度下会融化"这一事实,我们推断出"在一定温度下,所有的冰都会融化"。从已知到未知,这就是归纳推理所要做的。归纳推理重在一个过程,它的目的就是从个别中探索出普遍规律。

○ 演绎推理是从普遍规律下分析个体现象。演绎推理的例子可以用归纳推理例子的逆来表述:如果所有的冰在一定温度下都会融化,那么接下来我们把一块选定的冰置于特定的温度下,该冰也将融化。因此,演绎推理重在一个分析过程。

归纳推理和演绎推理的相互依赖的地方在于:一个人必须通过从自身经验或者别人的经验中寻找到一些重要前提,从中他可以争辩或者总结出他的结论。

应用归纳推理的一个简单例子:乌鸦悖论。

"非黑非乌鸦"悖论,是 1940 年德国逻辑学家卡尔·古斯塔夫·亨佩尔 (Carl Gustav Hempel) 为了说明归纳法违反直觉而提出的一个悖论。

在物理学上,许多定律是经验和观测的总结,它们并不能从更基础性的规律推理出来,比如热力学定律,人们趋于相信其极可能是真理,因为没有发现有它们被违背的事实。这种类型的推理可以总结成归纳法原理:

如果实例 X 被观察到和论断 T 相符合,那么论断 T 正确的概率增加。

亨佩尔给出了归纳法原理的一个例子:"所有乌鸦都是黑色的"论断。我们可以出去观察成千上万只乌鸦,结果发现它们都是黑的。在每一次观察之后,我们对"所有乌鸦都是黑的"的信任度会逐渐提高。归纳法原理在这里看起来是合理的。

不过,问题还是出来了。"所有乌鸦都是黑的"的论断在逻辑上和"所有不是黑的东西不是乌鸦"等价。如果我们观察到一只红苹果,它不是黑的,也不是乌鸦,那么这次观察必会增加我们对"所有不是黑的东西不是乌鸦"的信任度,因此更加确信"所有的乌鸦都是黑的!"

图 1.4　乌鸦和苹果

解决它和直觉的冲突,哲学家们提出了一些方法。美国逻辑学家纳尔逊·古德曼(Nelson Goodman)建议对我们的推理添加一些限制,比如:

永远不要考虑支持论断"所有 P 满足 Q"且同时也支持"没有 P 满足 Q"的实例。

其他一些哲学家质疑"等价原理"。也许红苹果能够增加我们对论断"所有不是黑的东西不是乌鸦"的信任度,而不增加我们对"所有乌鸦都是黑色"的信任。这个提议受到质疑,因为你不能对等价的两个命题有不同的信任度,倘若你知道它们都是真的或都是假的。

这样一来,虽然"所有乌鸦都是黑的"和"所有不是黑的东西都不是乌鸦"这两个命题所拥有的信任度必须相等,但只有"黑色的乌鸦"才能同时增加两者的信任度,而"非黑色的非乌鸦"并不增加任何一个命题的信任度。

还有些哲学家认为这个命题是完全正确的,出错的是我们自己的逻辑。其实观察到一个红色的苹果确实会增加乌鸦都是黑色的可能性！这就相当于：如果有人把宇宙中所有不是黑的物体都给你看，而你发现所有的物体都不是乌鸦，那你就完全可以断定所有乌鸦都是黑的了。这个"悖论"看上去荒谬，只是因为宇宙中"不是黑的"物体远远多于"乌鸦"。所以发现一个"不是黑的"物体只增加了极其微小的对于"乌鸦都是黑的"信任度，相对而言，每发现一只黑的乌鸦就是一个有力的证据了。

6. 演绎思维：三段论

演绎思维是这样一种推理：从两个或更多的前提推出一个结论，结论必须是根据前提推出的，事实上，结论包含在或隐含于前提中。演绎思维的基本形式是三段论。下面是一个三段论的例子：

所有围绕恒星运转的天体都是行星；

地球是围绕恒星运转的天体；

所以，地球是一个行星。

通常我们的思维并不这么正式，而是呈更简短的形式："因为地球是天体且围绕太阳运转，所以它是一个行星。"为了理解省略了的思想背后的逻辑，我们需要理解支持它的结构：三段论。

参照两个物体同第三个物体之间的联系，对比前两个物体，从而确定两者之间的关系。正如我们推理出：① 所有的哺乳动物都是动物；② 马是哺乳动物；③ 因此马是动物。这里，① 是大前提，② 是小前提，③ 是结论。

例如热力学第零定律就是一个三段论的样本。其可表述为：若物体 A 和物体 B 分别与物体 C 相接触，均能与物体 C 的温度相等，则物体 A 和物体 B 接触后的温度也相等。用公式可写作：如果 $T_A = T_C$，$T_B = T_C$，那么 $T_A = T_B$。揭示了热平衡具有传递性的规律，因此，这条定律是温度计的基石，即不同的温度计测量同一个物体，所得出的温度相等。

事实上，热力学第零定律强调了两点：① 承认热平衡态的存在，两物体经长时间热接触后有相同的温度；② 表明热平衡的传递性而不是其它。不过，一般来说，不要以为一个适用于 A、B 之间和 A、C 之间的关系，就毫无疑问地适用于 B、C 之间。如果把这条定律不假思索地推广到一些情况下，那么就会带来笑话，比如：

(1) 白色是一种颜色；黑色是一种颜色；因此，黑色一定是白色。

前面两个前提的真正意思是：白色是某种颜色，黑色是某种颜色，但是不会出现这种情况，即黑色或者白色就是所有的颜色。

(2) 人类是两足动物；鸟类是两足动物；因此，人类是鸟类。

在这个例子中，"两足动物"并没有被周延成"所有的两足动物"，而仅仅是不均衡地当成"一些两足动物"。

(3) 水和酒精可以互溶，汽油和酒精也可以互溶，因此，水和汽油也互溶。

(4) 两个男生同时喜欢上一个女生，他们之间也互相喜欢。

错在哪儿呢？对三段论而言，其中之一就是用谬论肯定结论，例如：

如果现在下雨，那么天空一定是乌云密布的；天空是乌云密布的，因此，现在正在下雨。

(1) 如果 A 是 B，那么 C 就是 D；C 是 D，因此 A 就是 B。

谬论否定前提：

如果镭元素很便宜，那么它会很有用；镭元素不便宜，因此，镭元素没有用。

(2) 如果 A 是 B，那么 C 就是 D；A 不是 B，因此 C 不是 D。

在现实情况下，镭元素虽然很贵，但是仍然很有用处。

在其他情况下，只能依靠委婉的说法才能实现这种转换。这些在学术论文写作中非常重要。

因果关系的正确搭配有：因为……，所以……；如果……，那么……；若……，则…。含义和"如果"保持一致的还有："假定、即使、尽管、已经、假设。""因此"前面的语境中没有原因的词汇。

7. 谬论

一个不正确的立论，或者不正确 的论证模式。虽然它看起来对解决问题具有决定性作用，但是事实情况并非如此。听起来是一个立论或者命题，但是事实上是谬误；一个错误不明显的谬误的陈述或者命题，很可能误导或者欺骗大众。

在演绎推理中，我们经常会碰到两类谬误：一是谬误前提；二是谬误结论。

谬误前提：是指无根据的假设性前提，其最普遍的形式是"窃取论点"。这种原理是指假设没有被承认的基本前提是成立的。希斯罗普在命题"教堂和国会应该联合起来"中，举出了用来解释这种形式谬论的一个例子。在寻找证据的过程中，论述者进行了如下的"窃取论点"：

"优秀的机构都应该联合起来，教堂和国家都是优秀的机构，所以，教堂和国家应该联合起来。"

这里，命题"优秀的机构都应该联合起来"实际上是一个谬论，因为它仅仅是被假设出来的，并未得到证明。这个命题听起来很合理，很少有人会在第一时间里质疑它。有些优秀机构联合在一起固然很好，但并不是所有优秀的机构都应该联合在一起。

谬误结论：是对一个逻辑性结论作出的毫无根据、毫不相关的假设。下面列举出这类谬误的两种主要形式。

○ 转换立场，它存在于当证明一件事情的时候，实际上是在证明和它相似的事情。举例这种谬论，因为一个人否定了《圣经》的默示，所以他一定是一个无神论者。

○ 部分证据，部分的与事实相关的证据被用来代替完整的与事实相关的证据去推理。举例来说，如果一个人被看到参加一个沙龙派对，就被认为他有酗酒的罪名，那么这种说法是一个谬论。

偷梁换柱是"窃取论点"的一种方式。

让我们小心翼翼地将逻辑与物理学的理念梳理一下：

(1) 错误的逻辑一定不会推理出正确的结论；并不是所有结果都一定符合常规逻辑。

(2) 当一条定律是正确的时候，它能够被用来发现另一条定律。如果我们坚信一条定律，那么若出现了一些看起来是错误的东西的时候，则是向我们提示了另一个现象的存在。

将近代科学的起源归功于伽利略和牛顿的主要原因是,他们对自然知识的探讨是建立在观察与实验的基础上,并且我们不相信只通过抽象思辨就能获得这些知识。所以,事实、逻辑、想象力才真正是驱动科学发展的三驾马车。

二、科学逻辑题示例

作为理工科学生,你虽然可能没有系统地学习过逻辑学,但凭借着严格的数学和物理学的学习和训练,看看你回答对如下的科学逻辑题的比例有多少。

题 1.1 图示方法是学习几何课程的一种常用方法。这种方法使得这门课程易学,因为学生们得到了对几何概念的直观理解,这有助于培养他们处理抽象运算符号的能力。对代数概念进行图解相信会有同样的数学效果,虽然对数学的深刻理解从本质上说是抽象的而非想象的。

上述议论中最不可能支持以下哪项断定?( )

(A) 具有很强的处理抽象运算符号能力的人,不一定具有抽象的数学理解能力;

(B) 通过图示获得直观,并不是数学理解的最后步骤;

(C) 几何学课程中的图示方法是一种有效的教学方法;

(D) 存在着一种教学方法,既可以有效地用于几何,又用于代数。

题 1.2 地球和月球相比,有许多共同属性,如它们都属于太阳系星体,都是球形的,都有自转和公转等。既然地球上有生物存在,因此,月球上很可能有生物存在。

以下哪项如果为真,最能削弱上述推论的可靠性?( )

(A) 月球上同一地点温度变化很大,白天可上升到 $100°C$,晚上又降至零下 $160°C$;

(B) 地球和月球的大小不同;

(C) 月球距地球很远,不可能有生物存在;

(D) 地球和月球生成时间不同。

题 1.3 莱布尼茨是 17 世纪伟大的哲学家。他先于牛顿发表了微积分研究成果。但是当时牛顿公布了他的私人笔记，说明他至少在莱布尼茨发表其成果的 10 年前已经运用了微积分的原理。牛顿还说，在莱布尼茨发表其成果的不久前，他在给莱布尼茨的信中谈起过自己关于微积分的思想。但是，事后的研究表明，牛顿的这封信，有关微积分的几行字几乎没有涉及这一理论的任何重要之处。因此，可以得出结论：莱布尼茨和牛顿各自独立地发现了微积分。

以下哪项是上述论证所必须假设的？( )

(A) 莱布尼茨和牛顿都没有从第三渠道获得关于微积分的关键性细节；

(B) 莱布尼茨在数学方面的才能不亚于牛顿；

(C) 没有第三个人不迟于莱布尼茨和牛顿独立地发现了微积分；

(D) 莱布尼茨在发表微积分研究成果前从没有把其中的关键性内容告诉任何人。

题 1.4　太阳风中的一部分带电粒子可以到达 M 星球表面，将足够的能量传递给 M 星球表面粒子，使后者脱离 M 星球表面，逃逸到 M 星大气中。为了判断这些逃逸粒子，科学家通过三个实验获得了如下信息：

实验一：或者是 X 粒子，或者是 Y 粒子；

实验二：或者不是 Y 粒子，或者不是 Z 粒子；

实验三：如果不是 Z 粒子，就不是 Y 粒子。

根据以上三个实验，以下哪项一定为真？

(A) 这种粒子是 X 粒子；(B) 这种粒子是 Y 粒子；

(C) 这种粒子是 Z 粒子；(D) 这种粒子不是 Z 粒子。

题 1.5　某宿舍住着若干个研究生。其中，一个是大连人，两个是北方人，一个是云南人，两个人这学期选修了逻辑哲学，三个人这学期选修了古典音乐欣赏。

假设以上的介绍涉及这寝室中所有的人，那么，这寝室中最少可能是几个人？最多可能是几个人？

(A) 最少可能是 5 个人，最多可能是 8 个人；

(B) 最少可能是 3 个人，最多可能是 8 个人；

(C) 最少可能是 5 个人，最多可能是 9 个人；

(D) 最少可能是 3 个人，最多可能是 9 个人。

题 1.6 过去，我们在道德宣传上有许多不切实际的高调，以至于不少人口头说一套，背后做一套，发生人格分裂现象。通过对此现象的思考，有的学者提出只应该要求普通人遵守"底线伦理"。

根据你的理解，以下哪一选项作为"底线伦理"的定义最合适？

(A) 底线伦理是作为一个社会普通人所应遵守的一套最起码、最基本的行为规范和准则；

(B) 底线伦理不是要求人们无私奉献的伦理；

(C) 如果把人的道德比作一座大厦，底线伦理就是该大厦的基础部分；

(D) 底线伦理是要求人们所应遵守的一种伦理。

题 1.7 母亲要求儿子从小就努力学外语。儿子说："我长大又不想当翻译，何必学外语。"

以下哪项是儿子的回答包含的前提？

(A) 只有当翻译，才需要学外语；

(B) 当翻译没什么大意思；

(C) 学了外语才能当翻译；

(D) 学了外语也不见得能当翻译。

题 1.8 某地区国道红川口曾经是交通事故的频发路段，自从八年前对此路段限速每小时 60 公里后，发生在此路段的交通伤亡人数大幅下降。然而，近年来此路段超速车辆增多，但发生在此路段的交通伤亡人数仍然下降。

上述断定最能支持以下哪项结论？

(A) 此路段八年来交通伤亡人数下降不仅是车辆限速的结果；

(B) 八年来在此路段行驶的车辆并未显著减少；

(C) 八年来对本地区进行广泛的交通安全教育十分有效；

(D) 车辆限速与此路段八年来交通伤亡人数大幅下降没有关系。

题 1.9 《文化新报》记者小白周四去某市采访陈教授与王研究员。次日，同事小李问小白,"昨天你采访到两位学者了吗?"小白说:"不,没那么顺利。"小李又问:"那么,你一个都没有采访到?"小白说:"也不是。"

以下哪项最可能是小白周四采访所发生的情况?

(A) 小白采访到了一位,但没有采访到另一位;

(B) 小白采访了李教授,但没有采访王研究员;

(C) 小白根本没有去采访两位学者;

(D) 两位学者都没有接受采访。

题 1.10 "有些好货不便宜,因此,便宜不都是好货。"
与以下哪项推理作类比,说明以上推理不成立?

(A) 有些南方人不是广东人,因此,广东人不都是南方人;

(B) 湖南人不都爱吃辣椒,因此,有些爱吃辣椒的人不是湖南人;

(C) 好的动机不一定有好的结果,因此,好的效果不一定都来自于好的动机;

(D) 金属都导电,因此,导电的都是金属。

凑巧了,正确答案全是 (A),以后就不是这样了。其中,题 1.1 中的正确选项和题干意思不相符合;题 1.2 中的论证使用了类比原理;题 1.3 中的该项是必须假设的;题 1.6 违反了定义规则;题 1.7 是充分条件但不一定必要;题 1.8 用了反证法;题 1.9 用了排除法;题 1.10 系前提真,结论假。

1.3 客观、美学和想象力

马克·吐温 (Mark Twain, 1835—1910) 写道:

科学是一个奇妙的东西。你能从那么小的一点事实猜测出那么多的东西来。

他是有点嘲笑的意思,但有时这些猜测真的就淘出了金子。

狄拉克 (Paul Dirac) 对诗歌评价甚低,他说:

当我写作时,我总是试图以简洁的形式来表达艰深的思想。但在诗歌里,则恰恰相反。

这样说多少有些刻薄。不管怎么说,这反映了物理学家和艺术家对美的不同理解。

提出氦-3超流理论而获得诺贝尔奖的莱格特(Anthony James Leggett)经常被人们问及"你的研究成果有什么实际用处呢?"的问题。莱格特本来就为解释自然界存在的奇妙现象而进行科学研究,他对这些问题的回答是,这类研究"根本谈不上"(nothing whatever)什么实际应用。

一、客观性结合想象力

古人认为大地是大象的背,这头大象则站在一头在深不可测的海面上四处游弋的海龟的背上。当然,大海又是靠什么支撑的则是另一个问题。这个问题古人答不上来。

古人的这一信念是想象力的结果,这是一种充满诗意的美好想法。再看看我们今天是怎样看待这一问题的。世界是一个转动着的球,整个球面上站满了人,我们围绕着太阳在旋转。这是不是更浪漫,更令人兴奋?那么是什么支撑着我们不掉下去呢?是引力。引力不只是地球上才有的东西,而且是使地球从一开始就成为球状,是太阳不至于分崩离析,使地球围着太阳运行永远不会脱离轨道的东西。引力不仅支配着行星,而且支配着恒星之间的关系,无论多远,无论在什么方向上,它都能让它们在巨大的星系里各就其位。

对许多人来说,科学的本质特征就是事实的集合,而科学家完全抛弃了幻想,他们的时间和精力全部花在通过观察来推断自然规律这样枯燥无味的工作上面。这种看法大错特错了!实际上,想象力、激情及思想在科学发展中起重要作用。

密立根测量电子电荷的时候,前后用了11年的时间,积累了大量的数据。但是,密立根发表文章的时候,不可能把全部的数据都拿出来,也没有必要把全部的数据都拿出来。

1986年,柏诺兹和缪勒发现35K超导的镧钡铜氧体系,他们发表的文章的题目有"可能"二字,但是,文章内容完全是肯定的语气。这就是科学研究的艺术。

具体到物理学而言，它是我们用以认识宇宙活动的基础。我们常听到这样的话语，当然我们自己也会说："物理学是一门实验科学"，这确实是对的。因为人们所掌握的关于宇宙及其运作的知识的最终来源，是建立在对自然的观察与实验结果的基础之上的。然而，这并不完全对！

仅有观察，还不足以产生出我们称之为科学的知识体系，它们还必须经过人类智慧的过滤和消化。事实上，如果没有理论概念作为指导和解释，观察结果就将毫无意义。它新颖且适宜吗？它重要吗？它是否有广泛的兴趣？这是《物理评论》和《物理评论快报》给提交稿件的作者的忠告。尽管可以用快速和强大的计算机将采集的海量数据进行分类加工，但并不能以此取代概念结构的建造。一个富有创造性的实验家的任务是，向自然提出正确的问题，而理论和数值工作者也不能自己给自然编一个故事，然后，再来自圆其说地得到了新结果、给出了新解释。而要做得这一点，不仅需要从理论上理解所预期的结果的意义，而且还需要想象力。不但解释"事实"需要理论，而且进一步探索未知也需要理论的指导。

当今构成物理学新发现的数据，大多是通过主动的实验而非被动的观察而得到的，当然，在物理学史上也不乏"无心插柳柳成荫"的个别事例。这不同于其他一些学科，诸如生物学和天文学等。通过实验而建立起的因果关系更具有说服力，在那些实验中某些变量可以令其保持不变，而另外一些变量则可以随意变化。显然，这比哲学上靠演绎推理所给出的逻辑关系更可靠。

不过，在科学中确实存在一些起过作用的科学之外的，并在一定程度上为非理性的有价值的动力：美学！毋庸置疑，美在很大程度上决定于观察者的眼光，而在有些情况下美学欣赏需要训练有素的鉴赏力。科学中的概念与理论不仅仅取决于事实，还取决于伽利略 (Galileo Galilei, 1564—1642) 所说的"令人愉悦"的东西。

对科学来说，粗略地预期估计与高度精确的实得结果具有同等重要的作用。在很多情形下，理论与实验之间的误差限于 5% 就被认为暂时满意了。另一方面，如果声称某种商品 X 具有"99.9% 的纯度"，那并不具有科学重要性。重要的是在给定条件下对精确程度给出适当的判断。这使我们想起了概率论里的中心极限定理：假设 $\hat{X}_N$ 是某个物理量 X 经过 N 次测量所得到的估计值，那么两者之差的绝对值小于某个小量，这个事件发生的概率定义为

$$P\left(|\hat{X}_N - X| < \frac{\sigma\lambda}{\sqrt{N}}\right) = \frac{1}{\sqrt{2\pi}} \int_{-\lambda}^{\lambda} e^{-t^2} dt. \tag{1.1}$$

括号表示"一个量的计算值 $\left(\hat{X}_N = N^{-1}\sum_{i=1}^{N} X_i\right)$ 与它本身差的绝对值小于 $\sigma\lambda/\sqrt{N}$"的事件，σ 是随机变量 X_i 所满足的分布密度函数的标准差，λ 是控制计算误差的一个参数。对于确定性问题 ($\sigma = 0$，λ 可任意大)，如果模型和计算正确，那么结果必然收敛于真值，即 $P = 1$；而对于随机问题，计算结果是以概率性 ($0 < P < 1$) 接近于真实结果的 (图 1.5)。

令人感兴趣的是：这个公式透露出辩证性的思想，即 λ 越小，则 P 的值也越小。换句话说，如果你告诉别人你的测量或计算多么的精确，那么可信度就很低；反之，你谦虚地表明计算量与真值有一定误差，那么别人就会相信你的工作。

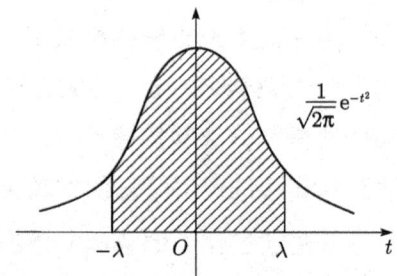

图 1.5 标准高斯分布函数的积分，若积分上下限不取为正负无穷，则其面积值小于 1

二、美学驱动力

在学术研讨会上，我们经常会看到这样的情形：数学研究者和理论物理学者在评判一个工作的好坏时，并不是一味地讲它多么的新颖，而是看它"是否

干净？是否漂亮？"

- 在物理学中，你的答案应该能说服一个理性的人；
- 在数学中，你必须说服一个试图制造麻烦的人；
- 最终，在物理中，你希望说服自然。

在很多情形下，理论科学家和数学家的驱动力如此远离实用性的概念，以至于它更接近艺术家的动力。一些人对自然具有一种神秘的敬畏之情，而对其他许多人来说，那是一种对美的崇敬。天体物理学家邦迪（Hemann Bondi）说："当我提出一个我认为中肯、合理的建议时，爱因斯坦一点也不驳斥它，而只是说，'噢，好丑'……，他深信美是理论物理学上探求重要答案的指导原则。"

让我们讲一段小故事，它包含了质疑、理论美、实验证实几个要素。1887 年的德国小城——卡尔斯鲁厄（Karlsruhe），30 岁的赫兹（Heinrich Rudolf Hertz, 1857—1894）在一间实验室摆弄一个电火花发生器，有两个大铜球作为电容，并通过铜棒连接到两个相隔很近的小铜球上，导线从两个小球上伸展出去，缠绕在一个大感应线圈的两端，然后又连接到一个电池上，形成一个整体，见图 1.6。

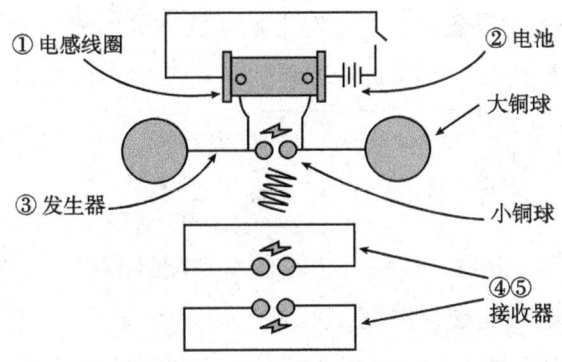

图 1.6 赫兹的电火花装置图

合上电路开关，电流穿过感应线圈，对铜球电容器进行充电，随着电容两端电压不断上升，两个小球之间的空气就会被击穿，发出"啪啪"声响，一束美丽的蓝色电花爆开在两个小铜球之间。整个系统形成一个闭合回路。

他不是要看这个装置如何产生火花短路,而是为了求证那虚无缥缈的"电磁波"的存在。它看不见、摸不到,可是,赫兹对此是坚信不疑的,因为它是麦克斯韦理论的一个预言,而这一理论在数学上简直美得像一个奇迹!仿佛是上帝之手写下的一首诗歌。这样的理论,很难想象它是错误的。赫兹吸了一口气,又笑了,不管理论怎样无懈可击,它毕竟还是要通过实验来验证。如果麦克斯韦理论是对的话,那么每当发生器火花放电的时候,在两个铜球之间就应该产生一个振荡的电场,同时引发一个向外传播的电磁波。

赫兹小心地把接收器移到不同的位置,电磁波的表现和理论预言的分毫不差。根据实验数据,赫兹得出了电磁波的波长,把它乘以电路的振荡频率,这个数值在可允许的误差内巧合等于30万千米/秒,也就是光速。原来光就是电磁波的一种,麦克斯韦理论得到证实。

1. 科学美的典范

赫兹的实验同时也标志着经典物理的顶峰。物理学大厦从来都没有这样金碧辉煌,令人叹为观止。牛顿力学体系已经是如此宏伟壮观,现在麦克斯韦又构建起了同等规模的另一栋建筑,它的光辉灿烂让人几乎不敢仰视。电磁理论在数学上完美得令人难以置信,麦克斯韦最初的理论后来经赫兹等人的整理,提炼出一个极其优美的核心,也就是著名的麦克斯韦方程组:

$$\nabla \cdot \boldsymbol{E} = -\frac{\rho}{\varepsilon_0}, \quad \nabla \cdot \boldsymbol{B} = 0,$$
$$\nabla \times \boldsymbol{E} = 0, \quad \nabla \times \boldsymbol{B} = -\frac{1}{c}\frac{\partial \boldsymbol{E}}{\partial t}.$$

其表现的简洁、深刻、对称,使每一个科学家都陶醉其中。后来,玻尔兹曼情不自禁地引用歌德的诗句说:"难道这些是上帝写的吗?"

一直到今天,麦克斯韦方程组仍然被公认为科学美的典范,一些对于科学美有着坚定信仰者认为:对于一个科学理论来说,简洁优美要比实验数据的准确更为重要。无论从哪个意义上来说,电磁理论是一个伟大的理论。罗杰·彭罗斯(Roger Penrose)在他的名著《皇帝新脑》一书中毫不犹豫地将它和牛顿力学、相对论和量子论并列,称之为"超级"的理论。

图 1.7 麦克斯韦

物理学征服了世界。在 19 世纪末,它的力量控制着人们所知的一切现象。古老的牛顿力学城堡历经岁月磨砺风吹雨打,不但始终屹立不倒,而且更加凸显出它的伟大和坚固。从天上的行星到地上的石块,万物皆遵循着它制定的规则。1846 年海王星的发现,更是它取得的最伟大的胜利之一。

在光学方面,波动说已经统一了天下,新的电磁理论更把它的荣光扩大到了整个电磁世界。在热力学方面,热力学三大定律已经基本建立(第三定律亦有了雏形),而在克劳修斯、范德瓦耳斯、麦克斯韦、玻尔兹曼和吉布斯等天才们的努力下,分子运动论和统计力学也被成功地建立起来了。更令人惊奇的是,这一切都彼此相符而互相包容,形成了一个经典物理的大同盟。经典力学、经典电动力学和经典热力学 (加上统计力学) 形成了物理世界的三大支柱。它们紧紧地结合在一块儿,构起了一座华丽而雄伟的殿堂。

无疑,就像一些大受欣赏的其他形式的美需要有受过相当训练的鉴赏力才能欣赏一样,数学结构、方程或物理理论的美,也只有当观察者获得必要的训练与知识后,比如批判性思维的训练,才能够欣赏到。换句话说,我们必须学会用适当的语言才能理解被表达的东西。对物理学家来说,这门语言永远是数学。

然而，艺术家的美学动机和物理学家的有一个根本的区别，艺术家不必受制于其他权威，而物理学家必须服从由实验或观察所体现的"真理"的最后裁决。对于数学家而言则是另外一番景象：不管一个可疑的定理如何漂亮，它必须在逻辑上正确，才能被接受为定理。

2. 理论是从实验推演出来的吗？

当牛顿提出他著名的声明"我不作假说"时，他的意思是他不像当时的一些哲学家那样，习以为常地沉溺于推想之中。他的引力理论乃是建立在观察证据的基础之上。但是，这种证据并非仅仅通过逻辑推理过程就能导出一个普遍性理论。举例来说，下落的苹果、滚动的球与行星轨道之间存在着巨大的差别；另一方面，运动定律与万有引力之间也存在着巨大的差别。这就是说，从经验到理论的基本原理之间，并不存在着逻辑桥梁。

3. 数学与物理的关系怎样？

数学家们喜欢把他们的推理做得尽可能地普遍。如果有人对他们说："我想要谈谈普通的三维空间"，他们会说："如果你有一个 n 维空间，那么就有这些定理"。"但我只想知道三维的情况"，"好的，把 $n = 3$ 代入进去！"结果表明，当运用到一种特殊情况时，数学家们的那些复杂定理中，有许多会变得简单得多。物理学家们总是对特殊情况感兴趣，他们对普遍性的东西并不太着迷。在谈论某些东西，他不是在抽象地谈论任何东西。他想要讨论三维空间里的引力，从未想讨论在 n 维空间里的任意力，因而需要一定程度上的简化。

当你知道正在谈论的是什么东西的时候，你用某些符号来代表力，用另一些符号代表质量、惯性，如此等等，那么你能够运用常识，凭着逻辑来感受世界了，而且还知道那些现象是怎样发展下去的。这就是物理学家的天性！但是，数学家们却要把它们转换为方程，并且那些符号对他们来说并不意味着任何东西。

尤金·维格纳 (Eugene Wigner) 曾提出一个"数学在自然科学中不合理地

成功"的命题。这个道理是不证自明的：如果某种东西是正确的，那么它就是合理的。如果一个实际的现象，比如数学方法在物理学中的成功，似乎不合理，那么它就是一个信号，表明我们还没有从根本上理解它。物理定律特定的、逻辑上非必然的特征，是它的定域性和对称性。这些正是物理学与数学如此融洽的原因。

4. 物理规律与模型无关!

当我们猜测一条新规律的时候，往往需要先建立模型。模型确实很有帮助，但我们经常听到对同一个模型的两种截然相反的评价，例如："我不喜欢最小作用量原理"，或者"我很喜欢最小作用量原理"；"我不喜欢超距作用"，或者"我很喜欢超距作用"。这是因为可以用不同的方法获得同一个物理定理。非常令人玩味的是，一些物理发现是从某种模型抽象出来的，但是结果表明那些模型本身一点也不对头。举例来说，麦克斯韦发现了电动力学，起先是在空间中有一大堆空想的齿轮和滑轮的模型上做出来的，但抛弃了空间中的所有齿轮等东西，电磁理论仍然成立。狄拉克简单地通过猜出方程而发现了相对论性量子力学的正确定律。猜出方程看来是比猜出新定律更加有效的方式。

三、物理学之美

人人都追求美，物理学家也不例外，但到底什么是物理学的美，是一个模糊的概念，或者说只是一种感觉，只能意会，不可言传。物理学家也难以赋予它科学而精确的定义。

狄拉克可算是物理学家中追美之第一人。他清心寡欲，别无他求，唯独追求的是其物理理论之美。有他的名言为证："使一个方程具有美感，比使它去符合实验更重要。"狄拉克导出他著名的狄拉克方程后，为了追求理论的数学美，而作出了一个被称为"狄拉克海"的美丽假设，预言了当时并不存在，似乎显得有些荒谬的正电子。预言不存在的东西，犹如第一次吃螃蟹，是要有点冒险精神的。不过，狄拉克别无选择，为了他的理论之美！

后来，经过众多物理学家的努力，终于发现了正电子以及其他反粒子。其实，科学史上的多次事实证明：成功的预言能够充分地体现美丽理论的强大魅力。20 世纪 60 年代中期，物理学家们预言了希格斯粒子，然后，他们孜孜以求，期望等待着希格斯粒子登场，也就是为了完善和证实粒子物理学中的"标准模型"，追求物理理论之美。

物理，物理，究物之理，这是上天赋予物理学家的基本使命。究到现在，大家都听说过了：在粒子物理学中，建立了一个"标准模型"，后来，又有了一个不甚玄乎的"弦论"。弦论更玄妙一点，标准模型却与 2013 年的诺贝尔物理学奖有点关系。希格斯粒子是"标准模型"的宠儿，是被此模型所预言，而在 2012 年才被欧洲核子中心（CERN）所发现的标准模型的最后一个粒子，即所谓的"上帝粒子"。

在标准模型中，物质的起源来自于 4 种基本力，以及 61(62？) 种粒子。尽管标准模型还谈不上是一个"统一的物理理论"，因为它无法将那个顽固的"引力"统一在它的框架中。但是，它却较为成功地统一了其他三种力：电磁力、弱力、强力，并且基本上能精确地解释与这三种力有关的所有实验事实。

1.4 认识批判性思维

一、批判性思维是什么？

批判性思维是一种认知活动，它和运用思维相联系；以一种批判、分析和评价的方式思考；需要用多种思维活动，比如关注、分类、选择和判断。

1. 批判性思维是一个过程

批判性思维是一个复杂的思考过程，涉及很多技巧和态度，包括：

○ 辨别他人的立场、论辩和结论。

○ 公正地权衡反方的论辩和证据。

○ 能够看穿表面现象，辨认虚假或者有失公允的假设。

○ 以有逻辑、有见解的方式思考问题。
○ 整合信息，将对于证据的判断集中起来，形成新的立场。
○ 以一种结构清晰、推理严密且具有说服力的方式介绍一个观点。

2. 怀疑和信任

与批判性思维有关的性格和能力主要有两点：① 带有怀疑思考的能力；② 有理有据地思考的能力。

批判性思维中的怀疑意味着在思考中加入一些理性的怀疑。在这个情境中，怀疑并不意味着永远不相信所见所闻，而是说在某一特定时间，你所知道的可能不是事实的全部。

我们可以利用批判性思维来建设性地怀疑，这样就可以分析眼前的事物，用更充足的信息来判断一个事物是否真实。我们认为是真的事物，如果能分清楚其之所以为真的基础，我们就能够分辨什么时候该信任，什么时候该怀疑。

有的人似乎天性比较多疑，有些人则更容易产生信任。这种区别可能是因为过去的经历或者性格的不同而造成的。但是批判性思维不是天性，而是一套以特别的方式寻找证据的方法。

图 1.8　费曼在演讲

伟大的物理学家费曼以卓越的批判性思维的眼光，对初学物理学的本科生提出的忠告是：

"大自然整体的每一片段或部分，始终只是对完整的真理的逼近。事实上，我们知道的每件事物都只是某种近似。因为我们知道我们至今还不知道所有的定律，所以我们要学习一些东西，正是为了以后再放弃它，或者，更恰当地说，再改正它。"

"自然定律是近似的，我们先发现'错'的定律，然后再发现'对'的定律。"

3. 批判性论辩

批判性思维的着眼点和关键点在于"论辩",详见第 2 章。

多疑的人需要系统的方法来帮助他们去信任;天性容易产生信任的人同样需要方法来帮助他们建设性地怀疑。

二、发展批判性思维的意义何在?

具有良好的批判性思维有很多益处,比如:① 锻炼注意力,提高观察力;②在接受信息时能够抓住重点,不被次要信息干扰;③知道怎样让自己的观点更有说服力;④拥有可广泛运用的分析能力。

批判性思维还可以锻炼一些辅助技巧:观察、推理、决策、分析、判断、说服。

批判性思维对学习和工作都有益处。它能使你的思考和行动更加精确,帮助你区分重点和无关紧要的部分;令你更快、更准确地找到最有用的信息,从而节省学习时间。

三、批判性思维的两个维度是什么?

一个广为接受的、较易理解的批判性思维定义是:批判性思维是"为决定相信什么或做什么而进行的合理的、反省的思维"。它有两个维度:**批判性思维能力和倾向 (或气质)**。质疑、问为什么以及勇敢且公正地去寻找每个问题的最佳答案,这种一贯的态度正是批判性思维的核心。

1.5 基本技能和态度

1. 基本的思维技能

我们每天都使用思考技巧,但是很多人发现很难在新环境中应用这些技巧,比如解决更抽象的问题和学习课程。原因是可能没有意识潜在的策略。批判性思维是建立在一组潜在的思考技巧之上,它们是:

○ 集中注意力,以观察细节的意义;

○ 利用对细节的专注来识别论辩模式,比如相似与区别、存在与空缺;

○ 利用对模式的识别来比较事物、预测结果；

○ 将事物分门别类、形成类别；

○ 利用对类别的理解，找出新生现象的特征并加以判断。

2. 知识和研究

擅长批判性思考的人就算没有专业知识，也能看出某个论断的差错。但是，背景知识始终对批判性思维大有裨益。对一个话题了解得越多，就越能作出信息充足的判断。

3. 情感的自我管理

当要求人们在一正一反之间作出抉择，会情绪激动也就不为奇了，特别是当我们不喜欢那些和我们的观点相反的证据时。一般来说，在学术界只认逻辑不认情绪。所以控制情绪的技能在此时会很有用处。若保持冷静，很有逻辑地表达观点，则就会有说服力。

4. 坚持、准确和精确

○ 注意细节。能够注意到对全局有所启发的小细节。

○ 辨别趋势和模式。要细心地做好信息记录、数据分析、辨识重复和相似之处。

○ 多元视角。从几个角度去看同样的信息。

○ 客观。把自己的好恶、信仰和兴趣抛开，只想着得到最准确的结果或更深入地理解内容本身。

○ 短期内看起来不错的创意，可能会有不良的长期影响。

5. 兴趣是最好的老师

伟大的科学家爱因斯坦热爱音乐，他擅长拉小提琴是有名的。他曾以音乐为例说明兴趣的重要性："在我六岁到十四岁时学过小提琴，但是都没有碰上好老师，对于这些老师来说，音乐只是机械的练习。我真正学到音乐是我爱上莫扎特的奏鸣曲以后。我渴望把异常优美的乐曲表达出来，就逼着自己提高演奏技巧。我认为,对一切都一样,兴趣才是最好的老师,它永远超过责任。"

> **举例1.4　水不从倒置的水杯里流出**
>
> 　　有一个很简单的实验,相信许多人在孩提时候都做过。首先,把茶杯装满水,然后用一张明信片或纸张,把杯口盖起来,用手轻轻压着,这时,突然把茶杯颠倒过来,然后,拿着杯子放开压着明信片的手。只要盖在杯口的明信片呈水平,它就不会掉下来,而杯子里的水也不会流出来。
>
>
>
> 图1.9　把未装满水的杯子下方盖一张纸,倒过来情况会怎么样?

　　那么,究竟为什么杯子里的水不会流出来,而能好好地留在杯子里呢?这是因为空气的压强的缘故。换句话说,空气的压强比杯子里的水对纸的要大。

　　做过这个实验的人会告诉你,杯子里的水必须装满才能成功!他还会说,如果水没有装满的话,杯中的一小部分就会被空气占有,那么此实验就不会成功。因为杯子有空气,就与外面的空气压强平衡,而水就会把纸张压下来。这样,水就会流出来,而实验就告失败了。

　　为了要确认真相,建议你故意不把水装满来试验一下,看看盖在杯口的纸会不会掉下来。奇怪的结果发生了,杯里的水不像预期的那样,并没有流出来。

你可以反复地做几次试验,结果还是一样,纸张仍是好好地贴在杯口。

从这个实验中,你能悟出些什么道理来呢?自然科学上,最高的判定者,应该是实验。有些现象,依照我们的想法或理论看是正确的,不过,这些理论应该要靠实验来确认和证实。"一方面检讨,一方面做实验"——17世纪意大利最初的自然研究原则就是如此。现在虽已是21世纪了,然而物理学家们依旧保持这种做法。如果理论和实验结果不一样的话,那么就要检讨,把理论上有错误的地方找出来才对。

像这个应该是失败的实验,但是却和我们的想法不一样,由此可见,一定有什么地方有问题。建议你按照下述的方案再做下去。

谨慎地把盖在杯口的纸张的一端拨开一点,就会看到气泡从水中跑上去。这个现象意味着什么呢?杯子里的空气比外界的空气更稀薄。否则,外界的空气怎么会跑到水面上,问题就在这里。换句话说,虽然杯子里的水没有装满,还留有一点空气的空间,但是,这个空气比外界的空气密度小,即压强比外界的空气低。所以,当你把杯子颠倒时,水往下流,同时,把杯子里的一点空气排出杯外。而剩下的空气还是占着原来的空间,因此,空气就变得稀薄,即压强降低。

经过这样的流程:质疑 ⟶ 好奇 ⟶ 论证 ⟶ 结论,你的思维境界会提高一些。

1.6 学术范畴的批判性思维

1. 拓展理解能力

学生们应该拓展自己的批判性思维,这样就可以将所学科目挖掘得更深,而且可以参与关于这一学科主要理论及论辩的对话,通过参加研讨会、讲座、论文及图书的撰写来达到这一目的。

真正了解某事物的最好方法就是自己动手做研究,但是本科生们根本没有时间去探索日常生活中遇到的每一件事物。有时候只是接受了他人所做的批判分析，而不是来自对直接经验、实践和实验的深刻理解。

学生们需要提高批判地看待他人研究成果的能力。有人可能觉得这并非难事，但是有人经常轻率地采纳他人的研究成果，并未充分地分析支持其主要观点的证据和推理。

2. 兼顾优劣两面

在学术范畴内，"批判"指的既包括优点也包含缺点的分析。找出强项和弱项非常重要，评估有效元素和无效元素也同样重要。那些好的批判分析之所以好，就在于它解答了某件事物为什么好或不好，为什么有效或无效，而非仅仅罗列一件事情的优缺点。

3. 并非"非此即彼"

在日常生活中，我们可以把所有事情都看做非此即彼、非黑即白的。在学术领域，同一个问题可能有多种答案。深入思考的目的之一，就是要解决更为复杂高深和没有直接答案的问题。你可能会感觉到，你越深入地了解一个学科，就越难针对某个问题给出简单答案。

4. 处理模糊和疑虑

当互联网触手可及时，我们习惯于在提出问题后几分钟内就找到答案。但是在学术界，新的领域里会涌现新的问题，可能在几年，甚至几代人之内，都找不到答案。如果你习惯了即刻找到答案，可能会不适应学术界的这种情况。

5. 小结

作为学生，批判性思维就是：
○ 找到支持你探讨的话题的最佳证据；
○ 判断这一证据支持不同论点的力度；
○ 根据现有证据推导出阶段性的结论；
○ 在已有证据的基础上进行推理，把读者引向你的结论；
○ 选择最佳范例；
○ 为自己的论点提供证据。

1.7 运用批判性思维的障碍

批判性思维对谁来说都不容易,每个人在运用批判性思维时,都会遇到这样或者那样的障碍,但这些都是可以克服的。

1. 误解"批判"的含义

有人认为批判就是给出负面的评价,因此他们在分析事物时只提积极的方面。这是对批判这个概念的误解。其实,批判评价意味着既指出正面也指出负面,既指出有效之处也指出无效之处。

有些人认为批判是不好的,因为它本质上是消极的;有些人认为他们如果擅长批判就会被人看做讨厌的人,所以他们报喜不报忧,只给出正面的评价,而回避负面的评价。他们可能不会给别人指出哪些地方是可以改善的。这种方法通常是没有益处的,因为建设性的批判能够帮助对方看清形势,助人进步。

2. 高估自身的推理能力

大部分人都认为自己是理智的,因为人们更愿意相信自己的信念是最好的,否则就不会持有这些信念了,而且人们相信自己的所作所想都很有道理。对于大多数人来说,在某些时候的确如此,但是这样来形容人类的行为方式并不准确。通常人们的思维是自动运行的,这样使生活更加高效,例如人们不用每天吃饭时都怀疑碗筷的安全性。

但是,人们很容易陷入不良的思维习惯。那些通过胡乱推理而能达到目的或者蒙混过关的人,可能会认为他们这样的推理一定是好的,因为没人说过这样不好。那些经常赢得辩论的人,可能会将原因归结为自己良好的推理能力,而事实上,在辩论中获胜,未必因为你善于推理,可能只是因为你的对手没有识破一个拙劣的辩论,或者宁愿为了自身的原因,比如为了避免冲突,而选择妥协。不严谨、不精确、无逻辑的思维,无助于提升学术水平。

3. 不愿质疑专家

在批判分析自己尊敬人的作品时,人们自然而然地感到焦虑。要一位对某一话题知之甚少的学生批评专家的作品,是件很奇怪的事儿,有些学生认为批评专家没有意义。批判性分析是一种很典型、很普遍的活动,教师应鼓励学生们去质疑、挑战已出版的材料。不过,习惯这种思维方式可能要花一些时间。

4. 情感因素

情感方面的自我管理在批判性思维中具有重要作用。拥有批判的能力,意味着可以从多个角度理解某个问题。在学术范畴内,一个新理论可以挑战根深蒂固的信念和由来已久的假设。一般人很难接受这种情况。若学术研究挑战了"常识"或者"常态",则不论以何种方式,都可能令人难以接受。

如果我们被学到的东西所困扰,那么情感也许会有助于我们集中精神来思考问题。但是,它也经常阻碍我们把问题思考清楚。情感因素可以增强或者削弱一个论点的力量。批判性思维并非必须抛弃那些对我们很重要的观念,而是会促使我们更多地思考基于这些观念的论辩,思考支持这些论辩的证据,从而客观地批判自己的观点。

5. 将获取信息当成理解

学习是一个不断深入理解的过程,很多老师布置了多种活动,帮助学生学习某一学科内的专业知识。但是这种教学方法的目的可能会被学生误解,学生们更想要事实和答案,而不是可以帮助他们独立做出有理有据判断的技能。在教学过程中,会经常发生如下的场景:

学生:"您最好告诉我解题的思路,我想知道正确的答案。"

老师:"我希望你积极地思考,通过勤奋努力,寻求你自己的答案。"

由于玻色-爱因斯坦凝聚的研究而获得2001年诺贝尔物理学奖的美国物理学家卡尔·韦曼 (Carl Edwin Wieman, 1951—) 认为:对于本科生而言,不能期望他们自己解决所有的问题,要定期检查他们在考虑什么,为他们提供一种能够支持和引导他们进步的反馈意见。

6. 不够关注细节

批判性思维需要准确,也就需要非常注意细节。对问题了解地过于笼统,可能导致做出很不好的判断。批判性思维需要我们关注于手头上的这件事情，而不是被其他有趣的杂事分散了精力。

批判评价一个观点时需要谨慎，即使你不认同它，这个观点可能是好的，是有效的。

1.8 批判性阅读、做笔记及写作

理性判断靠深度阅读，说理应保持"娱乐性"。

一、做笔记以辅助批判性阅读

教师经常在开课前，向学生提出一些希望或者忠告，其中有一条是要求学生做好课堂笔记，但往往于事无补。学生开始时，还记下重要的内容，但后来就不再提笔了。

做笔记是很好的方法，和上课及阅读不做笔记相比较，有如下的优势：

○如果做得恰当，可以将一个连续性的阅读任务分解成许多短的部分，可以令大脑休息，这对于大量阅读活动尤其有帮助。

○写字会用到运动记忆，更容易记住信息。

○很多人更容易想起自己写下的内容，将来在考试复习时心里就有底了。

○选择将什么记下来，并不要求全部写下来，意味着和材料有更大的互动，有助于今后回想起来。

○做笔记将该学科的有关信息集中起来，这样就不用通读源材料中的全部信息。

二、笔记达人牛顿

自然科学的第一位圣人的称呼只能留给牛顿，他的一生是在孤独中度过的，但笔记本陪伴了他的一生。

牛顿在英格兰格兰汉姆上小学时，用母亲给的两个半便士买了一个用牛皮纸订成的小笔记本，他特意在上面标明此本子归他所有。几个月以后，牛顿开始在上面小心翼翼地写满了字，正反两面都写，本的中间部分也用。这个本子主要是用来抄写一本几年前在伦敦出版的约翰·贝特的书《自然和艺术之谜》。这本书的内容虽然零碎，但是覆盖的知识面很广。牛顿把其中有用的话写在几页纸的顶部。

牛顿还抄写了一些关于绘画技巧的说明，例如：如何摆放要画的物体；怎样表现太阳的升降；画月亮要画它高挂天空的情景。他记下了调颜料的方法，按照实用性把颜色分门别类。在这个小本子上牛顿还抄写了其他技巧，包括如何熔化金属、捕鸟、用燧石生火等。他甚至还记录了很多药方以及治病和保健的方法。

牛顿在抄书的时候，跳过了书中所谈到的物质组成的基本原理，而是在那些原来就不大的纸上，画满了和日晷有关的天文图表，并且对之后的24年的日历做了精确的计算。他抄写了很多词汇，并把它们分类：艺术、科学、药剂学、天文学、疾病、家族等。

1661年6月，牛顿以减费生身份进入了剑桥大学三一学院学习，他随身仅带了少许行李中就有一个140页的笔记本。牛顿把学习看做一种乐趣、一种有价值的追求。他自创了一些速记符号，这样一来可以省纸，二来在记录对上帝的忏悔时，就相当于给自己的笔记编上了密码。

在剑桥大学的第二年，牛顿已经在他的笔记本上记满了亚里士多德(Aristotle, 公元前384—前322)学说的观点。但是和所有的科学巨人一样，牛顿并不迷信权威，他在本子上写下了亚里士多德曾经说过的话："我热爱柏拉图，但我更热爱真理。"

根据从书上学到的知识和自己的猜想，牛顿把自己对世界的认识用问题的形式记录下来。牛顿归结出的45个题目为一个新的自然科学奠定了基础。重要的研究题目有：物质和原子、质量和位置、时间和永恒、重力等。他雄心勃勃地把整个自然界都列入了自己的研究计划。

1665年1月，瘟疫在伦敦蔓延开来，剑桥大学暂时关闭了，学生们纷纷到乡下避难，牛顿也回到了家里。他给自己盖了一个书房，又做了几个书架。从继父那里继承的几乎有一千页空白纸的那个笔记本派上用场了，他给这个笔记本命名为"杂录",开始用它写读书笔记。这些笔记慢慢成为牛顿的早期研究纪录。牛顿不断地向自己提出问题,逼着自己去思考,计算答案,然后提出新的问题。正是在瘟疫的这一年,牛顿完成了他人生的重大转变,不知不觉地成了世界上极为重要的数学家。这一年,牛顿才 24 岁。

《牛顿传》里这样写道:"牛顿做笔记的目的是为了阅读,他逐字逐句地抄写了大量的书籍和手稿,有时同样的原文他会抄写好几遍。他这样做、不仅仅是为了高兴,而是为了推理,为了冥想,为了主导他狂热的思想"。

图 1.10 牛顿是一个笔记狂人

三、信息源的引用

为了培养学生们的批判性思维能力,教师更愿意采用启发式教学,例如布置写读书报告、心得体会乃至小论文。互联网使世界变小了,一些思想活跃的同学利用个人的博客或微博,发表对某个问题的看法和见解,与别人分享。这里不想对写作中的论辩结构进行分析,而要谈论一下信息来源即参考文献的引用,事实上这个约定成俗的习惯从中世纪手稿就已形成了。那么,参考文献的目的是什么呢?

- 对于原作者而言:

  对于你用到的作品的作者给予恰当的认可,是对他们的尊重。

- 对于读者而言：

可以让读者清楚地了解你的理念和证据出自哪里；

可以让读者快捷地找到文献来源；

读者可以用文献来源检查你是否正确使用或解读了这个信息。

- 对于你而言：

如果参考文献经过充分研究并具有良好信誉和权威，那么可以增强你的论辩；

如果今后还要想用这些信息源或该文受到质疑时，可以帮助你回忆其来源；

可以向读者证明你应该做的背景阅读；

使用他人成果而不注明出处，将被视为不端行为。

思维挑战练习

1. 你的思考与其他人有怎样的不同？你的思维是在无序中还是在条理中产生的？

2. 文字表达可以作为思想的反射镜，这面反射镜可以赋予你清晰性、准确性、认知性和丰富性，检讨一下你的学习经历，你善于作笔记吗？你喜欢留下文字的东西吗？

3. 混乱的思维会使你迷失方向并且损失惨重，想一想你今后的十年里，你的思考会有所变化吗？

4. 在不同的地方环顾四周，描述出你平常不会看到或听到的事物，思考一下你为何通常观察不到那些事物。这会告诉关于你的兴趣方面的什么信息呢？

5. 与老师或同学深度交谈，试图了解别人对你话语的反应，从而对你的思维过程进行评判。

6. 你是否曾经因为思维跳跃太快而无法形成一个结论？你是否因绝对肯定而事后发现自己错了？在你的思维中被忽略的东西是什么？

7. 你是否曾遇到过一个问题，想通了并且作出了一个对你来说效果良好的决定？你为了产生那些满意的结果所采取的思维步骤是什么？

8. 你认为哪类思维错误是经常出现的，归纳还是演绎？你在一门课程学习中会运用归纳吗？或者总结一下，你认为取得好成绩的课程中什么是宝贵的经验？

9. 有一本书的名字很吸引人:《像爱因斯坦那样思考》。作者在书中写道: 由于视觉媒体(如互联网)的出现，我们阅读和写作的更少了，而想象的更多了，他认为视觉性思维将会代替以文字为基础的教学模式。你对这种可能性有什么看法？对于图像代替说写语言，你有何看法？

10. 在进一步阅读此书之前，问自己一些你希望在本书中能够找到答案的问题。

参考文献

[1] 教育部高等学校物理学与天文学教学指导委员会. 高等学校物理学本科指导性专业规范 [M]. 北京：高等教育出版社，2011：7-10.
[2] 威廉姆·沃克·阿特金森. 逻辑十九讲 [M]. 李奇译. 北京：新世界出版社，2013.
[3] Stella Cottrell. 批判性思维训练手册 [M]. 李天竹译. 北京：北京大学出版社，2012.
[4] 詹姆斯·格雷克 (James Gleick). 牛顿传 [M]. 吴铮译. 北京：高等教育出版社，2004.
[5] 罗杰·G. 牛顿. 探求万物之理 —— 混沌、夸克与拉普拉斯妖 [M]. 李香莲译. 上海：上海科技教育出版社，2000.
[6] R.P. 费曼. 物理学定律的本性 [M]. 关宏译. 长沙：湖南科学技术出版社，2013.
[7] Brian Cox, Jeff Forshaw. 量子宇宙 [M]. 伍义生，余谨译. 重庆：重庆出版社，2013.
[8] 曹天元. 上帝掷骰子吗？量子物理史话 [M]. 北京：北京联合出版公司，2013.
[9] Gary R. Kirby, Jeffrey R. Goodpaster. 思维 —— 批判性和创造性思维的跨学科研究 (第 4 版)[M]. 韩广忠译. 北京：中国人民大学出版社，2013.
[10] 周建武，武宏志. 批判性思维教程 —— 逻辑推理与论证 [M]. 北京：对外经济贸易大学出版社，2012.
[11] 杨武金. 逻辑和批判性思维 [M]. 北京：北京大学出版社，2007.

# 第 2 章 论辩、悖论和博弈

"非常肯定的一条真理是,当我们没有能力确定怎样做才对时,那我们应按最有可能是对的去做。"

——笛卡儿(René Descartes,1596—1650)
法国哲学家和数学家

批评之前先了解。完美的辩论家能够总结出对手的观点,而且通常做得会比那些人原本做得更好。同样地,批判性思考者在对某个见解发表意见前会花时间去了解它。

注意热点问题。很多人都有自己认为的"热点问题",即那些能引起强烈情绪和争论的问题。要记住我们可以改变甚至放弃自己的观点,你可以运用批判性思考技巧,在检验不同观点上变得更加熟练。

乐于怀疑。在快餐式的社会中,花时间停下来、看看、核查、思考、细想多种想法,接受不确定性这种意愿会使我们继续探索。

2.1 什么是论辩?

一、论辩的含义

1. 论辩

采用理由来支持一个观点,以说服已知和未知的受众。论辩和反对是不一样的。反对某人的立场不需要说出你为什么反对,也不需要说服对方改变立场。如表 2.1 所示,在批判性思维的概念里,立场、同意、反对和论辩是不一样的。

表 2.1 立场、同意、反对和论辩的异义

立场	基因工程让我担心,应该禁止基因工程(没有理由,所以这是一个立场)
同意 1	我不太了解基因工程,但是我同意你的观点
同意 2	我很了解基因工程,我同意你的观点(没有理由,这只是一个立场)
反对	我不同意。我认为基因工程很令人激动(没有理由,这只是一个立场)
论辩 1	基因工程应该被禁止,因为当没有天敌可以制衡的新品种面世之后,会发生什么情况,还没有足够的研究
论辩 2	现在有些病症是没有有效疗法的。通过基因工程使人们更加健康长寿的可能性给了这些病人希望。我们应该推进基因工程,以尽快帮助这一人群

以上的论辩运用了理由来支持立场并说服他人接受。这是简单论辩,没有很长的推理过程,也没有给出证据。这样的话,论辩的力量就在于其他因素了,如音调、肢体语言或者对听众的了解,比如他们对结果是很感兴趣的却遮掩起来。

2. 描述

介绍某件事情是如何完成的,或某个事物是怎样的。描述并不解释某件事情是怎么发生的,为什么会发生。在报告和学术论文中,描述应该实事求是、准确、没有价值判断的。描述有时会和批判分析相混淆,因为这两者都会详细地调查某个事物。两者的区别在于,描述细节不是为了说服受众接受某一观点,而是为了让受众对这个事物有更加完整的印象。

3. 解释

解释的结构和论辩一样，包括陈述、理由、最终结论和相似的标志性词语。但是，解释并不会试图说服受众接受某一观点。解释的作用是：① 说明某事物为什么或怎么发生；② 带出一个理论、论辩和其他信息的含义。

4. 总结

比较长的消息或者文字的浓缩版。一份典型的总结会重复关键信息，以提醒读者本文之前说过的信息，并把读者的注意力吸引到最重要的方面。结论可能包括前文已提到的总结。总结一般不包括新的信息。

5. 结论

在批判性思维中，结论通常是一个推论，它总结论辩，并就如何解读理由给出推理性的假设。结论可能针对某个事物的含义或应该采取的最佳策略给出解读。

结论常常出现在文章的结尾。有些作者喜欢先说理由，然后总结起来作为结论的一部分，之后再进行推理。不过，文章的开篇也应该找找看。有些作者喜欢在开篇写出结论，以表明立场。之后给出理由，解释他们是如何得出这个结论的。

批判性思维中的结论不只是简单的总结，而一份总结却可以组成结论的一部分。在这种情况下，结论的含义比总结更多：

○ 结论包含了一些解读事件的相关论点。

○ 结论对这个解读的可靠性做出判断。

结论性词语：作者可以用词语来标志或指示一个结论即将做出，例如"但是"一词。这类词语后面不总是接着结论，不过还是值得注意。应该寻找"因此""所以""后果就是""最终"或者意思与"于是"相近的词。

推论性词语：由于结论与推理有关，我们也该寻找标志着作者做推论的词语，包括"应该""结果是""将会""意思是"和"实际上"的词组。表示类似反义的词组也值得注意，比如"本不应该"和"绝对不应该"。

二、光的波动说和粒子说之争：最持久的交锋

牛顿认为光是由小粒子或微粒构成。这就解释了为什么光会沿直线行进，而且牛顿利用它来解释当光从一种介质进入另一种介质，比如从空气进入玻璃或者从空气进入水时，光为什么弯折或折射，参见图 2.1 中的左图。

然而，微粒论不能解释牛顿自己观察到的牛顿环的现象。把一个透镜置于一面平坦的反射板上，并用单色光例如钠光对其照射。从上往下看，人们将看到一系列明暗相间的圆环，见图 2.1 中的右图。用光的微粒论来解释这个现象很困难，但在波动论中就能得到解释。根据光的波动理论，导致亮环和暗环的现象称为干涉。一个波是由一系列波峰和波谷组成。当它们相遇时，如果波峰与波峰和波谷与波谷刚好在一起，它们就互相加强，得到更大的波，这称为相长干涉；在相反的情况下，当两列波相遇时，一个波的波峰刚好与另一个波的波谷重合，那么两列波相互抵消，这种情形称为相消干涉。

在 19 世纪，上述现象用来确认光的波动论，并证明光的粒子论是错误的。然而，在 20 世纪早期，爱因斯坦证明，用光粒子或量子打到原子上并敲击出电子可解释光电效应 (现在用于电视和数码相机)。这样，光既作为粒子又作为波来显示它们特定的行为。

 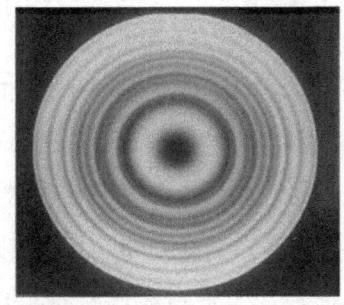

图 2.1 光的折射 (左) 和牛顿环现象 (右)

波的概念深入人心，如果你将两块小石头扔进小池塘，你也许看到了波的干涉效果；而从岩石和沙中就很熟悉粒子的概念了。但这种波/粒对偶性——一个物体既可描述成粒子也可以描述成波的思想——对于日常经验而言，却

犹如你能喝下一堆沙子的想法那么怪异。

类似这样的对偶性——两个非常不同的理论精确地描述了同样的物体的情形——和依赖模型的实在论一致。每个理论都能描述并解释某些性质，而没有一个理论能说比其他的更好或更真实些。至此我们所能说的是：似乎不存在一个单独的数学模型或理论能够描述宇宙的方方面面。

三、玻尔–爱因斯坦量子论之争：最著名的争论

对20世纪最伟大的物理学成就贡献最大的莫过于玻尔-爱因斯坦量子论之间的争论：

爱因斯坦：玻尔，亲爱的，上帝不掷骰子！

玻尔：爱因斯坦，别去指挥上帝该怎么做！

霍金：上帝不但掷骰子，他还把骰子掷到我们看不见的地方去！

尽管量子力学的数学结构严谨，在解释一系列实验现象上取得了完全成功，但是从它诞生的时刻开始，对它的物理解释和理解就存在不同的意见和争论。一批为量子力学的发展作出过重要贡献的物理学家，如爱因斯坦、薛定谔等始终怀疑量子力学，认为它不是最终的理论，而另外一批物理学家，以玻尔、海森伯为首则持完全相反的意见。这门学科非常独特，它是在百家争鸣中得以发展的。争论的焦点在于波函数的解释，它是不是物理的实在？如何理解玻恩提出的波函数的统计解释？量子力学能否对物理事件的状态和运动过程作完整的描述？量子力学是最终的物理理论还是阶段性的现象性理论？

○ 爱因斯坦观点："物理是试图在概念上去抓住事物的真实性，而这个真实性应该被认为是与观察没有关系的，在这个意义上，人们称之为物理的真实性。"

○ 玻尔观点："这里没有量子世界，只有一个抽象的量子描述。认为世界要做的事情就是弄清楚自然界是怎样的，那是错误的观点。物理关心的只是我们对自然界能说些什么。"

1. 反对者的意见

爱因斯坦在 1926 年 12 月 4 日给玻恩的信中写道:"尽管这个理论 (量子理论) 给出很多结果,但它几乎没有使我们更接近上帝的秘密。在任何情况下,我坚信,他不会掷骰子。"

薛定谔在 1926 年指出:"我当然知道海森伯的理论,但那令人难懂的超凡的代数以及那缺乏形象性的方法使我感到泄气,虽说还不是完全排斥。"

2. 支持者的意见

海森伯和玻恩在投给 1927 年 Solvay 会议的论文中指出:"我们把量子力学看作是一个完整的理论,它基本的物理和数学前提不容再被修改。"

海森伯指出:"我不相信一个完全与哥本哈根概念相抵触的理论。"

1926 年海森伯在给泡利的信中写道:"我对薛定谔理论的物理部分想得越多,发现它越让人感到不满意。薛定谔所写的关于他的理论的直观形象性也许不是那么正确,换句话说,那是胡说八道。"

至于霍金说上帝把骰子掷到我们看不见的地方,那个地方是什么呢?就是黑洞。到目前为止,黑洞的问题还没有完全搞清楚,还要继续下去。而霍金本人,由于他的成就,已经成为 21 世纪最伟大的理论物理学家之一了,这是毫无疑问的。

四、特别喜爱论辩的国家:以色列

一个国家的人民喜爱论辩有什么好处呢?有这样一个真实的故事。

阿摩司·奥兹 (Amos Oz 1939—),当今以色列文坛的最杰出作家,以色列本·古里安大学希伯来文学系终身教授。他讲了他亲身经历的两个故事。

奥兹除了写小说,还积极参与政治活动,组织了著名的"现在和平"运动,主张巴以和平,并时常在报纸上发表自己的见解。某日,他收到总理的来电,说读了他的文章,邀请他一起喝咖啡,交流意见。"我去了,和奥尔默特总理喝咖啡,聊了一个半小时,结果呢,我们谁也没有说服谁。"

第二个故事是他打车的经历。一上车,出租车司机就认出了这位经常上电视发表见解的学者,对他说:"我读过你的书,但我不同意你的观点。"然后,这位司机滔滔不绝地陈述自己的观点,奥兹先生只有听的份儿。

学者见总理,激辩一番扬长而去;出租车司机见到学者,不是崇拜,而是亮出自己的观点。从司机、学者到总理,以平等的态度讨论、交流,这就是发生在以色列的真实故事。用奥兹先生自己的话说就是:"我来告诉你吧,以色列强大的秘密就是怀疑和辩论。"

2.2 论辩的特征和识别

不是所有的信息都包含有论辩。在批判阅读或听取一条信息时,检查是否含有论辩的特征可以节约时间。论辩可能是隐藏着的,这里讨论的是显式论辩,其有 6 个特征,见表 2.2。

表 2.2 论辩的特征

立场	作者有一个立场或观点,而且想说服受众接收
理由/命题	结论由理由来支持。理由也称为"辅助论辩"或"前提"
推理过程	推理过程是按逻辑排列的一系列问题,就像一条小路一样,带领受众一步步穿过理由走向预期的结论。推理过程应该按照从一个理由到另一个理由的循序清晰而有逻辑地排序。推理过程排列不好的话,很难看出每个理由是怎么支持结论的
结论	论辩引出结论。结论通常是作者想要受众接受的一个立场。但是结论也有可能并不支持作者宣扬的立场
说服	论辩的目的是说服受众接受一个观点
指示词语	这些指示词语可以帮助受众跟随论辩的走向

在 2.1 节中,我们讨论了如何将论辩和其他很容易混淆的信息区分开。这些信息之所以容易混淆,要么是因为"论辩"一词在日常用语中的含义不同,要么是因为这些信息看起来非常像一个论辩。

批判性思维有时会和反对相混淆,但是在批判性思维中,论辩是用理由去支持结论并说服受众接受某种观点的方法,这就可能涉及反对的成分,但也绝对如此。反之亦然。在批判性思维中,不包含推理的反对就不是论辩。

描述是形容一件事情是怎么做的,或者一个事物是什么样子。描述可能很细致，所以有时和批判推理相混淆，后者有时也涉及细致的分析。描述并不涉及推理，也不评估事情的结果。在报告和学术文章中，描述应该实事求是，准确而且不带价值判断。在介绍某事物时，在评估之前给出简明准确的描述是很重要的。

解释和总结的结构可能和论辩一样，也包括理由、结论和相似的指示词语。但是解释不会说服受众接受某种观点。解释是为了回答"为什么"和"如何做"，或者是为了提出定义，而不是站在正面或反面去辩论。总结可能是论辩的简化版，但是其功能在于缩短文章的长度。

分辨出论辩和其他类型的信息，可以帮助我们更快地找出文章中的关键点，也可以提高我们的阅读理解能力。

【练习】以下有 5 篇短文，请分别将它们归类为：论辩、描述、解释、反对、总结。

1. 21 世纪以来，气温和海平面总是有升有降。研究表明，如果全球变暖确实在发生，那么主要原因就是地球温度的自然变化和太阳风的作用。工业化和碳氢化合物已经被宣称对气候变化基本没有影响。我认为不承认气候变暖的想法是危险的。

2. 双语和多语很有好处。使用几种语言的人可以比较两种不同的语言体系，所以对语言的结构有更多的了解。只说一种语言的人缺少这个关键的参考点。在很多情况下，第二语言可以帮助使用者更好地理解和欣赏第一语言。

3. 这个村子坐落在城市的外围。城市开始逐条路地蚕食这个村子。过不了多久，这个村子就会彻底消失，变成在东海岸一点点成型的巨大城市的一部分。村子的西边群山环绕，将村子夹在城市和山之间。只有一条从城市出发的路穿过村子，通向山中。

4. 这只玩具老鼠的形状和大小都一样，所以这只狗就迷糊了。虽然一只老鼠是红色的，另一只是蓝色的，但狗光凭眼睛看，还是分不出哪只是它的玩具。像其他狗一样，它需要鼻子闻，才能把这两只老鼠分开来，因为它分辨不出不同的颜色。

5. 婴儿在出生的头三个月，缺乏监测自己呼吸和体温的能力。和妈妈睡在一起的婴儿，可以跟着妈妈的节奏来学习调节自己的呼吸和睡眠。这些婴儿比单独睡的婴儿醒得更频繁。而且，和婴儿睡在一起的妈妈，夜间能更好地照看孩子。因此，婴儿和父母睡可能更安全。

你的回答：短文 1 为（   ）；短文 2 为（   ）；短文 3 为（   ）；短文 4 为（   ）；短文 5 为（   ）。答案在本章末。

2.3 认识悖论

牛津英语词典所列的"悖论"的第一个含义是"与公认的看法或预料相反的一个命题或原则"。美国著名逻辑学家威拉德·冯·奥曼·奎因（Willard Van Orman Quine, 1908–2000）认为这个定义忽略了论证的主要作用，他认为"悖论就是任意一个结论——它看上去很荒谬，但又有一个论证支持它。"奎因把悖论分为真悖论和假悖论两大类，真悖论是最终可以被证实的推理步骤；而假悖论的结论是错误的。

最古老的哲学问题是从神话演化而来的，这些哲学问题显露了它们所由之产生的文字游戏的痕迹。从这个意义上来说，哲学是在解决一个又一个悖论的基础之上发展的。与之类似，物理学上许多里程碑式的成果出现的时候，往往伴随着一个个佯谬和诘难的产生，物理学家通过争论使问题得以解决。错误与悖论的不同地方在于：错误可以明白地加以诊断，而悖论则不然，因为后者貌似有证据支撑。

一、先有蛋还是先有鸡？

通俗地说，悖论就是谜语。其一是它使听众面临着一大堆的好答案；其二是使坏答案看起来像个好答案。

让我们来看看民间流传的一个悖论吧——"先有鸡还是先有蛋？"说答案是蛋，有一个强有力的原则支持：所有鸡都是从蛋里孵出的；然而麻烦的是，一个同样强有力的说法支持着相反的答案，所有的蛋都是鸡生的。

图 2.2 史上最古老的悖论：先有鸡还是先有蛋？

相冲突的证据通常都是不牢固的。人们的犹豫不决将被进一步的证据、新的测量方法和重新计算所消除。相比较而言，悖论无一例外都是浮动的，只要一方似乎占了优势，平衡就会被另一方的发展所重新恢复。根据力学知识，我们知道，对称是最容易达到这种动态平衡的。在"先有鸡还是先有蛋"的谜语中，这种对称性是显而易见的。

大多数哲学家认为，争辩在悖论中发挥着本质性的作用。R. M. 塞恩斯伯里 (R. M. Sainsbury) 把悖论看作是一个争辩的令人无法接受的结论——此结论的前提和推理模式都是可接受的。J. M. 麦基 (J. M. Mackie) 则认为，悖论就是整个争辩。

其余的哲学家认为，悖论就是这样一类命题的集合：这类命题单独看似乎是有道理的，但连起来看却不一致。哲学的任务可以被定义为通过拒斥这类命题集合以解决悖论的各种途径。

有史以来，第一个对悖论作出解答的人是阿那克西曼德 (Anaximqnder, 约公元前 610 — 前 585)。他提出的一个悖论是：每个事物都有一个起源吗？他给出的回答是：不，有一个无限者，它载育万物而自身并不根源于任何其他事物。阿那克西曼德的理由可以被看成是为了避免一个无穷的倒退：有些事物当下存在，但并不永远存在；任何具有开端的事物都是从先于它而存在的他物那里获得而存在的；所以，必然有某物是没有起源的。这就为人类的起源问题提供了一个替代性的解答。我们以有限事物间的一个无限关系来取代阿那克西曼德的那个无限之物的假设。

让我们回到"先有鸡还是先有蛋"这个悖论上。查尔斯·达尔文(Charles Darwin)最终所证实的还是阿那克西曼德的假设;鸡和蛋出现的历史并非无限的久远,所以,必定先有蛋,或者相反。即两者之一仅有一个判断是正确的,到底谁对谁错呢?

阿那克西曼德关于人类起源的看法同样地适用于鸡的起源问题上。蛋需要孵化,而鸡需要饲养。因此,必定是某种非鸡的东西充当了父母的角色。所以,在鸡形成之前存在的是蛋。

蛋在优先地位上,当代进化论是赞同阿那克西曼德的结论。蛋的优先性在生物学上是必然的,而不是逻辑学上的。由于阿那克西曼德没有必备的生物学方面的知识,所以他对先有鸡还是先有蛋这个谜语的解答只是碰巧猜中而已。

二、"蛋鸡先后"悖论的推广

作为"先有鸡还是先有蛋?"这个悖论的推广和新解,这里讨论的是"先有产品?还是先有市场?"的问题。更进一步的思考是,对这个问题的看法是否会影响到我们的创新行为?

说到创新,一个公认的案例就是苹果公司。乔布斯的一个有名的举措就是不花钱做所谓的市场调查,他认为产品还没有出来以前所有市场调查都没有多大用途。他更相信自己的感觉,只要把东西做酷了,大家一定会买的。苹果的产品都是秘密研发、秘密生产,只有到了产品发布会的时候我们才知道庐山真面目。所以,可以把这个模式算成是先有鸡(产品)后有蛋(市场)的模式(模式1)。

更多的时候,公司都是先知道有了一个市场的存在,了解了人们的一个独特的需求,然后再去开发产品的。这可以算是先有蛋(市场)后有鸡(产品)的模式(模式2)。

鸡比蛋贵,原因就是模式1的风险更大。在不知道一个产品是否能在市场上销售成功的前提下去做开发,投入的可能都赔进去。做山寨产品的无疑是第二个模式,他们大多是知道别人的产品在市场上卖得很好,人家已经摸索出了一个成功的商业模式,找到了一个畅销产品,于是山寨者才投入进去,不用养鸡,直接取卵孵化。无疑,创新者一定比山寨者先拿到蛋,至少要早一个周期。不过,山寨者也有他们的哲学,他们的说法是"第二只老鼠吃到了奶酪"。可是,别忘了,第一个吃奶酪的老鼠不一定会死呀!还有,如果一个(老鼠)群体中没有愿意当"第一名"的,大家都只是会做"老二",那这个群体可能早就饿死了。

好在自然在进化过程中对争第一有额外的奖励:争第一的风险大,所以一般都是被给予多生子代的权利。这样,一个群体中才有各种角色的组合。到了今天,是先有鸡还是先有蛋已经不重要了,重要的是明确鸡和蛋的差别,建立一个健康的、可持续发展的体系。鸡和蛋要同时存在才是一个稳定的体系;创新者和山寨者也要以合理的比例共存,社会才有发展。

三、芝诺运动悖论

芝诺悖论中最广为人知的是两分悖论。

1. 你能走出房间吗?

当你进入一个房间,想要到达另一头,则你必须走出一半的路程。然后,你必须再走出剩下的路程的一半。然后又是新剩下的路程的一半。这些一半路程是无限多的。没有人能在有限的时间里无限地走出一半又一半的路程。

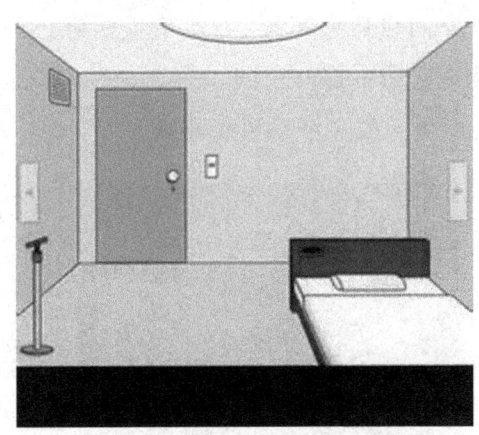

图 2.3　你能走出房间吗?

2. 飞人能追上乌龟吗?

让博尔特(牙买加运动员,2008 北京奥运会百米冠军)与一个乌龟赛跑。因为博尔特跑得太快了,所以我们让乌龟先跑。那么,博尔特能追上这只乌龟吗?要想超过乌龟,博尔特就必须首先弥补乌龟占先于他的那段距离。当他跑过这段距离时,乌龟已经跑出了另一段距离。所以,博尔特又必须再弥补这段距离。而每次博尔特弥补了一段又一段的距离时,乌龟又跑出了另一段距离。虽然乌龟新跑出的这个距离更短了,但博尔特仍然必须去弥补它。然而,弥补这无止境的距离系列的事是徒劳的。博尔特不可能超过乌龟,因为他不可能一次又一次、无限地追赶下去。

图 2.4　飞人博尔特能追上乌龟吗?

3. 箭能飞出一段距离吗?

如果一支箭在某个空间与自身等量,那么它就是静止的。任何时刻,即使一个飞快的箭也不可能在它所不在的空间。所以,它必定在它所在的空间,并因而在一个空间与自身等量。故飞箭不可能移动。

图 2.5　箭能飞出一段距离吗?

亚里士多德解决了上述的三个芝诺悖论。他用的是现实的无限和潜在的无限之间的区分。

当一个人大步走过一个房间，他的路程可以被无限地分成一半又一半。但与两分悖论相反，这个潜在的无限，并不意味着进入房间的人要在有限的时间里现实地实施一个无数次的"跋涉"。当博尔特与乌龟赛跑的时候，为了赶上一个起先被乌龟占据的位置，追赶的次数将是无限的。但这个潜在的追赶无限性并不意味着博尔特要现实地追赶无数次。同样，箭的飞行可以被分解成无数的亚飞行。只要我们把箭的飞行分成 n 个部分，我们就也能将它分成 $n+1$ 个部分。但这并不意味着，箭的飞行是由一个现实的亚飞行所组成的集合。

现在，让我们用力学知识来解答这三个问题。

芝诺错误地假定速度是越来越慢的。事实上人的行走可以是匀速的。人们能够走得足够快，从而能在一个有限的时间间隔内去完成一个极限任务。你 10 秒走了一半路程，然后 5 秒又走了下一个一半，再 2.5 秒又走了下一个一半，以此类推。这是一个无限等比级数的求和，即

$$20\left(\frac{1}{2}+\frac{1}{4}+\frac{1}{8}+\cdots\right)=\frac{20\times\frac{1}{2}}{1-\frac{1}{2}}=20,$$

所以，你在 20 秒内就穿过了那个房间。

2.4 从经典到量子悖论

一、公孙龙"白马非马"论

春秋战国时代的名家代表人物之一的公孙龙有许多有趣的诡论，其中最为有名的要算是"白马非马"论了。《白马论》的故事大概是这样的：

战国时一城有令马匹不得出城。有一天，赵国平原君的食客公孙龙带着一匹白马要出城。守门的士兵对他说："马匹一概不得出城。"公孙龙心生一计，企图歪曲白马是马的事实，希望说服士兵。公孙龙说："白马并不是马。因为白

马有两个特征,一是白色的,二是具有马的外形,但马只有一个特征,就是具有马的外形。具有两个特征的白马怎会是只具有一个特征的马呢?所以白马根本就不是马。"愚鲁的士兵因无法应对,只好放行。

图 2.6　白马就不是马了吗?

他的说法骤眼看上去很有道理,要用两点特征来定义的事物应该不等同于用一点特征就能定义的事物。如果公孙龙的理论正确,那么岂不是黄狗不是狗、苹果不是水果,甚至黑人、白人、男人和女人不是人了。究竟问题出现在哪里呢?

从集合论的观点来看,马的概念可以看作所有马的集合。白马的概念可以看作所有白色的马的集合。"白马是马"这句话可以从集合论中获得解释:白马的概念从属于马的概念。每一匹白马都是一匹马。就是说,白马的集合是马的集合的一个子集。

从概念有三要素(内涵、外延及共相)中的外延方面来说,白马和马的概念是不同的,"白马非马"。但白马的确是马的子集,亦即白马属于马的一种。所以"白马是马"。公孙龙巧妙利用了"白马是马"这句话的歧义。搞清这个诡辩的意义在于:在我们的实际生活中、绝不能像公孙龙那样主观任意地割裂事物的联系,抓住事物的一个方面,而否认另一个方面。

二、"白马非马"新解:取决于观测

刚才谈到了"白马非马"的诡辩,不过我们这里不讨论这个。我们问:这匹马到底是什么颜色？你当然会说：白色的啊。可是，也许你身边有一个色盲，他会争辩说：不对，是红色！大家指的是同一匹马，它怎么可能又是白色又是红色呢？你当然要说，那个人在感觉颜色上有缺陷，他说的不是马本来的颜色，可是，谁又知道你看到的就一定是"本来"的颜色呢？假如世上有一半色盲，谁来分辨哪一半说的是"真相"呢？

不说色盲，我们戴上一幅红色眼镜，这样看上去的马也变成了红色。它怎么刚才是白色，现在是红色呢？原因是你改变了观察方式，戴上了眼镜。那么，哪一种方式看到的是真实情况呢？天晓得，你戴上眼镜看到的是真实还是取下眼镜看到的是真实？

我们的结论是，讨论哪个是"真实"毫无意义。我们唯一能说的，在某种观察方式确定的前提下，它呈现出什么样子来。我们可以说，在我们用肉眼的观察方式下，马呈现出白色；同样我们可以说，在戴上眼镜的观察方式下，马呈现出红色。色盲也可以声称，在他那种特殊的构造感光方式观察下，马呈现出红色。至于马"本来"是什么颜色，完全无意义。我们大多数人说马是白色，只不过我们大多数人采用了一种类似的观察方式罢了，这并不指向一种终极真理。

电子也是一样，电子是粒子还是波，要看你怎么观察它。如果采用康普顿效应的观察方式，那么它无疑是个粒子；如果要用双缝来观察，那么它无疑是个波。它本来到底是个粒子还是波呢？没有什么"本来"，所有的属性都是同观察联系在一起的。

但是，一旦观察方式确定了，电子就要选择一种表现形式，它得作为一个波或者粒子出现，而不能暧昧地混杂在一起。不管谁用什么方式观察，马只能在某一时刻展现一种颜色。从来没有人有过这样奇妙的体验：这匹马同时又是白色，又是红色。波和粒子在同一时刻是互斥的，但它们却在一个更高层次上统一在一起，作为电子的两面性被纳入一个整体概念中。这就是玻尔的"互补原理"，它连同玻恩的概率解释、海森伯的不确定性，三者共同构成了量子论"哥本哈根解释"的核心。

另一个互补的例子是著名的人脸与花瓶图 2.7。若把白色当做底色，则见到两个相对的人脸；若把黑色当做底色，则见到白色的花瓶。

图 2.7 人脸与花瓶互补图

这幅图"本来"是人脸还是花瓶呢？那要取决于你采用哪一种观察方式，但没有什么绝对的"本来"，没有"绝对客观"的答案。事实上，是人脸还是花瓶在这里是"互补"的，你看到其中的一种，就自动排除了另一种。

量子世界的这种奇妙的结合，就是大名鼎鼎的"波粒二象性"。

三、时空不能无限分割

芝诺悖论之一的"阿喀琉斯追龟"实质上是：只能不断逼近而永远无法超过。这个命题令人困扰的地方，就在于它采用了一种无限分割空间的办法，使得人们无法跳过这个无限去谈问题。虽然从数学上，我们知道无限次相加可以限制在有限的值里面，但是数学方法的前提已经预设了问题是"可以解决"的，从本质上来说，它只能告诉我们"怎么做"，而不能告诉我们，"能不能做"。

但是，自从量子革命以来，学者们越来越多地认识到，空间不一定能够这样无限分割下去。量子效应使得空间和时间的连续性丧失了，芝诺悖论不攻自破了。量子论告诉我们，"无限分割"的概念是一种数学上的理想，而不可能在现实中实现。一切都是不连续的,连续性的美好蓝图,也许不过是我们的一种想象。

四、量子芝诺效应

我们生活在一个四维的世界中,其中三维是空间的,一维是时间。时间是一个很奇妙的东西,它似乎和另外三维空间有着非常大的不同,最关键的一点是它有方向性。

在量子情况下,假如我们一直观察系统,那么它的波函数必然"总是"在坍缩,薛定谔波函数从来就没有机会去发展和演化。这样,它必定一直停留在初始状态,看上去的效果相当于时间停滞了。也就是说,只要我们不停地观察,波函数就不演化,时间就会不动。这个佯谬叫做"量子芝诺效应"(quantum Zeno effect)。芝诺有一个悖论是说,一支在空中飞行的箭,其实是不动的。为什么呢?因为在每一个瞬间,我们拍一帧照片,那么这支箭在那一刻必定是不动的,所以一支飞行的箭,它等于千千万万个"不动"的组合。问题是每一个瞬间它都不动,连起来怎么可能变成"动"呢?所以飞行的箭必定是不动的。在实验室里也是一样的,在每一刻波函数(因为观察)都不发展,那么连在一起它怎么可能发展呢?所以它必定永不发展。

已经有许多实验证实,当观测频繁到一定程度时,量子体系的确表现出芝诺效应。这是不是说,如果我们一直盯着薛定谔的猫看,那么它永远也不会死去呢?

2.5 博 弈 论

一、博弈论与社会物理学

博弈论起源于研究人们玩扑克、国际象棋等室内游戏时的行为决策,后来作为一种研究人类经济行为的数学工具得到了充分的发展。从根本上讲,博弈论涉及从打网球到指挥战争的任何用到策略的情形。博弈论提供了一种计算各种可能决策所产生效益的数学方法,该理论为在各种竞赛场合做出最佳决定建立了一套具体的数学公式。正如经济学家赫伯特·金迪斯 (Herbert Gintis) 所说，博弈论是我们研究世界的一种工具，但它不仅仅是一种工具，它既研究人们如何合作，也研究人们如何竞争。同时，博弈论还探讨行为方式的产生、转变、散播和稳定。

到了 20 世纪 80 年代，经济学家开始以各种不同的方法将博弈论应用于经济学中，尤其是将它用在设计真实试验以验证经济学理论的方面。这最终促成了纳什获得了 1994 年诺贝尔经济学奖 (图 2.8)。

图 2.8　左：纳什像；右：冯·诺依曼像

现今，生物学家用博弈论解释适者生存原理和利他主义的起源；人类学家使用它来研究原始文化，从而说明人性的多样化；神经科学者通过研究博弈者的大脑，试图发现决策如何反映人们的动机和情感。所以说，博弈论已经成为一种研究行为科学的通用语言。

博弈论与物理学有何种联系呢？

统计力学是物理学家用于描述世界复杂性的一个最强有力的工具。它可以在缺乏具体数据的情况下，定量研究物质在各种不同环境下的行为特征。举例来说，房间里游离了数以万计的气体分子，你不可能跟踪每一个分子的轨迹，即无法得知所有粒子的确定位置和速度。然而，使用统计力学方法，我们可以找到决定气体宏观行为的精确规律,例如麦克斯韦速度分布律。采用同样的方法,我们可以研究人类社会整体行为的一般规律,而不去解释个体行为。

换句话说,正如分子的运动和相互作用决定了气体的温度和压强,只要人数足够多,人与人之间的相互作用的诸多规律就能形成可预测的模式。现代物理学家正在用描述分子的方法来描述人类,测量社会的"温度"。这么看来要想得知社会的"温度",最好的办法就是将社会看成一个网络,正如温度可以反映气体分子有序的本质,网络数学能够定量描述社会成员之间联系的紧密程度。

事实上,物理学家越来越多地转向了使用基于网络的统计物理学工具来理解自然。统计物理与网络数学的结合,加上博弈论和网络的密切联系,向我们表明博弈论和统计物理学可能一起孕育出一门研究人类集体活动的新学科,可以称为社会物理学。这门学科中引入了"平均人"的概念来分析社会问题。人类无常的行为看起来复杂多变,不可捉摸,但考察大量行为时却呈现出规律性。

社会磁性

一天晚上,一个纽约人注视天上的星星,路人匆匆而过,视而不见。第二天,有4个纽约人盯着天空,于是其他人莫名其妙地停下来加入他们的行列。这种从众行为给研究者一个启示:把人群的趋众行为类比成相变统计物理的条件突变,就如水冻成冰。另一类相变同样引起研究者的注意,那就是某些材料低于一定温度会突然产生磁性。

社会反映了人的集体行为,磁性反映了原子的集体行为,故社会和磁性具有相同之处。铁之所以具有磁性,主要是因为电子在原子核周围的排列使原子具有磁性。磁性同时也与电子的自旋方向有关。因为原子磁性的随机取向抵消了彼此的磁性,条形铁通常无磁性。可是就像仰天注视的从众效应一样,一旦有足够多的原子沿一定方向排列,其他的原子就会紧随其后。当所有原子都规则排列时,条形铁就会变成磁铁。此时每个原子似乎都依照相邻原子而行事。物理体系都趋向于最低能量状态。

二、合作与双赢

当下新闻中使用最频繁的几个词语,例如"零和""双赢""均衡""看不见的手"等,其实都是与博弈论有关的概念。

零和 在二人博弈时,只要一人赢了,不管赢的是什么,另一个人的结果就是输,对决双方的利益是相反的,所以称为"零和游戏"。

双赢 当博弈者们有着共同的利害关系,往往彼此间要讨价还价。在二人零和博弈中,赢家获得的就是输家输掉的,而与之不同的是,讨价还价博弈提供了一种双赢的可能。在这种合作性博弈理论中,对所有人来说目标都是自己做得最好,但不必牺牲他人利益为代价。好的评价结果是双赢。纳什讨论了存在多种途径达到互惠结果的情况。他认为问题的关键是找到一种使双方的利益(或效用)最大化的方式——其前提是双方都是理性的,即知道如何量化他们的期望,是具有同等技能的协商者,并且都了解彼此的期望。

均衡 表明事物处于平衡或稳定状态。而稳定恰恰是了解很多自然过程的核心概念。生态系统、物理和化学系统、甚至社会系统,无不在寻找稳态。因此,确定如何达到稳态常常是预测未来的关键。如果状态不稳定,那么就应该找到获得稳态所需的条件来预测事物的发展趋势,了解稳态是一种掌握发展方向的途径。

看不见的手 传统经济学家亚当·斯密(Adam Smith,1723—1790),从1766年开始历经10年,完成了著作《国民财富的性质和起因调查》,现在被简称为《国富论》。他提出了经济学上最著名的比喻,即"看不见的手"。《国富论》的主要思想被归纳为:只要没有政府干预,一只"看不见的手"就会使资本主义运行良好。任何的计划或是外部经济干预都是不必要的——如果每个人都不受限制地追求利益,那么整个系统的物品和服务分配将会最为有效。斯密写道:"通过这种方式来引导工业,将产生最大的价值,一个人只关心自身所得,在这种情况下,和许多其他情况相同,他会被一只看不见的手引导,得到一个并非出自他意图的结果"。当然,现代经济学家发现斯密对"看不见的手"的描述是有条件的,对"看不见的手"的力量和信仰被夸大了。

现举两个简单的例子,来说明合作与背叛在使个人和团体利益最大化时的作用。

> **举例2.1　囚徒困境**
>
> 　　两名罪犯被警察抓住并被分开审问,但要使罪行成立还需要其中一个人来揭发他的同伙。如果两个人都保持沉默,将分别被判一年的刑。但是不管其中的哪个人揭发了同伙,他就被释放。如果一个人招供,他的同伙将被判 5 年。如果两个人互相出卖,将都被判 3 年的刑(由于坦白从宽减免两年)。
>
> 　　具有讽刺意味的是,这个问题之所以被称为困境,是因为如果两人都保持沉默,双方的情况都会更好一些。但是他们被分开审讯,不允许互相交流。因此单个人的最佳选择并不导致团队的最佳选择。如果他们都保持沉默(互相合作),他们总共会在狱中度过两年(每人各一年)。如果一个人出卖了同伙(背叛),而另一个人保持沉默,他们总共被判 5 年(全部由保持沉默的个人承担)。但他们相互背叛,他们总共判 6 年,这和其他策略相比总体上是最坏的结果。如果每个人的动机是为了获得最大的个人利益,恰当的选择就是背叛。

虽然囚徒困境只是现实生活的简化,但是它确实体现了诸多社会交互的本质。尽管如此,这并非毫无希望。让我们来看另一个用来解释"背叛"的著名博弈——公共物品博弈。它描述的是团体的一些成员没有尽到责任却分得成员利益。乍看来，背叛者赢得了博弈。但是，请想一下，如果每个人都背叛，将没有人获益。

> **举例2.2　公共物品**
>
> 　　假设你的社区决定集资建一个公园。你喜欢这个建议，但是如果你认为会有足够的邻居捐了足够的钱来建它，你可能不会捐款。如果每个人都这样想，就不会有公园了。但假设背叛(拒绝捐款)和合作(捐出你的份额)并非仅有的可行策略。可能有第三种策略，称为双赢策略。如果你是一个互惠者，你只要确保一定数量的其他人捐款的情况下才捐款。计算机对这种博弈的模拟告诉我们，玩家采取这些策略的混合策略可能达到纳什均衡。

在某种程度上可以说，牛顿的《自然哲学之数学原理》征服了17世纪的物理世界，它建立了物理世界的自然法则；斯密的《国富论》孕育了18世纪的经济学，编织了人类行为的自然法典；达尔文的《物种起源》又将生命添加到这个名列中。以上三部著作被总结为科学认识世界的三部曲。奇怪的是，20世纪并没有出现具有类似影响和声誉的书。比如说，没有出现阐明长期探寻的"自然法典"的经典之作。但是出现在20世纪中叶的一本书，可能有朝一日会因朝着人类社会行为综合手册迈出重要的第一步而被记起：约翰·冯·诺依曼(John von Neumann, 1903—1957)和奥斯卡尔·摩根斯特恩(Oskar Morgenstern, 1902—1977)合著的《博弈论与经济行为》。那么，21世纪将是哪方面内容的书呢？会是量子宇宙吗？*

参考文献

[1] Stella Cottrell. 批判性思维训练手册 [M]. 李天竹译. 北京：北京大学出版社，2012.

---

* 2.2节中练习的答案：短文1为(反对)；短文2为(论辩)；短文3为(描述)；短文4为(解释)；短文5为(总结)。

[2] Roy Sorensen. 悖论简史 [M]. 贾天雨译. 北京：北京大学出版社，2008.
[3] Tom Siegfried. 纳什均衡与博弈论 [M]. 洪雷，陈玮，彭工译. 北京：化学工业出版社，2013.
[4] 曹天元. 上帝掷骰子吗？量子物理史话 [M]. 北京：北京联合出版公司，2013.
[5] 赵峥. 物含妙理总堪寻：从爱因斯坦到霍金 [M]. 北京：清华大学出版社，2013.

第3章 科学家如何运用批判性思维

"让想象力在正确判断力与基本信条指导下自由翱翔吧"
"但还要通过实验对它加以限制与指导"
——法拉第语，摘自《探求万物之理》

为什么我们要关注科学事件中的批判性思维及科学家如何运用这一思维呢？科学史上流传着太多我们耳熟能详的故事，它们带着强烈的传奇色彩，在孩提时代曾那样打动我们的心灵，唤起对于天才们的深深崇敬和对于科学的无限向往。例如：阿基米德的浴缸，牛顿的苹果，瓦特的茶壶，爱因斯坦的小板凳……然而时至今日，我们再度回头审视这些传说，却会发现许多时候，它们的象征意义过分浓厚，从而不可避免地掩盖了历史的本来面目，掺入了太多情感的成分。令人吃惊的是，大家从小所熟悉的那些科学家的故事，若是仔细推敲起来，几乎没有多少是站得住脚的，传奇最终变成了神话，而我们也终究长大。长大后的我们对科学还虔诚吗？扪心自问！我们遇事儿是情感思维还是逻辑思维占了上风？

3.1 科学发现始于问题

在面临困惑和十分难解的证据时,物理学家常常根本找不到要点。在这种情况下,物理学家需要做一个假设,一个基于事实作出的有把握的猜测,然后计算猜测的结果。如果猜测成立,在随后的理论与实验吻合的意义上,你可以有一定的信心回过头来更详细地去理解你初始的猜测。

大自然的运作必定要符合常识。在描述像网球和飞机等大物体的运动时要符合我们的日常经验。但是我们必须做好准备放弃偏见,认为小东西的行为像大东西的小样本一样,我们对小东西的实验观察决定不一定和大东西一样。

一、科学发展模式

再天才的科学家也得先有问题才能去解决。问题,而不是经验事实,是科学探索的起点。我们有无数的经验,但只有形成问题的部分,才会引起人们的注意。案件出现了,产生了问题,研究开始了。

问题可以来自反常、奇怪的事实、现象,反常的是正常的!也可以来自观念、理论的矛盾冲突。爱因斯坦当时面对的问题两者都有。19 世纪末物理学面临着几个实验和理论上的疑难。比如当时人们认识到光和电磁都是波,那么,就像声波依靠空气传播一样,光和电磁波也需要一个媒介,这就是"以太"的来历。但是,一切企图寻找"以太"的实验都没有成功。包括著名的迈克耳孙－莫雷实验,人们怎么也找不到物体在这个媒介中运动的痕迹。另外一个问题是电动力学和牛顿力学所遵从的相对性原理不一致。按照麦克斯韦理论,真空中电磁波的速度,也就是光的速度,是一个恒量,然而按照牛顿力学的速度加法原理,不同惯性系的光速不同。比如火车向你开来时,它头上的灯光向你射来的速度,应该是光速加上火车的速度,要比光速快一点;火车离开你时,它尾部上的灯光向你射来的速度,应该是光速减去火车的速度,要比光速慢一点。按照麦克斯韦理论,这种差别并不存在,不管火车开走还是开来,它的灯光射向你的速度一成不变都是光速 c。所以，这两个理论是对立的。一些人试图用"以太"的概念来解释，比如电磁波的速度相对于"以太"是恒量，但相对于具体的环境(参考系)是变化的。但人们怎么也找不到"以太"。这就是当年 20 多岁的爱因斯坦思考的问题，是他理智生活的聚焦点。

波普尔推崇这样的科学发展模式：科学从问题开始。人们提出假说来解决它，然后检验这个假说，如果检验成功，假说便得到了证实。但因为任何科学假说终究只是猜测，所以证实的假说最终可能会被证伪，新的问题又会产生，人们再提出更好的假说尝试解决它，然后再检验……科学就是这样在问题−假设−检验−证伪−新问题……的道路上向前进步。

解释性假说应该满足什么要求才算是好的问题，最根本的要求应该是独立的检验。牛顿的万有引力不能只用苹果落地的事实来证明，因为这本身就是它要解释的现象，是已知的；提出的假说看来能解释它，这是基本要求，但这是不够的。假说提出的因果关系或者规律，如果是真实普遍的，还必须得到别的事实支持。

二、科学创造的真谛

创造，就是把旧的变成新的。创造是选取旧事物，对之进行混合、变动、打破或构造，使之成为新事物。

人们经常认为创造性思维是天才或少数人所拥有的天赋。这就是作为老师的人们的习惯性想法，即创造性思维仅限于少数几个有创造性的学生。也许我们创造性差是因为我们自信不足。如果创造性不主动涌现出来，我们就推它一把。通过下面的过程，我们也许能够把创造性诱发出来。

第一步：渴望。

要更加有创造力，我们必须渴望有创造性。我们中的多数人都喜欢变得更有创造性，因为它可以转变成更多的想法，并经常为生活带来更多的乐趣。

第二步：知识和技能。

在一个具体的领域内进行创造首先需要知识。随着知识的积累，人们的创造潜能就会增长。

第三步：爱迪生式的努力。

相信我们每个人都听说过爱迪生的一句话："天才是百分之一的灵感加百分之九十九的汗水。"人们经常说起创造的自发性、意外性、启发性、灵感性，在某种程度上这些都是我们所控制不了的。但是，努力是可以使创造性产生的。当牛顿第一次被问及怎样发现了万有引力定律时，据说他是这样回答的："就是通过一直思考得到的"。爱迪生也是因为自己的专注而闻名于世的，他知道没有什么东西可以替代努力的工作。

第四步：洞察力。

当创造性不能够迅速地产生并且我们的努力达不到满意的效果时，我们就需要给这个过程一点时间。我们应该有"放下"的气度。就像爱因斯坦所说的，正在我们吃苹果的时候，突然，想法就出现了，在渴望、努力、搁置之后，终于有了回报：洞察力！解决方案！新发现！

第五步：评估。

尽管我们的想法可能很好，但最终它还是需要分享与认同。我们的思想需要被证明正确，这种证明一般是通过他人接受、成为他人观点建立的基础以及被历史(时间)所验证。

一个模型如果是个好模型，它必须满足以下四个要素：
- 它是优雅的；
- 它包含了很少任意或者可调节的元素；
- 它和全部已有的观测一致并能解释之；
- 它对将来的观测做详细的预言，如果这些预言不成立，观测就能证伪这个模型。

上面的标准显然是主观的。例如，优雅就不是容易测量的某种东西，但科学家们非常重视它，因为自然定律是意味着把许多特殊情况压缩成一个简单公式。优雅是指理论的形式，但它与缺少可调整元素密切相关，因为一个充满了敷衍因素的理论不很优雅。用爱因斯坦的话说，一个理论应该尽可能简单，但不能更简单了。虽然增加复杂性可使模型更精确，可科学家不满意一个被扭曲去迎合特有的一组观测的模型，他们倾向于把它看成数据表，而非一个可能体现任何有用原理的理论。

3.2 物理定律的本性

在自然界的各种现象之间，也存在着肉眼看不到的，而只能用分析的眼光看到的节奏和样式，我们正是把这些节奏和样式称为物理定律。

一、物理理论的定义

理论是指一组规则，决定在世界上的某一部分什么可以发生和不能发生。它们所做的预测必须能够通过观察进行检验。如果证明预测是错的，那么这个理论就是错的，必须被取代；如果预测和观察符合，这个理论成立。事实上，每个理论总是可能有缺陷的，所以没有一个理论是"真理"。任何经不起考验的理论不是科学的理论，因为它根本没有可靠的信息。理论如果尚未面临证据，可能是投机的，但是，一个确立的理论是由大量的证据支持的。科学家努力发展尽可能涵盖广泛现象的理论，物理学家特别热衷于用少数的规则描述在物质世界中可能发生的一切。

二、物理学的语言

语言是一种社会产物，主要是为了沟通我们的各种日常需要。它把许多人过去和现在的共同经验编成密码，并且不断被精雕细刻。语言的一个科学缺陷，也许是它的不完整性。例如，关于量子理论中的几个中心概念，如态空间的线性和用张量积描写复合系统都找不到任何常见的词汇。物理上创造了一些可用的专业术语——"叠加"和"纠缠"，但它们通常都极少被用到，似乎不能给外行传递很多信息，而且它们的字面含义会令人误解。

很少有词汇比"现在"这个词更常见。根据爱因斯坦自己的记述，他在创立狭义相对论理论时遭遇的最大困难是，必须同这样的观念决裂，即存在一个客观的、普通的"现在"。爱因斯坦在1905年的原始论文的开始部分，就对相隔一定距离的钟同步的物理操作进行了冗长的讨论。然后他证明，若同样的这些操作由一个运动系统的观察者来执行,则对于哪些事件是"同时"发生的,会给出不同的结论。

正如相对论颠覆了"现在"一词一样,量子理论动摇了"这里"一词的基础。着眼于未来,下一个会是怎么样的基本直觉得到革新呢?因为大脑的性质已成为科学的焦点,它会是"我"这个词吗?

从数量中成长起来的近代科学,趋向于把物理的思想凝聚在数学公式之中。于是,为了更好地理解宇宙的广泛现象以及组织它们的定律,必须使用一些数学工具,主要有微积分、矢量、几何和微分方程。

有一些物理量最好表达为矢量的点积。例如,功作为能量的转化是力与位移变化的点乘的积分:$A = \int_a^b \boldsymbol{F} \cdot \mathrm{d}\boldsymbol{r}$。它提供了力(保守力)与势能之间的联系:$U_b - U_a = \int_a^b -\boldsymbol{F} \cdot \mathrm{d}\boldsymbol{r}$。这导致了机械能守恒定律,任意处的动能与势能之和保持不变,即

$$K_a + U_a = K_b + U_b.$$

两个矢量的叉积帮助我们得到另一个守恒律——角动量守恒。叉积总结了力矩和角动量的几何性质。发现对于像引力那样的中心力来说,力矩:$\boldsymbol{M} = \boldsymbol{r} \times \boldsymbol{F}$ 为零,因此,下面关于时间的微商等于零可定义出角动量

$$\frac{\mathrm{d}}{\mathrm{d}t}(m\boldsymbol{r} \times \boldsymbol{v}) = 0 \quad \Rightarrow \quad \boldsymbol{L} = m\boldsymbol{r} \times \boldsymbol{v},$$

这个矢量是守恒的。

一个重要的微分方程是简谐振动

$$\frac{\mathrm{d}^2}{\mathrm{d}t^2}x(t) = -\omega^2 x(t).$$

这个微分方程描写了那些随时间流逝而不断重复自己运动的系统——弹簧振子、单摆、碗里的小球等,与离开平衡位置的距离成正比的恢复力在其中起作用的系统。简谐振动是可以用于许多系统的一个极有效的模型。

物理定律无论采取什么形式,相信它们在宇宙中的任何地方都是一样的。矢量提供的数学工具来表达定律的方法与用所有的坐标系是相同的。这就是为

什么矢量定律 $F = ma$ 被广泛应用的一个原因。它在什么地方都有相同的数学形式，应用它来求物体运动的细节，可以选择方便的坐标系，并把定律应用于该系统的力和加速度的分量上去。当然，随着物理学研究的复杂性，要引进更专门的数学知识，比如：偏微分方程、随机微分方程、主方程、分数阶导数、微分几何等。海森伯1930年在《量子理论的物理原理》中提出了一种深受人们重视的表述："人们发现，明智的做法是：将大量的概念引入物理理论中，并不试图严格证明它们，而后由实验决定在哪里作修改是必要的。"

3.3 牛顿的批判性思维之路

《牛顿传》中如此评价：

推理说，奇迹；牛顿却说，怀疑；

这是解释自然的一切的方法。

怀疑，怀疑，没有实验就不要相信。

牛顿在临死前说道："我不知道世人会怎样看我，但是，对我自己来说，我好像不过是一个在海边玩耍的男孩，到处寻找一块更光滑的鹅卵石或者一个更漂亮的贝壳。而与此同时，未被发现的真理的大海躺在我的面前。"这样一个有启示性的比喻，被人们引用过不知多少次，但是牛顿从来都没有玩过，无论他是在孩子还是在成人的时候。牛顿出生在偏远小山村的一户农家，一生生活在一个岛国。他解释了月亮和太阳吸引力是如何引起潮汐的，但是他可能从来没有看过大海一眼。他是通过抽象的认识和计算来理解海洋的。

牛顿好像比常人多了一个感官，在观察自然世界时，他能够穿透事物的表面，看到事物的内部架构，感觉到内在的东西。对几何学和微积分 (当时尚无此称谓) 的学习，使他的洞察力变得更加敏锐，他能把看似不相关的物理现象、相差很大的量联系起来。这不是一般人能做到的。当他观察在剑桥大学的网球场上飞过的网球时，他看到了空气中无形的漩涡，并随即联想到沃斯索普的小河中的石头。他还是孩子时就经常出神地望着小河，看着轻柔的河水绕过石头时形成漩涡。有一天,牛顿在耶稣学院见到了空气泵实验,一个罐子中的空气几乎被完全抽干。牛顿再一次看到了只在他的意识中存在的东西,虽然玻璃罐的瓶壁没有变形,但是瓶壁的内侧对瓶外空气施加的压力产生了反作用力。再没有第二个人有这样的观察力了。牛顿的世界是孤独的,与世人隔绝的,从早到晚,牛顿都在和公式、力量、光线、思想打交道,这些有的是真实的,有的是想象的。

不过,在对光的理解方面,比如折射、反射和颜色的产生,胡克触到了牛顿的软肋。光到底是微粒还是波?牛顿在这一问题上摇摆不定。人类对光的本质的猜测一直到20世纪物理学家才最终证实了波动说的正确性。牛顿流露出自己的迟疑态度的同时,也试图隐藏这一点。他精心策划了一个游戏,就是在假设这个字眼上做文章,希望能够区分他确定的和他猜测的。他假设以太的存在,因为他只能用这种物质解释那些神秘的现象。

被误解的名言

牛顿最为人熟知的一句名言是:"如果我看得更远,那是因为我站在巨人的肩膀上。"这句话通常被用来赞叹牛顿的谦逊。但是从历史上来看,这句话本身似乎没有任何可以理解为谦逊的意思,这是因为这句话前还有一句话,即"笛卡儿为后人打下了很好的基础。而你进一步开拓了研究的道路,尤其是用哲学思想思考颜色的问题上。"

牛顿说这话是在1676年给胡克的一封信中。当时他已经和胡克在光的问题上吵得昏天黑地,争论已经持续多年。在这封信里,牛顿认为胡克把他(牛顿自己)的能力看得太高了。结合这句话的前后文来看,这是一次明显的妥协,我没有抄袭你的观念,我只不过在你的工作基础上继续发展——这才比你看得高那么一点点,牛顿想通过这种方式委婉地平息胡克的怒火,大家就此罢手。但如果要说大度或者谦逊,似乎很难谈得上。牛顿为此一生记恨胡克,几十年后,胡克已去世多年,他还是不能心平气和地提到这个名字。

牛顿还有一句有名的话，大意说他是海边的一个小孩子，捡起贝壳玩玩，但是还没有发现真理的大海。这句话也不是他的原创，最早可以追溯到约瑟·斯彭斯 (Joseph Spence)。但牛顿最可能是从约翰·弥尔顿的《复乐园》中引用的 (牛顿有一本弥尔顿的作品集)。这显然也是精心准备的说辞，牛顿本人从未见过大海，更别提在海滩行走了。他一生中见过的最大的河也就是泰晤士河，很难想象大海的意象如何能自然地从他的头脑中跳出来。

3.4 爱因斯坦的突破性

一般来说，解决一个面临的科学问题是有章可循的，可分为四个步骤：第一步，提出初步的解析性假说；第二步，进一步收集事实；第三步，完成解释性的假说；第四步，从假说中得出新的预言。

不过，如果问题是像爱因斯坦面对的那种长期、根本性的难题，科学家很可能需要突破现有的知识和原理，寻求新的观念和规律来解释。

一、观念的一次突破：狭义相对论

爱因斯坦的狭义相对论，是运用已有知识和突破已有知识的结合。他知道迈克耳孙-莫雷实验没有发现地球在相对于"以太"运动。他也知道当时的物理学家洛伦兹提出"洛伦兹变换"公式，使麦克斯韦方程从一个惯性系可以变换到另一个惯性系时保持不变，以解决牛顿力学所遵从的相对性原理与麦克斯韦理论不一致的问题。洛伦兹变换中已经运用了物体在运动方向上长度收缩、时间变慢等概念，但这些新概念依然被统一在一个静止"以太"(代表绝对的参考系和绝对时间空间的概念相配合) 的观念下，所以洛伦兹变换服从的还是"以太"的世界观。这是爱因斯坦思考时依据的线索和知识基础。根据迈克耳孙-莫雷实验，他认为以太的概念是错误的，也相信麦克斯韦-洛伦兹的电动力学方程是正确的，它们在真空中和其他地方都应有效。

爱因斯坦的突破，是给洛伦兹变换的躯体"换头"。他砍去了这个变换公

第3章 科学家如何运用批判性思维

式顶着的那个虚幻的静止"以太"及绝对参考系的脑袋,换上了他的相对性原理和光速不变原理。在"新头"的指导下,洛伦兹变换不再维护"以太"的权宜之计,反而散发着时空都随着运动而改变的光芒。爱因斯坦的最大突破,就是提出这两个新的统一性的规律,并把洛伦兹变换中包含的物理内容如同时性的相对性、长度收缩、时间延缓、速度变换公式等都在新的规律下推导出来。

这个"换头",是爱因斯坦天才闪光的地方,是他花了一年的时间试图去修改洛伦兹理论而无进展之后,在和朋友贝索交谈时领悟到的。当时贝索运用马赫对牛顿的绝对时空观的批判和爱因斯坦讨论,突然,爱因斯坦有所领悟,回到家里反复思考后终于想明白:时间没有绝对的定义,时间与光信号的速度有一种不可分割的联系。五个星期之后,爱因斯坦把狭义相对论提交于世。

1887年美国物理学家迈克耳孙与莫雷一起用著名的"迈克耳孙-莫雷实验",证明了光速大小在不同方向上都相同。对于这个重要的判断,爱因斯坦给予了高度评价。

迈克耳孙干涉仪是利用干涉条纹精确测定长度或长度改变的仪器,它是迈克耳孙在1881年设计成功的。迈克耳孙和莫雷应用该仪器进行了测定以太风的著名实验。后人根据此种干涉仪研制出各种具有实用价值的干涉仪。

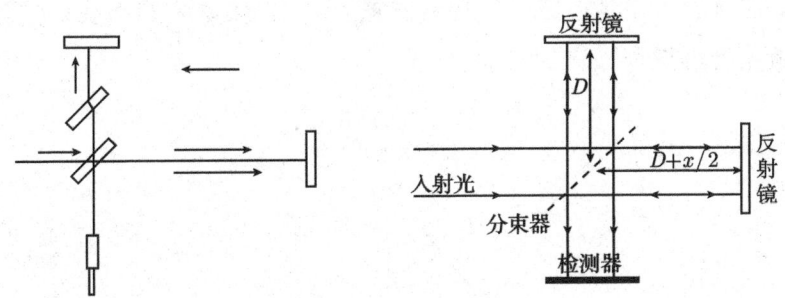

图3.1 迈克耳孙干涉仪

二、证实的伟大故事:广义相对论

说到假说-预言-检验-证实的光荣史,很少有爱因斯坦的广义相对论那样著名的例子。爱因斯坦的广义相对论认为,由于物质的存在,空间和时间会发生弯曲，引力场实际上是一个弯曲的时空。

他的最令人信服的预言是引力场使光线偏转。光线是一种能量形式，它有质量，因此会受到引力场的作用。由此，爱因斯坦假设，光在经过一个大的物质体的时候，会被吸引，以弯曲的轨道运行。这个假说可以这样来检验：看看一个遥远的星球的光在经过太阳附近的时候会不会有弯曲。由于只有在日食的时候星球和太阳才可以同时被看到，爱因斯坦建议，在日食的时候，对已知位置的星球和太阳的变暗边缘相接的瞬间照相。如果他的假说正确，那么，从那些星球来的光线将会向内弯曲，朝向太阳，这样对地球上的观测者而言，它们看起来比原来在天空中的位置更向外偏离，星球本来应该到了被太阳遮住的时刻，但人们仍然看到了这些星球，正是因为太阳背后的星球发出的光弯曲过来照到地球上。爱因斯坦预测，在星球已知的位置和它在日食照片上的可见位置之间会有一定的间隔。这个间隔可以通过对比同一星球在夜间的照相中的位置得到。爱因斯坦计算了可以观测到的弯曲程度，预言对很接近太阳的星球，这个弯曲应该约有 1.7 角秒。

如图 3.2 所示，当一个遥远的恒星已经在太阳背后时，如果光线走直线，地球上已经看不到它；但由于光线因为太阳的引力而弯曲，此时地球上仍然可以观察到它，而且看上去是在图中的观察位置上。它的实际位置和观察位置之间的夹角，就是爱因斯坦预言的弯曲度。

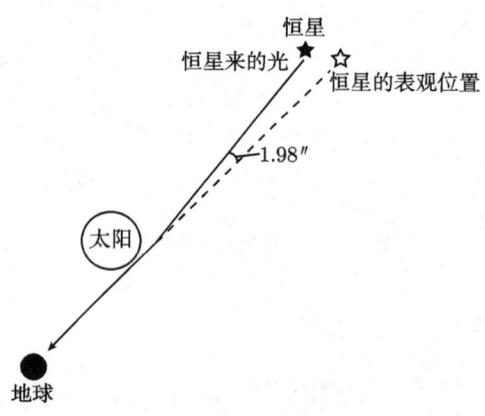

图 3.2　光线偏折

1919 年,在英国天文学家爱丁顿的鼓动下,英国派出了两支远征队分赴两地(一处在非洲,一处在巴西)观测日全食。两组观测者经过认真的研究,得出的结论是:星光在太阳附近的确发生了 1.64 角秒的偏转。这个结果是在当时的仪器精度范围内,可以看作和爱因斯坦的计算完全吻合。英国皇家学会和皇家天文学会正式宣读了观测报告,确认广义相对论的结论是正确的。会上,著名物理学家、皇家学会会长汤姆孙说:"这是自从牛顿时代以来所取得的关于万有引力理论的最重大的成果";"爱因斯坦的相对论是人类思想最伟大的成果之一"。

表 3.1 引力场使光线偏转的证实

假说 H	太阳的引力场使附近的星球发射的光弯曲
预言 P	日食的时候,太阳附近的星球看起来大约有 1.7 角秒偏离它原来在天空中的位置
初始条件 I	对那些离太阳最近的星球的确定 对这些星球的位置的精确和独立的测量数据(夜间星空照片) 光速的知识,太阳引力场的知识 日全食的时间和地球上观测的地点 对照相设备的性能和效果的知识
辅助假设 A	没有其他重要物体的引力场足以干扰星光在太阳附近的运行 照相机将能精确地纪录日全食时星球的图像 在不同的位置拍照,对精确性将不会有大的影响
逻辑推理	如果 H 是真的,在一定条件下(I 和 A)会观察到新现象 P(预言) 构造这样的实验条件,结果观察到了新现象 P。故假说 H 是真的

三、爱因斯坦生命中的重要符号

原子弹 虽然爱因斯坦经常被人称作"原子弹之父",但其实他同原子弹之间并无任何直接关系。看看他本人是如何说的:"我不认为我自己是释放原子能之父。事实上,我未曾预见到原子能会在我活着的时候就得到释放。我只相信这在理论上是可能的。"广岛和长崎原子弹爆炸后,他还为反对核战争而奔走呼吁。

黑洞 爱因斯坦的广义相对论指出,引力场可以造成空间弯曲。理论物理学家据此推导出引力场的极致会使时空变得无限弯曲,从而使光不能逃逸,这就是"黑洞"。爱因斯坦本人并不相信黑洞的存在,但以霍金为首的物理学家却用越来越多的证据表明,那个吞噬一切的黑洞,并非传说。

微分几何 微分几何是爱因斯坦广义相对论不可或缺的数学工具。在微分几何的世界里,平行线可以相交,直角可以弯曲。

量子理论 爱因斯坦在1905年提出的光量子理论被视为开创量子论的重要文章。

相对论 在爱因斯坦以前,牛顿的经典力学认为,时间和空间都是绝对的。1905年爱因斯坦提出,物体匀速运动时,质量会随着速度增加而增加,空间和时间都会发生相应变化,发生尺缩效应和钟慢效应,这就是狭义相对论。

光 光是一种波还是一束粒子?从牛顿和惠更斯时代起,物理学界关于"微粒说"与"波动说"的激烈争论就没能停息过。1905年,为了解决麦克斯韦电磁学理论与经典力学之间的矛盾,爱因斯坦提出了光量子理论,揭示了光的波粒二象性。

诺贝尔奖 除了1911年和1915年,从1910年到1922年,爱因斯坦每年都获得诺贝尔物理学奖提名,但直到1922年他才终尝所愿,而获奖原因并不是大名鼎鼎的相对论,而是"光电效应定律的发现"。

3.5 费曼风格

一、天才的作用

什么是"天才"?这是一个仁者见仁智者见智的问题,或者说它没有答案。不过,我们更愿意相信一个最简单的回答:"天才就是使复杂变得简单的人"。

由于许多伟人的洞见都是简单的,所以简单有时也成为评价过程的一个部分。考虑一些简单而又伟大的思想:

如果我们转动一个球,那么它将保持转动的状态,除非有东西使它停止;

当一颗子弹从枪膛中射出来时,步枪将会回弹;

太阳和地球,或者任意的两个物体之间互相吸引,而且如果它们的质量越大、距离越近,那么它们的吸引力越大。

这三个例子就是牛顿所陈述的运动三大定律,而且它们都是那么漂亮、简单。DNA 分子简单模型也是一样,仅有四种核苷酸组成的螺旋上升的梯子;还有,门捷列夫的元素周期表包含了所有的物质,它们可以简单地从质子数 1 到 92:1 个质子 = 氢;2 个质子 = 氦;等等。

$E = mc^2$ 就具有简单之美。

简单在大多数领域里都为人们所重视;复杂性通常是简单操作的一个失败。怀疑是复杂的,而思考是简单的。

可预测性能检验思想的价值。在人们还没有发现所有的元素前,门捷列夫的简易周期表就已经预测出了所有的元素。爱因斯坦的相对论预测出引力场会使光线弯曲,这种情况出现在日食的时候,可以观测到太阳附近的光线是弯曲的。当代的夸克/轻子理论预测六个夸克将被发现,而且理论上还描述了每个夸克的特征;1992 年年末,科学家们宣布最后一个顶夸克已被发现。因而我们应该反问自己,我们的思维是否有助于预测其他的想法或疑虑是怎样适用于当下的想法的。

二、三个世纪天才

公众中有一个流行的错误观念,以为科学是冰冷的、纯客观的事业。事实上,科学是由人推动的,每个时代科学的发展通常是追随杰出科学家所照亮的道路前行。一个伟大物理学家就可能成为整个科学界崇拜的偶像。在以往的几个世纪里,牛顿就是这样的偶像。牛顿是绅士型科学家的体现,他虔信宗教、不慌不忙、做事井井有条。他搞科学的风格在 200 多年中被奉为旗帜。

在 20 世纪的前半个世纪里,爱因斯坦替代了牛顿成为大众的科学偶像。行为古怪、不修边幅、心不在焉、全神贯注投入工作,一个抽象思想家的风范。爱因斯坦通过对物理学最基础的概念提出质疑,改变了做物理研究的方式。

费曼可推崇为 20 世纪后期物理学的偶像——他是第一个到达这种位置的美国人。费曼于 1918 年生于纽约,他出生的太晚,已无缘参加物理学的黄金时代,即 20 世纪的前 3 个 10 年用相对论和量子力学改变了我们的世界观的革命。这些发展奠定了现今的新物理学大厦的基础。费曼从这些基础出发，帮助建成了新物理学的第一层。他的贡献触及新物理学的几乎每一个角落，并且对物理学家思考自然和宇宙的方式有深刻而持久的影响。

牛顿既是实验家又是理论家，说不上偏重哪边。爱因斯坦则相当轻视实验，宁肯把他的信念置于纯粹的思维上。费曼是一个优秀的理论物理学家，他所从事的是发展一个对自然的深刻的理论理解，但是他总是保持着与现实世界、常常是乱七八糟的实验结果紧密联系。曾看过费曼如何把橡胶圈浸到冰水中，以解释挑战者航天飞机灾难事故的人，谁也不会怀疑他既擅长表演，又是一个非常实际的思想家。

三、什么是费曼风格？

什么是费曼风格？一个最佳的描述是：它是对已有的人类智慧的尊敬和不敬的混合。

费曼最核心的工作是在量子电动力学 (QED) 方面，他的成就赢得了包括 1964 年诺贝尔物理学奖等荣誉。1900 年，德国物理学家普朗克指出，以前一直被看成波的电磁辐射，在与实物相互作用时，却又表现出像能量小包或"量子"那样的行为。这种特殊的量子后来叫做"光子"。在 20 世纪 30 年代，量子力学有一个方案来描写带电粒子 (例如电子) 对光子的散射或吸收。但是，QED 的这种早期理论还是有缺陷的，在许多情况下，对非常确定的物理问题的计算却给出不协调甚至无穷大的结果。费曼在 20 世纪 40 年代末，致力于建立一个协调一致的 QED 理论。

为了把 QED 置于一个坚实的基础上，就必须使这个理论不仅同量子力学的原理协调一致，还得同狭义相对论的原理协调一致。量子力学和相对论各自有不同的数学方程，但它们联合或相消，就得到一个令人满意的量子电动力学表述。当然，这样做需要高超的数学技巧，费曼的同代人正是沿着这条路线做下去的。但是，费曼却采取了一个带有根本和激进性的路线，不用任何数学就大致能直接写出答案。

费曼发明了以他的名字命名的简单图形：费曼图 (图 3.3)。它是描绘电子、光子和其他粒子相互作用时所发生的事情的一个很有启发性的简单符号方法。这标志着与传统的理论物理研究方法令人吃惊的背离。

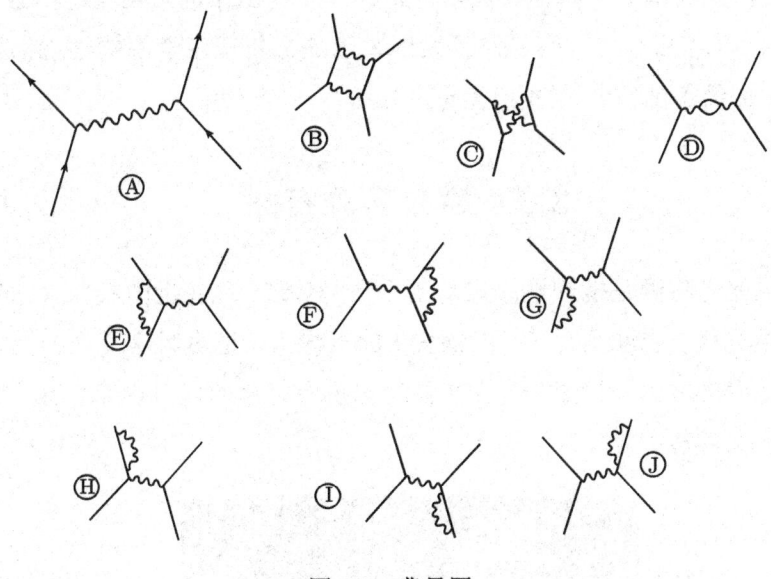

图 3.3　费曼图

费曼在很年轻的时候便对人们已接受的物理原理有熟练地掌握，并且他选择的研究对象几乎完全是常规问题。他不是那种在传统的约束中、在孤独中偶然碰到深奥的新结果的天才。他的特殊才能是用特有的方法去研究仍属于主流方向的问题。大部分理论物理学家都依靠细心的数学计算作为把他们带进未知领域的拐杖，费曼的态度却几乎是一种优雅的绅士风度。他给你的印象是，他能够像读一本书一样地读大自然，只是简单地报道他发现的东西，而没有冗长的复杂分析。

的确，在以这种方式追求自己的兴趣时，费曼显示了对严格的形式体系的蔑视。费曼的风格在很大程度上来自他的个性。物理世界在他面前呈现出一系列迷人的难题和挑战。他一辈子都是一个爱开玩笑的人，只有他发现现有的规则是专横无理或是愚蠢荒谬的，他就毫不客气地打破它们。但他对稀奇古怪和晦涩难解的东西非常之迷恋。

正是费曼潇洒的生活态度 (一般地) 和搞物理的态度 (特别地)，还使他成为一位优秀的教师。在合适的情况下，他能做非常精彩的演讲，里面充满了智慧的火花、深刻的洞察力和他在其研究工作中表现出来的对传统的不敬。费曼因癌症于 1988 年去世时，他工作了大半辈子的加州理工学院的学生们打出了一面旗，上面简单地写着："我们爱你，迪克"。

3.6　霍金喜欢打赌

打赌也就是猜测是批判性思维淋漓尽致的体现。现在世的最伟大的理论物理学家霍金先生，也就是写《时间简史》的英国人，把对科学真理的追求以诙谐幽默的博弈的方式与同事争论。在科学问题上打赌的风气由来已久，这也算是科学另一面的魅力吧！

图 3.4　霍金

1999 年，霍金在一次演讲中，他愿意以 1 赔 1，赌一个万能理论会在 20 世纪内出现。当然，他最近声称自己放弃了追寻万能理论的努力。

霍金 33 岁时，第一次就科学问题打赌，之后一发不可收拾。今天我们所知道的几个最著名的科学赌局，几乎都与他有关。

1974 年，黑洞研究的热潮在物理学界方兴未艾，但在天文观测上没有找到一个确实的实体,不过已经有几个天体非常可疑,其中一个叫做天鹅座 X-1。霍金对这个天体的身份表示怀疑,他和加州理工的物理学家基普·索恩 (Kip Thorne, 1940—) 立下字据:以 1 年的《Penthouse》杂志赌索恩 4 年的《Private Eye》杂志。结果是霍金错了,天鹅座 X-1 的身份明确为黑洞。1990 年霍金大张旗鼓地闯入索恩的办公室,把当年的赌据翻出来印上手印表示认输。

霍金输了这个赌注很是不甘,一年后便又找上索恩和他的同事约翰·普雷斯基 (John Preskill) 教授,赌宇宙中不可能存在裸奇点,输者为对方提供一套衣服。这次霍金不到 4 个月就发现自己还是要输,黑洞在经过霍金蒸发后的确可能保留一个裸奇点。并且 1997 年德州大学的研究者用超级计算机证明了当黑洞坍缩时,裸奇点是可以存在的。霍金终于认输了,给他的对手各买了一件 T 恤衫。但他还是不服气的,他另立赌约,赌虽然在非常特别的条件下存在裸奇点,但在一般情况下它是禁止的,而且霍金在 T 恤上写上:"大自然讨厌裸露!"

2000 年,他和密歇根大学的凯恩 (Gordon Kane) 赌 100 美元,说费米实验室里不可能发现所谓的"希格斯粒子"。后来他又和欧洲的一些粒子物理学家赌,说日内瓦的欧洲粒子物理实验室里也不可能发现希格斯粒子。不过,霍金对于这个的嘲笑态度使得许多粒子物理学家十分恼火,甚至上升为宇宙物理学家与粒子物理学家之间的一种矛盾。希格斯本人于 2002 年在报上发表了言辞尖锐的评论,说霍金因为名气大,所以人们总是不加判断地相信他说的话。

出生于英格兰的英国的物理学家彼得·希格斯,目前是英国爱丁堡大学荣誉教授,他于 1964 年发表了一篇学术文章,提出希格斯玻色子 (即通常所说的上帝之子) 的存在理论。2013 年,欧洲核子研究组使用大型强子对撞机正式确认了上帝粒子的存在。这被认为是现代物理学上十分重要的发现,希格斯与比利时物理学家弗朗索瓦·恩格勒因此共同获得了 2013 年度诺贝尔物理学奖。上帝之子是构成基本粒子的质量之谜,被称为物理学"标准模型"中缺失的一环,用于解释世界事物如何互动。

而霍金在伦敦科学博物馆大型强子对撞机的展出仪式上说，如果没有发现上帝粒子，物理学将会更有趣。同时，霍金也表示他曾与密歇根大学的教授打赌称不会发现希格斯粒子，结果他输了 100 美元。据英国《每日邮报》2013 年 11 月 12 日报道，英国著名物理学家霍金表示对上帝之子感到失望，称这让物理研究少了很多乐趣。

3.7　杨振宁"兴趣—准备—突破"三部曲

诺贝尔物理学奖获得者杨振宁总结了他个人多年得到的启发和感受，有如下 10 条：

(1) 一方面直觉非常重要，可是另一方面又要及时吸取新的观念修正自己的直觉。

(2) 和同学讨论是极好的真正学习的机会。

(3) 博士生为找题目感到沮丧是极普遍的现象。

(4) 最好在领域开始时进入一个新领域。

(5) 兴趣—准备工作—突破口。

(6) 物理学中的难题往往不能一举完全解决。

(7) 和别人讨论是十分有用的研究方法。

(8) 永远不要把所谓"不验自明"的定律视为必然的。

(9) 把问题扩大往往会引导出好的新发展方向。

(10) 一个研究生最好不要进入僧多粥少的领域。

这里重点谈一下第七条。中央电视台的王志于 2005 年 1 月 26 日在电视访谈中曾问过杨振宁先生，为什么你的很多工作都是跟人合作的？杨振宁是这样回答的："合作有很多好处，因为你知道你在讨论一个问题，有时候你走不通了，你的想法都走不通了，那个时候假如另外有一个人跟你讨论讨论，问你几个问题，或者想出来一个新的方向，于是你就又起劲了，这是很重要的一个研究的途径。"

3.8 科学方法贴近教育

一、谁可誉为教师们的教师?

谈到批判性思维,人们会不由自主地认可它在科学研究中的作用,但应用于物理学教学,却鲜为人知。对基础物理教学作出过杰出贡献,要首推费曼。费曼本人认为,他对物理学最重要的贡献不是量子电动力学,不是液氦的超流理论,不是极化子模型,也不是部分子模型,而是他的三卷《费曼物理学讲义》。

表3.2列出了费曼认为学习物理有五个方面的理由。由此可见,在费曼看来,科学首先是一种认识世界的思想方法,学习科学不只是学到知识,更重要的是学会科学创造的精神和探索未知领域的方法。

表 3.2 费曼认为学习物理有五个方面的理由

第一	为了学会怎样动手做测量和计算,及其在各方面的应用
第二	培养科学家,他们不仅致力于工业的发展,而且贡献于人类知识的进步
第三	认识自然界的美妙,感受世界的稳定性和实在性
第四	学习怎样由未知到已知的、科学的求知方法
第五	通过尝试和纠错,学会一种有普遍意义的自由探索的创造精神

费曼不仅是一个未知领域的勇敢探索者,同时他还是一个伟大的教师,把已有的知识用一种极具启发性的方式传授给青年学生。费曼的教学技巧除了表演才能之外并不复杂,他在1952年访问巴西时,为自己匆忙写下了一张便笺:"首先要搞清楚你为什么要学生学这个专题,以及你要他们知道哪些东西,至于用什么方法或多或少由常识给出了。"费曼所谓的"常识"常常就是完全抓住问题本质的出色技巧。

费曼不仅是一位伟大的教师,他的才华表明他更像是教师们的一个出色教师,因为他谆谆告诫物理老师们:

我们该先教什么呢?是先教正确但不熟悉的定律及其陌生而困难的概念,比方说相对论、四维空间等,还是先教简单的"质量守恒"定律,它仅是近似的，但不包含这些困难的概念？前者更引人入胜，更奇妙，更有趣；而后者一开始更容易接受，它是真正理解前一种定律所包含的概念的第一步。在物理教学中这个问题会一再发生。在每一阶段都值得弄清楚的是，现在已经知道什么？它的精度多高？它同别的各种事物的关系如何？当我们学得更多，以后它会有什么改变？

如果说他编写《费曼物理学讲义》的目的只是为挤满一堂的大学本科生解决物理学课程的考试问题，那么他并不特别成功；而且，如果原来的意图是把这些讲义用作大学的入门教科书，也不能说他实现了目标。然而，他的讲课及讲义的巨大成就的主要受益者是他的同行们——科学家、物理学家和教授。他们透过费曼那新颖的和富有活力的观点去审视物理学。

二、教师为教练员

有一位在世的美国物理学家，因为在碱性原子稀薄气体的玻色–爱因斯坦凝聚态方面取得的成就，以及对凝聚态物质性质的早期基础性研究，获得2001年度诺贝尔物理学奖，他就是卡尔·埃德温·韦曼(Carl Edwin Wieman, 1951—)。

图 3.5　2001 年诺贝尔物理学奖获得者韦曼教授

韦曼于 1951 年出生在美国西海岸俄勒冈州，1973 年毕业于麻城理工学院(MIT)，1977 年取得斯坦福大学博士学位，1984 年转到科罗拉多大学任教。他在该大学 JILA 小组开发的小型激光冷却装置上，1995 年与同校的埃里克·A·

康奈尔 (Eric A. Cornell, 1961—) 一起实现了玻色 - 爱因斯坦凝聚。韦曼现在科罗拉多大学从事继续科学教育的研究，兼任美国科学学会 (NAS) 科学教育议长。

韦曼的成功除了有效的自学方法之外，还有一个重要因素，那就是尽早地介入科学研究。在大学本科期间，他就有了自己的研究室和实验装置，成为一个不知疲倦地专心进行科学研究的人。

韦曼在接受一位日本记者访谈时，对理科教育发表了如下的见解。

现在理科教育最根本的症结在于没有将科学方法贴近教育。教师都有一套能够自圆其说的教育方法，并成为传统。但他们的教育方法并不是以衡量"学生到底学到了什么"，这样一个深思熟虑的尺度为基础。

科学的学习过程并不只是信息的转移，而应该是大脑的开发，就是要多动脑筋。只是听别人关于某一事物的讲解是不可能提高学习效率的。理想的理科教育应该有以下三个关键因素：

第一，学生要建立明确的学习动机，也就是说，必须要认真考虑能够提供给学生明确学习某种东西的必要性的素材。

第二，必须让学生对所要学的问题进行深入的思考。为学生提供他们能够坚持不懈地深入思考的有价值的科学问题。

第三，不能期望他们自己解决所有的问题。要定期检查他们在考虑什么，为他们提供一种能够支持和引导他们成长的反馈意见。

理科教育就像运动竞技教练员的工作。如果想让谁成为一个伟大的足球选手，就应该多积累在足球场上的实际训练经验。但同时，教练员必须要经常到场，了解运动员在做什么，要指导运动员应该怎样做才能更好。这样才能使选手进行更好地训练。在知识领域道理也是一样的，为了实现更好的理科教育必须要这样做。

参考文献

[1] 詹姆斯·格雷克 (James Gleick). 牛顿传 [M]. 吴铮译. 北京：高等教育出版社，2004.

[2] 詹姆斯·格雷克 (James Gleick). 费曼传 [M]. 黄小玲译. 北京：高等教育出版社，2004.
[3] R. P. 费曼. 费曼讲物理入门 [M]. 秦克诚译. 长沙：湖南科学技术出版社，2004.
[4] R. P. 费曼. 物理定律的本性 [M]. 关洪译. 长沙：湖南科学技术出版社，2013.
[5] 曹天元. 上帝掷骰子吗？量子物理史话 [M]. 北京：北京联合出版公司，2013.
[6] 矢沃科学事务所 (Yazawa Science Office). 诺贝尔奖中的科学 [M]. 宋天，郑涛，宋鹤山译. 北京：科学出版社，2012.
[7] 杨国祯等. 岁月留痕 ——《物理》四十年集萃 [M]. 合肥：中国科学技术大学出版社，2012.

 # 第4章 批判性思维在科学事件中的作用

爱因斯坦：玻尔，亲爱的，上帝不掷骰子！

玻尔：爱因斯坦，别去指挥上帝应该怎么做！

霍金：上帝不但掷骰子，他还把骰子掷到我们看不到的地方去！

试图理解大自然的运作方式是对人类的推理能力的最大考验。它涉及许多奇思妙想。你必须走过逻辑的美丽索道来避免在对将要发生的事情进行预测时出错。量子力学和相对论的一些概念就是这方面的例子。

科学发现的方法是基于一条原则：观察是判断某种东西是否存在的判官。如果某项法则出现了一个例外，而这个例外又能通过观察得到证实，那么该法则就是错的。任何法则的例外情形本身是最有趣的，于是令人兴奋的事情就是去寻找什么是正确的法则。科学家总是试图找出更多的例外情形，并确定这些例外的特性，这是一个随着研究进展能给人带来持续不断的兴奋的过程。

另一个非常重要的技术性观念就是，法则越具体就越有

趣。理论陈述得越明确,就越有兴趣得到检验。举例来说,如果有人提出说,行星之所以围绕太阳转,是因为所有的行星物质都有一种运动倾向,一种变动不居的特性。这个理论也可以解释其他一些现象,但它并不是一个好理论。行星绕日运行是因为受到向心力的作用,这种向心力的大小反比于到中心距离的平方。与第二个理论相比,第一个理论可以说一无是处。第二个理论之所以较好,是因为它很具体。它说得如此明确,只要运动出现一点误差,就可以判明其对错。

因此,法则越具体,其威力就越强大,同时也就越容易出现例外的情形,因而也就越有趣,越值得检验。这就印证了事物的螺旋式发展的道理。

4.1 自然法则胜过基本假设

今天大多数科学家会说,自然定律是一种基于观察到的规律以及超越它所基于的直接情形提供预言的规则。自然定律在现代科学中通常用数学来表述。它们既可以是精确的,也可以是近似的,但是它们必须毫无例外地被遵守。如果不是普适的话,至少在约定的一组条件下必须如此。例如,如果物体以接近光速的速度运动,牛顿定律必须被修正。然而,我们仍然认为牛顿定律是定律,因为对于日常世界的条件,即我们遇到的速度远低于光速,至少在非常好的近似下它们成立。

如果自然由定律制约,就产生了三个问题:

◦ 定律的起源是什么?
◦ 定律存在任何例外即奇迹吗?
◦ 是否可能只存在一条定律?

依据科学决定论的概念,它表明对第二个问题的答复是:不存在奇迹或者自然定律的例外。然而,我们将回过来深入地研究第一个和第三个问题,即定律如何出现,它们是否为仅有的可能定律。

对第一个问题的传统答案——也就是开普勒、伽利略、笛卡儿和牛顿的答案——定律是上帝的杰作。然而，这不过将上帝定义为自然定律的化身，利用上帝来回答第一个问题，只不过是用一个神秘来取代另一个而已。真正的要害随着第二个问题而来：是否存在奇迹，也就是对于定律有例外吗？

对于第二个问题答案的意见明显分歧。两位古希腊最有影响的哲学家认为，对于定律不存在例外。然而，牛顿却相信某类奇迹。因为一个行星对另一个行星的引力会引起轨道的扰动，这种扰动会随时间增大，而使行星要么坠入太阳，要么被甩出太阳系，所以他认为行星轨道是不稳定的。幸运的是，皮埃尔·西蒙·拉普拉斯 (Pierre Simon Laplace, 1749—1827) 解决了这一难题，他认为扰动是周期性的，也就是以重复的循环为标志，而非积累的。太阳系因此会自我调整，所以它维持至今。拉普拉斯被认为是清楚地提出科学决定论的第一人，奠定了现代科学整体的基础。

第三个问题是讨论既确定宇宙又确定人行为的定律是否是唯一的。如果你对第一个问题的回答是上帝创造定律（请注意这里"上帝"寓意为自然定律的化身），那么这个问题就变成"上帝"在选择它们上有无余地？自然的原理因出于"必然性"而存在，也就是说，因为它们是仅有的逻辑合理的规则。用物理定律去预言人的行为是不切实际的，但我们可以采用"有效理论"。在物理学中，有效理论是创造来模仿某种被观察的现象，而不仔细地描述所有的基本过程的框架。例如，我们不能准确地解制约一个人体的每个原子和地球上的每个原子的引力作用的方程。但是对于所有实用的目的，一个人和地球间的引力可以只按照一些量，诸如人的总质量来描写。

一、自然界是如何运作的？

1979 年冬天，剑桥大学生物学家大卫·哈伯认为饲养鸭子是非常有趣的。33只绿头鸭栖居在大学的植物园中，在固定的池塘中游离，它们在池塘中找寻食物。

哈伯想弄清楚鸭子们是如何聪明地使自己所获取的食物最大化。于是，他把白面包准确地分成等重的很多片，并且在朋友的帮助下将这些面包片扔进池塘。实验员把面包扔到两个分隔着的池塘，在一个池塘，发面包的实验员每隔

5秒钟扔一片面包；在另一个池塘，时间间隔长些，实验员每隔10秒钟扔一次面包片。

现在，令人感兴趣的科学问题是：鸭子会怎么做呢？它们会游向发面包间隔短的实验员还是间隔时间长的实验员？

你肯定会想到：某一个鸭子会游向扔面包片间隔短的实验员，但是其他的鸭子也许会有同样的想法。如果这时有一个鸭子转向另一个池塘，它就会得到更多的面包片，对吗？可是刚才的那只鸭子不会是唯一一个意识到这种情况的鸭子。所以，最优策略的选择不是立即知晓的，这要用到纳什均衡论，即如何才能保证每只鸭子得到最大量的食物。

你猜发生了什么？鸭子们大约花了一分钟的时间明白了道理。它们几乎按照博弈论所示的准确规模，分成两组：约三分之一的鸭子游到扔面包间隔时间长的实验员面前；其余的游到间隔短的实验员面前。

实验者通过扔不同大小的面包片将情况复杂化，鸭子需要既考虑扔面包的速率还要考虑扔一次面包的数量。即使这样，尽管会花上一些时间，鸭子们最终也能分成相应规模的组，并且每组的鸭子数目满足纳什均衡。

这看起来有点奇怪。博弈论是用来描述"理性的"人如何最大化他们的利益。但是事实证明，博弈论所描述的对象无需理性，或者甚至不是人类。博弈论不仅是一种游戏，而且它还捕捉到关于世界如何运作的一些信息。

二、生命的博弈

英国生物学家约翰·梅纳德·史密斯 (John Maynard Smith, 1920—2004) 证明博弈论能够解释生物体如何采用不同的策略在暴虐的生态环境下生存并繁衍后代继续斗争。进化是一场所有生命都参与的博弈。所有的动物参加，所有的植物也参加，所有的细菌同样如此。无须将任何理性或思维能力归于生物体——它们的策略仅仅是它们的特性和习性的综合。成为一颗矮树还是一颗高树好呢？成为一个超级快的四足动物还是一个很慢的两足动物，哪一个更好呢？动物不能如此选择它们的策略，因为它们本身就是策略。

如果每一个生物就是一种不同的策略,那么为什么有那么多的生命样式呢?为什么有如此多不同的生存策略呢?为什么不存在一个最佳的生存策略呢?为什么没有一个能优于所有的他者,成为唯一的生存者,而独中"最适者生存"的大奖呢?当然,达尔文已经处理了这一问题,解释了不同的生存优势如何被自然所利用,使生命多样化,从而形成各式各样的物种。然而史密斯将达尔文的解释拓展到一个更深的层次,使用具有数学严密性的博弈论证明了为什么进化不是一个"赢者通吃"的博弈。

史密斯从两个方面对经典博弈论进行了修正:用"适者生存"的进化思想来代替效用;用"自然选择"来代替理性。为此,他设计了一个聪明的但很简单的动物相争游戏——著名的鹰鸽游戏,想说明为什么一个单一的策略不会产生稳定的群体。

图 4.1　鹰和鸽子

设想有一个"鸟的星球"。这些鸟能够表现出要么像鹰一样 (好斗,经常为食物打斗);要么像鸽子一样 (总是被动的,爱好和平)。现在,假设这些鸟全部决定"像鹰一样"是它们最佳的生存策略。无论如何,它们中的两个看到食物,便会打斗直到分出胜负,赢的那方吃掉食物,输的那方就得处理自己的伤口,忍受饥饿,甚至面临死亡。对于赢的那方来说,它们也有可能受伤,这样也减少了它们从食物中得到的利益。

现在假设这些像鹰一样的鸟中有一只发现这样的争斗索然无趣,它开始决定像鸽子一样行事。当发现食物时,只要没有其它鸟在周围时它才会吃掉食物。如果有一只鹰出现，它便会飞走。这只鸟可能会失去一些食物，但是至少它避免了在战斗中失去自己的羽毛。而且，假设有一些鸟都尝试以鸽子的方式行事，那么当它们遇到食物的时候会一起分享。当鹰们互相厮杀时，这些鸽子却在享受美味。

因此，史密斯认为，一个全部都是鹰的种群并不是一个"进化稳定的策略"，这个社会容易受到鸽子的入侵。同时，一个全部都是鸽子的社会也不是一个稳定的社会，第一头转变为鹰的鸽子会享受美味，因为其它鸽子见到它都会飞走。只有当更多的鹰出现时，才会有在战斗中面临死亡的危险。所以问题是什么才是最佳策略？选择当鹰还是当鸽子？

事实证明最佳生存策略取决于在这个群体里有多少头鹰。如果鹰的数目很少，鹰式策略便是最佳的，因为其大部分的对手是鸽子，鸽子一见到鹰便会远离争斗。但是，如果鹰的数目较多，它们会陷入代价惨痛的混战，这时，鸽式策略是明智的。因此，社会会进化成既有鸽也有鹰的共同社会。争斗的代价越高，鹰的数目就越少。

最好的混合——进化稳定策略——将是把种群分成两部分，一部分是鸽子，一部分是鹰。鹰和鸽子的比例取决于争斗受伤的代价和逃跑丧失食物的代价。如果两头鹰相遇，因为相互厮杀，所以双方都是失败者，各得"-2 分"（两败俱伤）；如果一只鸟是鹰，另一只鸟是鸽子，鸽子飞走得"0 分"，鹰得到所有食物得"2 分"。但是，如果两只鸟都是鸽子，那么它们在一起分享食物，则各得"1 分"（和平共处）。问题出来了：若有两只鸟，则有三种组合方式：两只鹰、一只鹰一只鸽、两只鸽。设第一种情况出现的概率为 p，其它两种情况出现的概率和为 $1-p$，那么鹰的收益为 $-2p+(2+0)(1-p)$，鸽子的收益为 $0p+(0+1)(1-p)$，两者相等，有

$$-2p+2(1-p)=0p+1(1-p) \implies p=\frac{1}{3}.$$

这意味着如果将鸽子与鹰混合在一起，那么最佳的策略是：三分之二是鸽子，三分之一是鹰。或等价地说，对其中的一只鸟说，它 2/3 时间扮演鸽子的角

色，1/3 时间扮演鹰的角色。故最佳策略不应是零和，即一方所得为另一方所失，而应该是双方的收益相等。

显然，这是一个相当简化的生物模型。即使对鸟类而言，鹰和鸽子也并不是唯一可能的行为策略。但是当人们明白其最基础的思路，就可以用博弈论来处理更为复杂的情况。例如：当别的鸟在打斗时，"鸟中的观察者"在一旁看着；这为它的生存提供了有用的信息，或者采取鹰的策略，或者放弃争夺资源的机会。另外，旁观者的出现激励了暴力现象，因为在丛林中，声誉是一切。有旁观者看，如果表现的像只鸽子，那么在下一轮的斗争中将会面对一个强劲的对手。所以，旁观者的出现会激励暴力现象。

根据丛林法则所得到的并不是最后的决定。博弈论描述使合作和交流成为种族成员间相处之稳定策略的环境是如何产生的。没有博弈论就很难理解人类社交行为的合作性。在冯·诺依曼和纳什的数学中，最本质的特征是需要"混合策略"来取得最大收益。很少情况下"纯粹的"策略会一直是你最好的选择。你的最好策略通常来自很多可能的选择，其中每个选择都有特定的概率。

寻找"自然法则"总是要冒一种危险。

自然和自然的法则躲藏在黑暗之中；

上帝说，让牛顿来吧！于是一切都变得明亮。

1724 年，躺在病床上的牛顿拒绝教堂的圣礼，医生们对减轻他的疼痛也无能为力。1727 年 3 月 19 日，在一个星期天的清晨，牛顿走完了一个科学巨人的一生。星期四，皇家学会把他的死讯记录在他们的日志上："主席的位置因艾萨克·牛顿先生的去世而空缺，因此今日无会。"

牛顿的遗体被安葬在维斯敏斯特修道院的中央广场上。在牛顿的坟墓上，立着一块用灰色和白色的大理石装饰的纪念碑，纪念碑上是一幅牛顿斜躺着休息的画像；一幅天象图，上面标示着 1680 年彗星划过天空的轨迹；一个小天使一边摆弄棱镜，一边给太阳和月亮称重。碑铭用拉丁文写成，记录着牛顿"思维近乎神圣的力量"和"他自己特有的数学法则"，并宣称："整个人类都为曾经拥有这样一个伟大的生命而欣喜。"

4.2 模型在于解释自然而不是赋予自然

一、量子理论

在 19 世纪与 20 世纪之交,随着量子理论的诞生,以前的"决定论"观点发生了根本的变化。让我们来重温量子理论中的一些模型所发挥的作用。玻尔的原子模型表面上类似于一个缩小的太阳系模型,其中原子核相当于太阳,而核外电子则相当于行星;它假定,与麦克斯韦的电磁定律不同,电子在某些"允许的"轨道上绕原子核运动,这时它们不发生辐射。此外还有泡利的"不相容原理"指出,无论何时,在同一个轨道上只能允许两个电子 (其中一个自旋方向向上,而另一个的自旋方向向下)。它与玻尔的原子模型联合起来,可以为门捷列夫 (Dmitri Ivanovich Mendeleev,1834—1907) 在纯经验基础上而建立起来的元素周期表提供一个完美的诠释。在玻尔的原子模型中,只有当电子从一个轨道"跃迁"到另一个低能级轨道时,才会以一个具有确定能量的光子的形式发射光,所发射的光相应地也具有特定的波长,即颜色。这种光就是观察到的"激发"原子——例如加热气体中的受激原子的发射光谱,其中只限于某些特定的特征"谱线"。这些特征谱线正是汞蒸气街灯与钠街灯的光具有不同颜色的原因所在。

这里要讨论一个重要的概念,不能预言这一跃迁什么时候发生,从而也就不能预言原子发射光的准确时间。我们所能预言的是,跃迁前原子处于"激发"态的平均时间是多少,它的统计分布及跃迁的其他统计量等,但不能指出跃迁发生的准确时间。

量子理论的这一"非因果"性质,其最初形成于 20 世纪初由普朗克、爱因斯坦和玻尔缔造,而最终形式由海森伯、薛定谔及狄拉克在 20 世纪 20 年代形成。这种非因果性质也许是量子理论最著名的特征。这一特征引起了许多非物理学家的兴趣,他们原本就强烈厌恶经典物理中决定论的、时钟机构般的宇宙,而同时它也吓走了其他许多人,他们认为一个就像轮盘赌转轮一般的世界是难以接受的；这一非因果特征以及它的各种诠释在哲学领域中颇为流行。就是量子理论的创立者也有许多人很不喜欢这一非因果特征，这一特征由于海森伯的理论而更显突出；而且他们中间还有人试图以如下方式表达了他的不满，他说："上帝会与自然界玩掷骰子的游戏吗？"

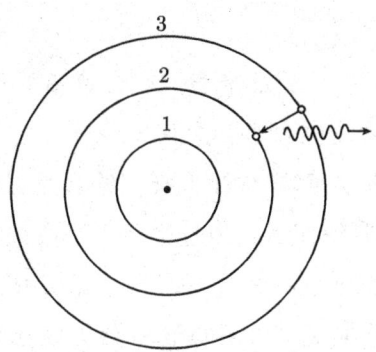

图 4.2 玻尔的原子模型，说明当一个电子从一个轨道向下跳落到另一个轨道 (箭头指示) 时发射一个光子 (波浪线)

下面让我们来探讨一下这种将宇宙视为一个赌博俱乐部的观点的起源。

爱因斯坦在他一生最后 30 年中对量子论的反对，更多的是基于他不赞成这一理论对"实在"的处理，而不是缺乏"因果性"。这场大辩论由两篇发表在《物理评论》上的论文组成，第一篇发表于 1935 年 5 月，作者是爱因斯坦和他在普林斯顿高等研究院的两个同伴伯里斯·波多尔斯基 (Boris Podolsky, 1886—1966) 与内森·罗森 (Nathan Rosen, 1909—)。**这一论文通常被简称为 EPR 论文**。第二篇论文发表于 1935 年 10 月，是玻尔对第一篇文章所作的回答。对他来说，来自爱因斯坦的批评是一件既令人烦恼又很重要的事情。两篇文章的题目都是"物理实在的量子力学描述是完备的吗？"

通过三个垒球裁判员在评判坏球与好球时的如下对话，惠勒形象地描绘了爱因斯坦和玻尔世界观的差别：

第一个人：我以我所看到的来评判；

第二个人：我根据它们的本来情形来判断；

第三个人：在我作出判断之前，它们什么都不是。

量子理论的一个本质特征是，它不允许我们构造一个具有我们通常所要求的所有"实在"要素的微观世界绘景。这是它所造成的真正的哲学革命之所在，其影响超过了它对完全决定论世界的破坏。

二、生活离不开大数定律

一旦理解了大数定律——长远来看随机性会被互相抵消的准则，我们就能发现，日常生活中的许多方面都会出现它的身影。

例如，我们中的大多数人都喜欢征求别人的意见(医生或朋友)，上网、阅读多份报刊，咨询多位股票经纪人。为什么呢？答案很简单：单个医生(或朋友或报刊或经纪人)可能会出错或有偏见或不够聪明或仅仅那天不顺心，而把更多的主意、事件或结果平均起来，随机性就会更好地互相抵消，作出的结论也就更有把握。所以，每次寻求他人的意见时，实际上就是以某种方式应用大数定律。

同样，大数定律能用来解释事情的原因。只掷那么几次硬币，什么结果都有发生，但若掷投许多次，那么就会有约一半的结果是正面朝上。仅买一只股票，可能赚也可能赔很大一笔钱，但是买上许多种股票，你的收益，可能会紧随整个股市的趋势变化。在每个交叉路口你可能会碰到红灯，但总的来看交通信号灯对待每位司机都一样。以此类推，当我们取平均的范围越来越大时，玩游戏或股票的波动随机性就会趋于互相抵消。从另外一个角度来说，不管你多努力，要避开大数定律也很难。

长远地平均来看问题的这一准则，也可应用到许多领域。这一准则能够解释很多问题：玩扑克牌时，策略上的小小变化怎么会对整晚玩牌的总体结果带来很大的影响？为什么医学研究有时能证明一种疗法比另一种疗法更高明。

这么说来，大数定律能够解决与概率有关的任何问题吗？不，还不能！针对过于依赖长远会怎样的情况，著名经济学家约翰·梅纳德·凯恩斯(John Maynard Keynes, 1883—1946)说过这么一段话："从长远来看会如何如何的观点，是对当前事情的误导。在暴风雨多发季节，如果经济学家们只能告诉我们当暴风雨远去以后海面就会重归平静,那么他们给自己布置的任务就太简单了、太无用了。"只知道经济状况从长远来看会改善还不够,短期内会发生什么也很重要。所以,一种平衡的策略是对中期发展的预期。

4.3　物理学中的意外实验

物理史上有一些著名的"意外"实验。之所以用"意外"这个词,是因为实验未取得预期的成果,但获得了其他意想不到的结果。

1. 迈克尔孙–莫雷实验

这个实验的结果是如此令人震惊,以至于它的实验者在相当长的一段时期内都不相信自己结果的正确性。但正是否定的证据,最终使得"光以太"的概念寿终正寝,使得相对论的诞生成为可能。这个实验的"失败"在物理史上却是一个伟大的胜利,科学从来都是只相信事实的。

迈克尔孙–莫雷实验是物理学史上最著名的"失败的实验"。它当时在物理学界引起了轰动,因为以太这个概念作为绝对运动的代表,是经典物理学和经典时空观的基础。而这根支撑着经典物理学大厦的梁柱竟然被一个实验的结果无情地否定,那就意味着整个经典物理学世界的轰然崩塌。

2. 燃素实验

近代科学的历史上,也曾经有过许多类似的具有重大意义的意外实验。1774年的一天,拉瓦锡决定测量一下物体燃烧后"燃素"离开物体的质量是多少。他用天平称量了一块锡的质量,随即点燃它。等金属完全烧成灰烬之后,拉瓦锡小心翼翼地把每一粒灰烬都收集起来,再次称量了它的质量。

结果使得当时所有的人都目瞪口呆。按照燃素说,燃烧是燃素离开物体的结果,所以燃烧后的灰烬应该比燃烧前要轻。可是,无情的天平却表明:灰烬要比燃烧前的金属要重。拉瓦锡没有怪罪于天平,而是将怀疑的眼光投向了燃素说这个过去人们深信不疑的理论。在他的推动下,近代化学终于在这个体系倒塌后得以建立起来。

到了 1882 年，剑桥大学的化学家瑞利 (J. W. S. Rayleigh, 1842—1919) 为了一个课题需要精确地测量各种气体比重。然而在氮的比重上，瑞利却遇到了麻烦。为了保证精度，他采取了两种方法：一种是氨气来制氮；另一种是从空气中尽量除去氧、氢、水蒸气等别的气体，这样剩下的就应该是纯氮气了。然而瑞利却苦恼地发现两者的比重并不一致，后者要比前者大千分之二。

3. X 射线实验

1896 年贝克勒尔针对有人提出太阳光照射荧光物质能够产生 X 射线，对此开展了研究，当时 X 射线刚被发现。他选了一种铀的氧化物作为荧光物质，把它放在太阳下暴晒，结果发现它的确使黑纸中的底片感光了。贝克勒尔得出初步结论：阳光照射荧光物质能产生 X 射线。

但是，当他要进一步研究时，意外的事情发生了。天气转阴，乌云连着几天遮蔽了太阳。贝克勒尔只好把他的全套实验用具，包括底片和铀盐全部放进了保险箱里。然而到了第五天，天气仍然没有转晴的趋势，贝克勒尔忍不住了，决定把底片冲洗出来再说。他想铀盐曾受了一点微光的照射，不管如何在底片上应该留下一些模糊的痕迹吧？

然而，底片曝光得非常彻底，上面的花纹是如此清晰，甚至比强烈阳光下都要超出一百倍。这是一个历史性的时刻，元素的放射性第一次被人们发现了。贝克勒尔的惊奇，打开了通向研究原子内部情况的大门。

4.4 不存在与图像或理论无关的实在

几年前，意大利蒙扎市议会禁止宠物的主人把金鱼养在弯曲的鱼缸里，其理由是：因为金鱼向外凝视时会得到实在的歪曲景色，所以将金鱼养在弯曲的鱼缸里是残酷的。

金鱼的实在图像与人类的不同，但金鱼仍然可以表述制约它们以后，所观察到的鱼缸外面物体运动的科学定律。例如，由于变形，人们观察一个自由物体在一条直线上运动，会被金鱼观察成它是沿着一条曲线运动。尽管如此，金鱼仍可以从它们变形的参考系中表述科学定律，这些定律总是成立的，但比我们的参考系中的定律更为复杂。所以说，简单性只不过是口味而已。

图 4.3　金鱼在一个缸里游动，它们观察的景物是什么样子呢？

托勒密 (Claudius Ptolemaeu, 约公元 85—165) 在公元 150 年左右提出一个描写星体运动的模型，这是一个实在的不同图像的著名例子。它认为地球是一个球形的、静止的、位于宇宙中心，行星和恒星在非常复杂的轨道上围绕着地球运行。由于人们没有觉得脚下的地球在运动，这个"地心说"模型似乎是自然的。直到 1543 年，哥白尼才在他的著作《天体运动论》中提出另外一个模型，认为太阳处于静止，而行星以圆周轨道围绕着它运转。哥白尼模型引起关于地球是否静止不动的激烈辩论，这个辩论于 1633 年因伽利略受到异端审判而达到高峰。1992 年，罗马天主教廷终于承认谴责伽利略是错误的。

那么，托勒密系统或哥白尼系统，哪个是真实的？尽管人们时常说哥白尼证明了托勒密是错误的，但那不是真的。正如我们的正常观点和金鱼的观点相比较的情形，人们可以利用任一种图像作为宇宙的模型。对于我们天空的观测，既可以从假定地球处于静止，也可以从假定太阳处于静止得到解释。事实上，哥白尼系统的真正优势在于太阳处于静止的坐标系中运动方程要简单得多。这有点像大学一年级学生在力学课程，选择惯性系和非惯性系，列出物体满足的动力学方程不同，但结果是一样的，有时候后者比前者简单。

我们在科学中构造模型，一个物理理论和图像是一个模型 (通常具有数学性质)以及一组将这个模型的元素和观测相连接的规则的思想。例如：电子是一个有用的模型，它能解释在一个云雾室中的轨迹和电视显像管上的光点这类观察结果，以及许多其他现象。1897年，汤姆孙在剑桥大学的卡文迪许实验室发现了电子。他利用在真空玻璃管中的电流来做称为阴极射线现象的实验。从实验中，他获得了一个大胆的结论，神秘的射线由微小的"微粒"构成，这种微粒是原子的构成物质，那时原子被认为是物质的不可分的基元。汤姆孙没有看到"电子"，他的实验也没有直接或清晰地证明他的观测。但是从基础科学到工程的应用中，这个模型是关键的，而现在所有的物理学家都确信电子的存在，即便看不到它。

我们也看不见夸克，它是解释原子核中的质子和中子性质的一个模型。虽然说夸克构成质子和中子，因夸克之间的束缚力随着分离而增大，因此孤立的自由夸克不可能在自然界存在，所以我们永远观察不到夸克。尽管如此，根据依赖模型的实在论，夸克存在于一个和我们对亚核粒子如何行为的观察一致的模型中。

4.5 科学的诡辩：电子双缝实验

在本节中，我们用电子双缝实验阐述量子原理。费曼曾经说过："双缝实验包含了量子力学的所有秘密。"

一、从电子双缝干涉到分子足球柱流

1999年，一组物理学家在奥地利向一个障碍发射一串足球状的分子，见示意图4.4。那些每个由60个碳原子组成的分子被称为巴基球。科学家瞄准的障碍实际上具有两道巴基球能通过的狭缝。在墙后，放置一个相当于屏幕的东西以检验和计数出现的分子。

如果我们用真的足球做一个类似的实验，需要一个目标弥散而具有特定速率的发球能力的球手。这个球手在有两条窄缝的墙之前，在墙的另一边平行放置一张长网。球手射出的球多数都打到墙上被弹回，在墙的另一面出现两束高

度平行的足球的流柱。如果关闭一道缝隙，其对应的足球流注就不再通过，但这对另一束没有影响。在两道缝隙都打开时，我们观察到在墙上的每个缝隙分别打开时观察到的足球的总和。

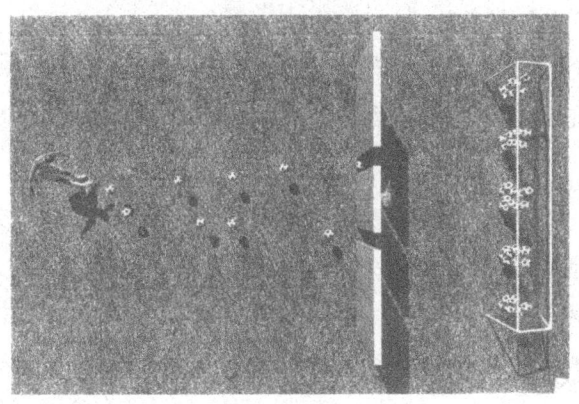

图 4.4　分子足球 (选自《大设计》)

在奥地利实验中，打开第二道缝隙，在屏幕上一些点处到达的分子数目增加了，但在他处数目减少了。事实上，当两道缝都打开时存在一些巴基球根本不到的地方，而就在这些地方，当两道缝隙中只有任何一道打开时球确实到达。为什么打开第二道缝隙会使到达某些点的分子变得更少了？

在这个实验中，许多分子足球打到预料它们击中之处的中点，非常少的分子到达偏离中点稍远处，但是离那个中心更远处，又会观测到有分子到达。这种模式不是每个缝隙分别打开时形成的模式之和，而类似于干涉波的特征条纹。没有分子达到的地方对应于从两缝发射来的波达到时反相，并产生相消干涉；而许多分子达到的地方对应于波到达时同相，并产生相长干涉。

1927 年，贝尔实验室的实验物理学家克林顿·达维孙和勒斯特·泽默首次实现了电子双缝实验，他们是在研究一束电子如何与镍晶体相互作用。诸如电子的物质粒子像水波那样行为的事实是启发量子物理的惊人实验。

量子物理只有一些方面是必需的。关键特点之一是波/粒对偶性。物质粒子像波那样行为使人惊讶，而光像波那样行为就不再令人惊奇。牛顿说光不是一个波时他是错了,但当他说光能以仿佛是由粒子组成的那样行为时,他是正确的。我们今天将它们称为光子,比如 1 瓦的夜灯每秒就发射出 100 亿亿个光子。单独光子通常是不明显的,但是能在实验室产生出微弱的一束光,它由一串单独的光子组成,可以把它们当做单个检测。

如果单独粒子与其自身相干涉,那么光的波动性质就不仅是一束或一大群光子的性质,而是单个光子的性质。

二、费曼对干涉条纹的解释

20 世纪 40 年代,费曼对干涉条纹如何在双缝实验中产生的问题极为好奇。当双缝都打开发射分子时,发现的条纹不是两次实验模式之和:即一次只让一道缝打开,另一次让另一道缝隙打开。相反地,当双缝都打开时,发现一系列亮暗条纹,后者是没有粒子打到的区域。这意味着如果只有缝隙一打开时,粒子会打到黑条纹的地方,而当缝隙二也打开时,就不会打到那里去。仿佛粒子从源到屏幕的旅途中的某处得到了两道缝隙的信息。这类行为和日常生活中事物显示的行为方式彻底不同,在日常生活中一个球穿过一道缝隙的路径不受另一道缝隙的影响。

根据牛顿物理,每个粒子都独立地遵循着一条从源到屏幕的明确定义的路径,在这个图像中就没有粒子在途中迂回访问每道缝隙邻近的余地。然而,根据量子模型,粒子在它处于始终两点之间的时刻没有明确的位置。费曼意识到,不必将其解释为粒子在源和屏幕之间旅行时没有路径,反而粒子将采用连接那两点的每一条可能的路径。费曼构想出一个数学表述:**路径积分求和**,其重现了量子物理的所有定律。

用费曼路径积分的思想来理解双缝实验结果。粒子采取只通过一道缝隙或只通过另一道缝隙的路径;还有穿过第二道缝隙回来,然后再穿过第一道缝隙的路径,等等。按照费曼的观点,这就解释了粒子如何得到关于另一道缝隙开放的信息。如果一道缝隙开放,粒子取穿过它的路径;当两道缝隙开放时,粒子穿越一道缝隙的路径会和穿越另一道缝隙的路径发生影响,引起了干涉。

费曼关于**量子实在性**的观点，给出了一个显示如何从量子物理产生一个牛顿世界的特别清楚的图像。想象一个简单的过程，一个粒子在某一位置 A 开始自由运动。在牛顿模型中，这个粒子将会沿一直线运动，在以后的某个时间位于直线上的一个明确位置 B。在费曼模型中，一个量子粒子体验每一条连接 A 和 B 的路径，从每个路径获得一个相位数。相位代表在一个波的循环中的位置，也就是该波在波峰或波谷，或者在它们之间的某个位置。当把所有的路径的波叠加在一起时，就得到粒子从开始到达 B 的概率幅度，而概率幅度的平方给出粒子达到 B 的概率。

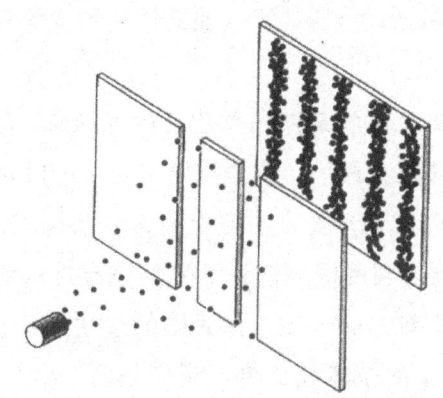

图 4.5 电子双缝干涉实验

根据费曼理论，与每一条路径相关的相位依赖于普朗克常量。因为普朗克常量非常之小，当把从相互靠近的路径的贡献相加时，其相位通常强烈地变化，这样一来，它们多半相加为零。但是，存在某些路径，它们的相位具有排列成行的倾向，这些路径是有利的，也就是说，它们对于粒子的被观察行为作出较大贡献。对于大物体而言，非常类似于牛顿理论预言的路径一定具有相似的相位，而且叠加起来求和给出了最大的贡献。这样一来，仅有的具有有效地大于零的概率的终点正是牛顿理论预言的那个。而该终点的概率非常接近于 1，因此，大物体正如牛顿定律所预言的那样运动。

三、量子概率与生活中概率不同

量子物理的一个主要信条是由海森伯在 1926 年表述的**不确定性原理**。这一原理告诉人们：同时测量某些相关数据的能力是有限的，比如在测量一个粒子的位置和速度时就是这样。例如，根据测不准原理，如果你将一个粒子位置的不确定性乘上它的动量不确定性，其结果决不能比普朗克常量除以 2π 更小。或者说，你把速度测量得越准确，你就只能把位置测量的越不准确，反之亦然。这就像一个儿科医生给一个调皮的孩子看病那样。医生让小孩坐在凳子上，天生好动的顽童不会安静地坐在那儿，他可以左右摆动，身体的"速度"不定；如果医生让小孩子在走廊里活动一下，那么他的速度的大小可能一定，但位置又不确定了。

量子物理的概率不像牛顿物理或日常生活中的概率。我们从射击运动员打靶说起，弹着点在中心的机会最大，除非他喝了太多的啤酒，子弹在中心概率就减小下来。经过一段时间，弹着点在靶上的累积就构成了潜伏概率的模式。因此，在日常生活中，我们利用概率的说法来描述事件的结果，而非关心过程的内禀性质，这只是我们对它的一定方面无知的反映，例如天气预报。量子理论中的概率反映了自然中的基本随机性，量子模型与我们实在性的直觉相矛盾，但是量子物理和观测符合，它从未被检验失败过，它受到的检验比科学中的任何其他理论都多。

重要的一点是，说"电子可能沿着这些路线中的每一条路线走，但实际上它只沿其中的一条走"是没有意义的。好比在电子双缝实验中挡住其中一个缝隙，说电子实际上沿一条特定的路线走，就让我们没有机会解释干涉条纹了。为了得到干涉条纹，需要让波通过两个缝隙，这意味着必须允许电子采取所有可能的途径从源到达屏幕。换句话说，当我们说电子"在波内的某处"，实际上是想说它同时无处不在，在波的每一个地方！我们必须这样想。如果电子位于某个特定的地点，那么这个波就不再散开，我们就失去了波的相似性。结果是我们就不能解释干涉条纹。

量子物理中的概率反映了自然中的基本随机性。自然的量子模型包含了不

仅与我们日常经验,也和我们实在性的观念相矛盾的原理。牛顿物理与量子物理的本质性差异可归结为以下三点:

○ 量子物理是"历史求和"或"可择历史",粒子在经典情形下其路径是一定的,而在量子意义上变成了可能。

○ 观测系统必然改变其过程。量子物理承认,进行一次观测,你必须与正在观测的对象发生相互作用,正好像一束光照射到一块石头上,对其不产生任何影响,而当一束哪怕很微弱的光线,照射到极小的量子粒子,即把光子打到它上面,会有新的效应出现。

○ 延迟选择。这是物理学家约翰·惠勒提出的一种实验,把决定是否去观测路径推迟到粒子打到检测屏幕前的一瞬间完成。例如在电子双缝实验中,每个粒子所采取的路径,即它的过去,是在通过缝隙之后很久才确定的,大概粒子在此前就应"决定"它是否只穿过一道缝隙不产生干涉,或者穿过两道缝隙产生干涉。

> 概率:是频率还是倾向?

当今物理学中大多数人都在使用客观的量子力学的诠释。这种诠释最初是由德国物理学家玻恩(Max Born, 1882—1970)提出的:波函数是客观概率的一种量度。这样一来,接着一个同样有争议的问题当然就是:"概率"的物理意义是什么?有些人接受"频率理论",另外一些人则相信有时被称为"倾向理论"的理论。在第一种理论中,一次投币过程中正面出现的概率,由无穷多次重复投币过程(或者同时抛掷无穷多个相同硬币)来定义;在第二种理论中,它属于单个抛币过程的一种"倾向"。

这两种概率观的区别并不仅限于量子力学领域,也可以用其他领域中的例子来加以说明。如果我们说,"张三死于2034年的概率是x%",那指的是什么意思呢?保险公司按照一个经过精确计算而得出数x来向张三收取保险费。为了计算出x,他们必须将张三划归于一个大的群体(系综)之中,对于这个群体,他们掌握着可靠的统计数据。如果公司所知道的仅仅是，张三住在上海市，年龄 45 岁，那么从他们的保险统计表能够查得概率 x 是多大，于是他们可以确定一个保险费额。另一方面，如果他们还了解到，张三吸烟，并且突发过两次心脏病，那么他们将从相应的表中查得一个颇不相同的概率。换句话说，可以认为张三属于许多不同的系综，而他死亡的概率与具体选择那一个人群有关。如果属于这些系综之一的许多成员被挑选出来，那么有关他们死亡的统计就定义了他们每一个人死于某一年的概率。假定张三被看作是那一人群中的一员，则他卒于 2034 年的概率就完全确定了。这就是概率的频率诠释。另一方面，在倾向诠释中，张三死于 2034 年的概率本质上属于个体的张三，有关他所属人群不同的选择，仅仅是找到了这一固有概率的统计学方法。

图 4.6 "掷骰子"是一种频率，天气的概率预报是一种倾向

大多数物理学者是在统计力学中首次接触到概率理论的，因此他们习惯于系综方式的统计诠释。系综是某一给定物理系统的假想复制品的无穷集，其中所有系统的演变方式都相同，只是初始条件不同。我们由此得出结论：这些科学家会对概率的频率论具有一种自然的偏爱。然而，还有许多人将与个体事件相联系的概率看作是一种倾向。在这种诠释中，既不需要无穷多次重复该系统，也不需要无穷复制该系统。当然，"无穷"指的是一种理想化情形，需近似地以"很大数目"来代替。

对于量子力学而言，一方面，概率论的拥趸者明白波函数实质上总是涉及到系综。波函数对单个系统的描述，只有当这些系统属于一个巨大的、用相同方法得到的复制品集合的成员时才有意义。而另一方面，研究倾向论的人则将态矢量看作是与单个系统相联系的量，并证明了它对某些特定响应的偏爱。对倾向性理论家来说，由测量所引起的波包的退变是一种令人困惑、神秘的事件，因为它改变了系统的一个固有性质；而频率概率论者则觉得其中并没有什么内在神秘性而言。按照频率论支持者的观点，测量本身必须在相同的系统上进行许多次，而波包的退变则描述了这样一个选择过程。

4.6 实在问题：EPR 佯谬和贝尔不等式

一、EPR 佯谬

EPR 佯谬是指爱因斯坦、潘多尔斯基和罗森在 1935 年提出的一个思想实验，它揭示了一个大的空间域上的物理系统进行量子描述所具有的深刻奇异性。实验涉及一对相距很远的"同谋"粒子 A 和 B，所谓"同谋"的含义是指对粒子 A 的测量结果和对粒子 B 的测量结果之间存在高度关联。如果粒子 A 和 B 原本处于混合态，也就是说不处于某一个确定的本征态，当对粒子 A 进行测量后确定它处于某一个本征态，那么就可以确定地预言粒子 B 也处于相应的一个本征态。玻尔认为在 EPR 实验中，相距很远但关联着的同谋粒子 (A,B)，构成量子系统的一个不可分割的部分。虽然没有直接的信号在 A 和 B 之间穿过，它们仍然同谋一般地在其行动中进行合作。但是爱因斯坦认为，由于 A 和 B 相距充分远，任何的物理力的传递又不能超过光速，对远离粒子中的每一个粒子做表观独立的测量，所给出的结果竟同谋合作得如此充分，让人无法接受。他将它嘲讽为"幽灵式的超距作用"。即使在今天，如何在物理上真正解决 EPR 佯谬，给出令所有人都信服的答案，仍然有待作深入细致的研究。

二、贝尔不等式

贝尔不等式 (Bell inequality) 是 1965 年贝尔提出的一个强有力的数学定理。该定理在定域性和实在性的双重假设下，对于两个分隔的粒子同时测量时其结果的可能关联程度建立了一个严格的限制。而量子力学预言,在某些情况下,合作的程度会超过贝尔的极限,也即量子力学要求在分离系统之间的合作超过任何"定域实在性"理论中的逻辑许可程度。贝尔不等式提供了在量子不确定性和爱因斯坦的定域实在性之间做出判决的实验。目前的实验表明量子力学正确,决定论的定域的隐变数理论不成立。

美国物理学家戴维·玻姆(David Bohm,1917—1992)对 EPR 问题给出了一个更直观的形式来分析:设想一个本身没有内禀自旋的原子或分子分裂成两个有自旋的粒子,不妨假定为原子或电子,分裂后两个粒子沿相反方向飞离。角动量守恒定律要求,两个逃逸粒子的自旋必然大小相等、方向相反。比如,如果我们测量其中一个粒子的自旋的垂直分量,并发现它"向上",那么另一个粒子的自旋的垂直分量必定向下。所以,不管这两个粒子相隔多远,我们都已经在没有接触到第二个粒子的情况下,有效地测出了这个粒子自旋的垂直分量,而且它必然会对水平自旋分量的测量作出反应,就像它的垂直分量被真正测量过一样。在 EPR 定义中,第二个粒子的垂直自旋分量有"一种物理实在的要素"。作者们就此给出了一个最低判据:"如果我们能在不干扰一个系统的情况下,准确预言一个物理量的值,那么,就存在着一种与这个物理量相对应的物理实在的要素"。另一方面,如果我们对第一个粒子的东西方向的自旋分量进行测量,那么根据上述原理,第二个粒子的东西方向的自旋获得了一种物理实在的要素。但是,量子理论却不允许我们同时确定自旋的垂直分量与东西方向分量这两个量。既然它们两者都具有"实在的要素",那么,作者总结说,量子力学也就不可能作为一个完备描述。反过来我们会问,怎样解释第二个粒子"知晓"实施于远处第一个粒子之上的测量呢?如果两个粒子之间没有即刻通信(幽灵般的超距作用),我们就不能诠释这一问题,除非量子力学不是全部真相。

三、EPR 思想实验

EPR 论文发表 30 年之后,爱尔兰物理学家约翰·斯图尔特·贝尔(John Stewart Bell,1928—1990)对经典力学与量子力学提出了一个重要的区分。美国物理学家 N. 戴维·默明 (N. David Mermin, 1935 —) 通过下述思想实验设计出贝尔概念的一个简化的、示意性的方案。

这个装置包括一个任选的发射机，它同时向两个相反方向发射两个信号。在发射机的两边任意远但距离近似相等的地方，各有一个接收信号的接收机。每个接收机上有一个三挡的开关，一个红灯和一个绿灯。两个接收机之间没有任何联系。这意味着发送到其中一个接收机上的信号不会要求它作出响应，以任何方式与另一个接收机的开关装置相关联；每个接收机均不知道另一个的开关设置。两个接收机的开关以彼此完全独立的方式，选择它们各自三挡中的一个。

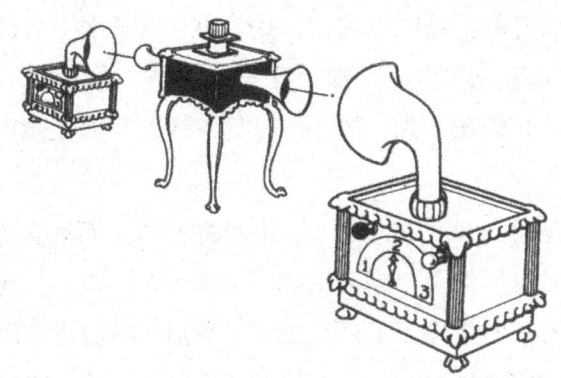

图 4.7　用来做 EPR 实验的一套装置：一个信号发射机和两个接收机

(选自《探求万物之理》)

这样一来，事件发生的顺序为：① 一对信号同时从发射机发向两个接收机 (例如向每个接收机发射一颗子弹)；② 信号到达之前，两个接收机上的开关各自独立地设置在三挡中的一个；③ 当一个接收机收到一个信号时，要么红灯变亮，要么绿灯变亮。

这一系列事件重复进行许多次，依次使用所有可能的信息。其结果可以简单地记录，比如写上 "13(RG)"，表明 "1 号接收机的开关处在 1 挡上，2 号机上的开关处在 3 挡上，1 号接收机上亮的是红灯 (R 代表 red)，2 号接收机上亮的是绿灯 (G 代表 green)。" 所以，经过多次重复以后，将得到一长串这样的符号：13(RG)，21(RR)，33(GG)，32(GR)，……，仔细考察一下它们，将会发现如下两个特有事实：

(1) 只有两个接收机的开关处于相同挡，则亮的都是同样颜色的灯；

(2) 如果不管开关的挡如何，而只关注灯的颜色，那么就会发现在一半的情形中，两个接收机上亮的是相同颜色的灯，在另一半情形中，则为不同颜色的灯亮。

根据量子力学，利用自旋粒子来发送的信号具有上述两个性质。

现在的问题是，在两个接收机之间没有任何联络的情况下，通过任何"实在的"信息来解释观察到的这两个特征。以发射两颗子弹的情况为例，其中子弹上写有指令，它们将告诉接收机它的开关应处于哪一挡，从而指示应该哪个灯亮。比如，指令 RGR 的意思是：如果开关在 1 挡，则红灯亮；如果开关在 2 挡，则绿灯亮；如果开关在 3 挡，则红灯亮。当然也可以设想用其他方式来发送所需要的指令。

让我们来看看这些结果并加以分析。所观察到的一系列实验结果得出的第一个性质指出，同时发送的两个信号的指令必须相同。否则，在某个相同挡情形中，两个接收机上亮的将是不同颜色的灯。然后，不妨假定两颗子弹上的指令都是 RGR。在两个开关挡之间有 9 种可能的组合形式；连同所导致的变亮的灯的颜色，它们是如下的情形：11(RR)，12(RG)，13(RR)，21(GR)，22(GG)，23(GR)，31(RR)，32(RG)，33(RR)。可以看到，灯的颜色相同的情形有 5 种，颜色不同的情形有 4 种。因此对这一特殊的指令 RGR，颜色相同的概率为 5/9。不难验证，如果指令是 RRG、RGG、GRR、GGR 或 GRG，颜色相同的概率也仍然是 5/9。如果指令为 RRR 或 GGG，即总共 8 种可能情形中余下的另外 2 种情形，那么具有相同颜色的概率当然就是 1。

所以，我们发现，在所有可能的指令组合中，具有第一条观察到的统计性质时 (即相同的开关意味着相同颜色的灯亮)，则第二条性质 (如果不考虑开关的档位，那么有一半的情形是相同颜色的灯亮，另一半情形为不同颜色的灯亮) 必然被违背。事实上，在至少 5/9 的情形中是相同颜色的灯亮。我们只能得出这样的结论：

不存在什么诠释这些结果的"独立存在"，除非允许从一个接收机向另一个接收机发射瞬时信号，以告诉后者它实际上亮的灯的颜色。但那又违背爱因斯坦的定义，即确切地构成一种"幽灵般的超距作用"。我们还要注意两个接收机理论上可以相隔甚远。

在这个例子中，在经典的"实在论"基础上，相同颜色出现的概率至少为 5/9，这是贝尔不等式的一个特殊情形。既然量子力学所允许的传送信息的方法导出的概率是 1/2，那么，它明确地违背了贝尔不等式，而近几年中在不同实验室里所做的许多实验也证实了这一点。

当玻尔被问到是否认为量子力学算法以某种方法反映了一种基本的量子实在时，他声称：不存在什么量子世界。只有一种抽象的量子力学描述。认为物理学的任务是揭示大自然是什么样的，这种想法是错误的。物理学关注的是我们对于大自然能说些什么。

量子理论的一个本质特征是，它不允许我们构造一个具有我们通常所要求的所有"实在"要素的微观世界绘景。这是它所造成的真正的哲学革命之所在，其影响超过了它对完全决定论世界的破坏。

四、偶然性背后存在必然性吗？

量子力学是统计性理论，用力学量的统计分布概率描述量子态。因此，爱因斯坦认为量子力学是不完备的。D. 博姆 (D. Bohm) 曾建议一种量子力学按"隐变量"而不是力学变量的决定论的诠释，就是建议寻找偶然性背后的必然性。冯·诺依曼证明了在现有量子力学适用的领域是找不到隐变量的。那么，只有在量子力学可能失效的超微观世界，才有可能找到隐变量。

五、科学的启示

(1) 在 19 世纪之前的科学思想中，理论解释是基于通常的经验和直觉之上，随着技术的改进，人们可能观察的现象与日常经验和直觉越来越不一致。一些实验不能被包括在经典科学中，而只能是所谓量子物理所描述的现象。

(2) 在科学中有许多情形，大群体与它单独成分的行为不同。单个神经元的反应几乎不能成为人脑反应的前兆；有关水分子的知识也未能告诉你多少关于湖泊变化的信息。所有物体组成部分的原子服从量子物理定律，而牛顿定律很好地近似描述由那些量子成分构成的宏观物体的行为方式。

(3) 量子物理似乎会削弱自然受定律制约的观念，但事实并非如此。它反而引导我们去接受决定论的新形式：给定系统在某一瞬间的态，自然定律确定各种将来和过去的**概率**，而非肯定地确定将来和过去。尽管这不符合某些人的口味，科学家也必须接受和实验相符的理论，而非他们自己的先入为主的观念。

(4) 用"一个粒子可以同时出现在多个地方"的想法，让我们远离日常经验，从而进入一个未知的领域。一个量子物理学的主要障碍是这种类型思维可能产生混淆。为了避免混淆，我们应该跟随海森伯，学会习惯与日常经验背离的世界观。感觉"不习惯"可以被误解为"混淆"，学习量子物理学的学生往往不断尝试用日常的术语去理解发生了什么。这是新思想的阻力，因为现实世界根本就没有一种日常生活的表现方式。

4.7 量子力学给人类社会带来巨大影响

一、量子博弈

想象现在是 24 世纪，在"进取号"星舰的船舱里。

皮卡德 (Picard) 船长把一枚正面向上的硬币用盒子罩住，这样在翻转它的时候看不到它。他的对手是一个有神秘力量的外星人 Q。Q 首先选择是否翻转硬币，在不知道 Q 做了什么选择的情况下，皮卡德船长必须接着决定是否翻转，最后 Q 再选择是否翻转。揭开盒子时，若正面朝上，Q 赢；反之，皮卡德赢。

他们玩了 10 次，结果 Q 获全胜。

这不是某个科幻电影的一个片段，而是物理期刊上的一段情节，它介绍了认识博弈论的全新方法。硬币翻转游戏是一个古老的博弈理论。如果用硬币翻转的原始方案，Q 和皮卡德船长在长时间的博弈中应该打个平手。这次皮卡德船长连输 10 次的情况，会怀疑 Q 作弊了吗？他想了一会儿，放弃了申述，因为他知道 Q 是量子 (quantum) 的缩写，只有拥有量子的力量，才会在硬币翻转游戏中百战百胜。

让时光倒回到 21 世纪初，量子博弈论已经诞生了，它改变了人们对经典博弈论的认识。在博弈论中，最佳策略往往不是预先决定的一个行动，而是依据特定的概率进行选择的策略组合。

在这个游戏的经典玩法中，皮卡德的最佳策略将是半数翻转。Q 进行两次选择，有四种可能的策略 (都翻；都不翻；第一次翻，第二次不翻；第一次不翻，第二次翻)，每个应占 1/4。如果两人采用了上述策略，他们会平分秋色。没人能靠策略的改变而占上风，这就是纳什均衡。

在戴维·梅耶 (David Meyer) 的量子构想中，皮卡德仍按经典方法玩，但允许 Q 用量子策略。也就是说，他第一次翻转时，并不是把硬币翻转成非正即反，而是正与反的量子组合，即半正半反，就像一个电子同时出现在异地一样。

在量子信息物理中，这种正-反组合的双值关系称作量子比特 (qubit)。比特是信息的单位，用于表示两种可能中的一种 —— 是或否，正或反，1 或 0。经典的硬币不是正面朝上就是反面朝上，但是量子硬币可能有多种可能，可以既正又反。比如把量子比特看作抛出后仍在旋转的硬币，观察之前即不正也不反，直到被接住或落地才知道到底是正是反。在实际的量子信息实验中，"硬币" 相当于一个光子。正面和反面对应于光子的振动方向，这类实验更多地依赖于对光量子偏振方向的测定。梅耶把硬币的正面或反面对应于怎样定位偏振振荡器，展现正面就隐藏了反面。

梅耶阐明了量子控制如何确保这枚硬币总是正面朝上，即 Q 获胜。既然 Q 先翻，他可用他的量子魔法将硬币翻成正反各占 50% 的组合 (这时，与其把硬币想象成是旋转着的，不如想象成竖立着的)。因此，下一步无论皮卡德旋转翻或不翻，硬币仍保持直立。然后，Q 可执行反量子措施，把硬币变为初始的状态——正面朝上。

如果要一个更加严格的解释，可以把量子硬币的旋转在三维坐标系 (坐标轴记为 x、y、z) 中描述。如果定义正面为沿 z 轴指向北面的旋转（"$+z$"方向），则反面指向相反的方向（南面，或"$-z$"方向）。经典的翻转（皮卡德仅有的一次翻转为经典翻转）旋转方向只在 $+z$ 和 $-z$ 间切换。然而，Q 可用量子的方式旋转，让它指向"东"（沿 $+x$ 方向）。接下来，如果皮卡德由北向南地翻转，旋转仍旧指向东。所以无论皮卡德翻转与否，Q 下步又把旋转转回到朝北，或正面朝上。皮卡德输。半数翻转策略，在经典博弈论是最佳策略，在量子博弈论来看却一文不值。

图 4.8　把一个硬币竖立起来

二、量子测量

1. 薛定谔猫

在量子力学中，粒子的运动用波函数作概率描述。根据量子力学的态叠加原理，假设一个粒子具有 A、B 两种可能状态，如果人们不去观测该粒子，则粒子将处于 A、B 两种可能状态的相干叠加态。对此，奥地利物理学家薛定谔在 1935 年为了反驳量子力学的概率解释，构想出一个人们叫做薛定谔猫的假想实验。考虑一个装有放射性物质的装置，在里面放有一只猫。当放射性物质放出射线时，猫就被杀死。由于放射线的放出是一种随机行为，猫的死活就带有概率特性。如果量子力学的概率解释正确，那么，我们就会得到当人们观测实验装置之前，猫应该处于活猫和死猫的叠加的荒谬结论。薛定谔以死猫和活猫不可能叠加在一起为由反对量子力学的这一结论。2003 年诺贝尔物理学奖得主安东尼·莱格特 (Anthony J. Leggett, 1938—) 就曾讨论过能够验证量子力学原理影响实际的宏观现象的实验方法。挑战量子力学的局限性问题是当前理论物理研究的热点。

图 4.9　活猫和死猫的叠加

能与半死半活的"薛定谔猫"相媲美的科学史上怪异形象的还有：芝诺的那只永远追不上的乌龟；拉普拉斯的那位无所不知能预言一切的老智者；麦克斯韦的那个机智地控制出入口，以致快慢分子逐渐分离，从而系统熵减少的小妖精；被相对论搞得头昏脑涨，分不清谁是哥哥谁是弟弟的那对双生子；等等。

2. 量子计算机

利用量子力学中的态叠加原理的计算机称为量子计算机。在 20 世纪 80 年代，费曼等首次提出这一概念。根据量子力学，如果一个量子系统可能取的状态不止一个，在观测之前系统处于所有可能状态的叠加。例如：电子的自旋有上、下两种可能朝向。在观测之前，我们不仅无法知道电子所处的状态，而且电子还可以处于两种自旋朝向的叠加。量子计算机就是利用这种态的叠加，还能够同时进行处理多个数据的并行计算。一般的计算机采用二进制方法处理信息，信息最小的单位 (比特) 是 0 或者 1，但在量子计算机中，信息的最小单位是一个电子或光子等量子(量子比特,q 比特)。因此,一个量子信息并不是确定的 0 或者 1,而可以是 0 和 1 的叠加态。利用二进制的普通电子计算机,0 和 1 的所有可能组合的计算所需的计算次数等于可能的组合数,但在量子计算中,理论上只需要计算一次就可以完成。目前,量子计算机处在基础理论研究阶段,还没有得到实现。

量子理论是科学史中经过准确检验的和最成功的理论。[1] 如果要评选 20 世纪最为深刻影响人类社会事件的话,那么可以毫不夸张地说,这既不是两次世界大战、也不是联合国的成立、或者女权运动、殖民主义的没落、人类探索太空等等,它应该被授予量子力学及其相关理论的创立和发展。量子论的出现彻底改变了世界的面貌,它比历史上任何一种理论都引发了更多的技术革命。核能、计算机技术、新材料、能源技术、信息技术……许多人喜欢比较 20 世纪齐名的两大物理发现 —— 相对论和量子论。究竟谁更"伟大"?所谓伟大往往没有可比性,但是如果仅从实用性的角度来看,我们会断然地下结论:量子论比相对论更有用!

也许人们仍然不能从哲学意义上去真正理解量子论,但它的进步意义是不可估量的;虽然我们还会怀念那些因果关系、宇宙简单的本质,但也只是怀旧情绪而已。量子论的道路仍未走到尽头,它面临的终极挑战 —— 广义相对论。物理学家有一个梦想,一个深深植根于整个自然的梦想。

3. 量子选举

当有三个候选人参与竞选时,最终的胜者可能不反映多数选民的意志。这里阐述一下这种情况是如何产生的。在预备选举中,候选人 A 得票为 37%,候选人 B 得票为 33%,候选人 C 得票为 30%。A 和 B 进入决胜选举。但是对于大部分支持 B 的选民来说,C 是第二种选择;对大部分支持 A 的选民来说,C 也是第二选择。假如 C 单独与 A 对决,C 会胜出;如果 C 单独和 B 对决,C 还会赢。但在预备选举中,C 却位列第三,最终的胜者是 A 或者是 B。既然多

---

[1] 曾谨言. 纪念 Bohr 的《伟大的三部曲》发表 100 周年暨北京大学物理专业建系 100 周年 [J]. 物理, 42(9): 661-667, 2013

数选民选择 C 而不是 A 或 B，那么获胜者显然不是全体选民的最佳选择。通过在选举中掺入多重可能性，量子选举方案产生更加"民主"的结果。

从原理上讲，量子博弈论能根本地改变人们基于他人选择的选择。回想一下前面关于"公共物品"的讨论，社区打算建一个福利工程，比如公园，资金自愿捐赠。赞成的人会向基金捐款最多的钱，但在标准的博弈论看来，这些人出于他人可以捐出足够的钱的考虑，只会很少捐或不捐。因此，如果没有外部的干预，即使每个人都希望建一座公园，捐款也很难筹集。

2003 年，美国惠普实验室的一位科学家在互联网上发表了一篇论文，阐明了公共物品的量子博弈怎样减少"搭便车"现象。当人们作出经济或社会决定时，他们不总是依据自身的利益，而是有可能受社会规范和期望的影响，类似于对一个光子的测量可以对另一个光子的性质产生影响。如果用量子信息通道传送捐款承诺，它所表达的信息就可赖于其他捐赠者的信息。用有关量子纠缠的思维来交流人们的想法，就能够协调其他方式无法达到的效果。

当然，用量子理论的思想来处理现实中的复杂问题的可能性寥寥无几，但正是这种不多的可能性给予了量子理论的无边的潜力，甚至自然界和生命的更深方面都可由量子理论来阐释。

三、创建新理论

1900 年 12 月 14 日，德国物理学家马克思·普朗克发表了一篇重要的论文，他分析黑体辐射的能谱时，提出了光的能量和频率成正比并以不连续的量子状态辐射的新概念。量子论提出后，经过 25 年的时间，由许多物理学家共同努力，激烈争辩，最终才形成了量子力学。在这篇文章问世 100 年之际，我国著名理论物理学家、中国科学院前院长周光召先生撰文纪念[1]。

他谈了量子力学发展的历史带给我们的启示：量子力学是在激烈的争论下由一批科学家共同努力而产生的，这是因为量子现象十分奇特，用经典逻辑和日常经验无法理解和接受，需要丰富的想象力，需要理论和实验的密切结合，需要不同观点的交锋和争论。反对意见，如薛定谔猫和 EPR 佯谬，尽管未达

---

[1] 周光召. 回顾与展望——纪念量子论诞生 100 周年 [J]. 物理, 30(5):259-264, 2001

到原提出者的目的，但是对量子力学的发展起到了重要的推动作用，开辟了全新的研究和应用领域。现在，量子力学和相对论的结合已经创造了量子场论，取得了很大的成功。

我们还未完全懂得量子力学，但是在量子力学中蕴含着丰富的辩证思维，粒子与波动、连续与分立、对称与破缺、真空与场等对立统一的观念到处可见。只有通过量子逻辑才能理解从一个时空奇点可以创造整个宇宙，理解单个量子可以实现自身的干涉。

当前创建理论的探索在向两个方向进行，一个方向围绕宇宙的起源、发展、标准模型的拓展和相互作用力的统一。由于实验困难，耗资巨大，进展缓慢。另一个方向围绕量子力学测量和解释问题进行，设计并进行了一批新的薛定谔猫和 EPR 佯谬实验，实验的成功证实了量子力学的预言，同时开辟了量子信息的新研究领域。第二个方向费钱不多，有重要的应用前景，会有较快的发展。

4.8 共振：粒子是如何探测出来的？

新发现粒子的量子数通常是从它们的散射与它们的生成分布，以及它们的衰变产物推断出来。因而，物理学家们利用了也许是粒子的最基本、最普遍的性质，即所有粒子都可以产生与消灭 (或者天然发生，或者在实验室中人为促成)。依照某些普遍的守恒定律，比如动量守恒、能量守恒及电荷守恒等，比如在某些特定条件下，一个高能光子 (不带电) 可以产生一个电子与正电子对。

既然粒子极其微小，即便是在最高级的显微镜下也看不到，那么，我们说它们存在，指的是什么意思呢？答案可能并不像你想象的那么直观。传统上，探测带电粒子的主要方式是观察它们通过云室、泡室、火花室或照相乳胶时留下的径迹。提供一个磁场，加上对永久留在照片上的那些径迹的显微观察，就可以对产生径迹的不可见粒子的质量与电量作出测量。其他可测量的性质是粒子的自旋，它的磁矩，及其他所谓的量子数。近来更多的探测方法是使用直接与计算机相连的计数器,这里根本就没有什么可见径迹,要有也除非是存在于物理学家心中或计算机里。

存在时间短至 10^{-23} 秒的粒子,如何能够探测到呢?我们必须了解什么是共振,因为那正是一个粒子存在的特征标志,它山之石可以攻玉。

1. *摆的共振*

考虑一个具有振动频率为 f 的单摆。现用一个小锤子以频率 g 轻轻地、有节奏地敲打静止中的摆球。因为当摆球在运动途中还会第二次受到锤子的敲击,以及第三次、第四次敲击,等等。如果尝试用各种不同频率 g 来敲击摆球,并把摆从锤子处获得的能量与频率 g 的函数关系用图画出来。所得曲线将会是平坦的,但当频率 g 接近 f 时除外。对于 $g=f$ 的情形,锤子的第一次打击使摆开始运动起来,而第二次敲击恰好在摆准备向前摆动的时候施加,从而加强了第一次敲击的作用,后面的敲击情况依次类推。就像推动小孩荡秋千一样,摆的振幅越来越大。这意味着,有很多能量从锤子传递到了摆,也就是说,当敲击频率 g 等于摆的固有频率 f 时,摆从锤子那里获得了最大的能量。这时我们说,摆或任何振动系统在频率 f 处产生了共振。正是这同一种效应,即某些特定频率被激发,能使得汽车在路面所致的特定振动频率下发生剧烈颠簸,它还能使桥梁在某些特殊的振动频率下发生断裂,像 1940 年的塔科马海峡大桥灾难那样。

如果没有摩擦,这种共振将永远进行下去,也就是说,所有能量都被吸收,共振频率精确、尖锐。可是,在摆的运动过程中,总是存在着一些摩擦或者阻尼。若顺其自然,则它将不会永远摆动下去,而是会逐渐把能量传递到周围环境中,并最终静止下来。这就使得其固有频率不是十分尖锐。对于一个阻尼振荡器,取固有频率在某一个范围之内,那么,它从使它运动起来的小锤处吸收能量,将不仅仅发生在一个频率 f 处,而是在 f 周围宽度为 Γ 的一个频率区间内。如果将吸收的能量作为频率的函数关系画出来,那么这种能量吸收将具有一个尖锐的共振峰。

2. 原子与分子中的共振

在原子情形中，类似于阻碍单摆运动的摩擦力的东西是什么呢？一个原子中的共振是围绕核运动的电子总体。因为电子带电荷，所以一个像光那样的电磁波在穿过原子时会激发它，并使电子更剧烈地振荡。但因为电子带有电荷，所以它们会发出电磁辐射并损失能量，这就构成了阻尼。产生阻尼的机制是发出辐射，也即光的发射，这种辐射是通过电子与电磁场的耦合。

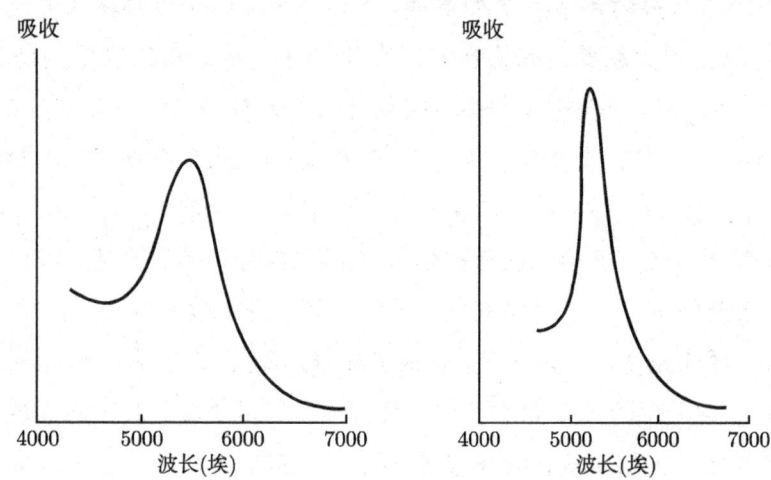

图 4.10　胶体金溶液（左）与红宝石玻璃（右）对光的吸收

3. 散射共振

不用光去照射原子，而是设想用电子去轰击它们。如果改变轰击电子的能量，那么电子将会在某些共振线上丢失能量，而原子将吸收那一能量，并在一个特定的半衰期之后，半数的激发原子又会通过发射具有适当能量的光子的方式，而把所吸收的能量释放出来。所发生的这一现象被称为电子的非弹性散射；它们损失特定数量的能量，那些能量在保留一小会儿之后就转化为光子。这就像一群手拿不同颜色冰激凌卷的小孩，要混入到另一群年龄较他们大的小孩中，那里的小孩正渴望得到草莓冰激凌；一会儿之后，第一个人群中所有粉红色冰激凌卷都已经被其他人舔过了，而快乐的受惠者可能正在周围漫游徘徊，并高兴地吹着口哨。某些特定颜色的冰激凌被转换成了特定曲调的音乐声！

也可能发生另一种过程，在某些特征能量下，电子可以被原子俘获，使原子形成一个带负电的离子。不久之后，电子将又逃逸出去。如果用一束电子去轰击原子，我们可以测量出有多少电子被散射。在某些特征能量(也即频率)下的散射量，远远大于非特征能量下的散射量。如果将散射量与入射电子的能量之间的关系画出来，我们就能够观察到共振。共振线的能量给出了暂时形成的离子的能量，因而也就给出了它的质量。

现在我们知道了，我们是通过观察粒子的散射共振，从而获悉这些能够在一定时间内合为一个整体的粒子系统的存在。物理学家通过机器——比如回旋加速器、同步加速器或线性加速器——加速电子、质子或其他离子，并使具有不同能量的粒子互相撞击来进行观察。观察到的散射量用散射截面来度量：它代表在不同的能量下的碰撞中，这些粒子对另一粒子呈现出来的截面面积。如果我们把这样一个散射截面作为能量的函数关系画出来，则会出现一个尖锐的峰。它通常被理解为是共振的证据，因此也被认为是一个实体存在的证据。

参考文献

[1] R. P. 费曼. 费曼演讲录：一个平民科学家的思想 [M]. 王文浩译. 长沙：湖南科学技术出版社，2012.

[2] 罗杰·G. 牛顿. 探求万物之理——混沌、夸克与拉普拉斯妖 [M]. 李香莲译. 上海：上海科技教育出版社，2000.

[3] 史蒂芬·霍金，列纳德·蒙洛迪诺. 大设计 [M]. 吴忠超译. 长沙：湖南科学技术出版社，2011.

[4] 詹姆斯·格雷克 (James Gleick). 牛顿传 [M]. 吴铮译. 北京：高等教育出版社，2004.

[5] 詹姆斯·格雷克 (James Gleick). 费曼传 [M]. 黄小玲译. 北京：高等教育出版社，2004.

[6] Yazawa Science Office. 诺贝尔奖中的科学 [M]. 宋天，郑涛，宋鹤山译. 北京：科学出版社，2012.

[7] 杰弗里·S. 罗森塔尔. 雷劈的真相 [M]. 吴闻译. 上海：上海科技出版社，2013.

[8] 曹天元. 上帝掷骰子吗？量子物理史话 [M]. 北京：北京联合出版公司，2013.

[9] 汤姆·齐格弗里德. 纳什均衡与博弈论 [M]. 洪雷，陈玮，彭工译. 北京：化学工业出版社，2013.

第 5 章　让逻辑纠正错觉

"力学的定律制约着工程师和发明家，使他们不能向自己和别人许诺不可能的东西。"

——达芬奇

对一些人来说，批判性思考可能含有某种负面的含义。如果你愿意的话，你可以用"全面思考"来代替。这两个短语指的都是同样的行为：整理有矛盾的说法，权衡证据，放弃个人偏见，最后得出合理的结论。这意味着一个持续进行的对话，一个连续不断的过程，而不是最终的成品。

我们生活在推崇快速得出答案和快速决定的文化中。这通常与批判性思考背道而驰。全面思考是一种检查和复查那些看起来很明显的想法的能力。这种思考需要时间和意愿来说出那四个颠覆性的字："我不知道。"

5.1 力学和它的黄金律则

一、力学在科学中占基础性地位

1. 什么是力学？

这个问题最浅显的答案是：一切运动都有它的原因，这个原因就是力。关于运动及其产生运动的原因的学问就是力学。这样，力学有两个含义：① 对运动本身的表象描述；② 对运动原因的内在属性的表述。

教育部高等学校物理学教学指导委员会对力学课程的定义和要求是："力学是研究物体机械运动规律的基础课程。通过该课程的学习，学生理解和掌握由实验和观测总结的机械运动基本规律，以及运用数学方法进一步导出力学规律，并学会利用基本和导出规律解决典型力学问题。"

中国力学学会如是说："力学是自然科学中最重要的一门基础学科，也是与工程建设联系最为紧密的一门学科。力学在各种科学知识的普及中起着最为基础的作用。人们只有对力学有一定程度的理解，才能够深入理解其他门类的科学知识。"

2. 力学的分类与地位

按运动的表象将力学分类：如固体力学、流体力学、生物力学、断裂力学、岩石力学。也可以按运动原因的内在属性分类：如连续介质力学、电动力学、等离子体力学等。看是否有工程属性而分类为：工程力学、纯粹力学、应用力学等。还可以按研究手段分类为：计算力学、理性力学、几何力学等。

力学这个学科的大起是在第一次工业革命后。很多的社科词汇带有那个时代气息：如生产力、活力、能力。但是，在第二次工业革命期间，电力、磁力被场的概念所替代。能量守恒的地位提高了，而动量守恒、角动量守恒的地位下降了，为了强调这种差别性，有时尽可能不使用力学这个词。如电磁场论取代了电动力学。现时常用"正能量"来标志"催人向上的力量"。

仅就抽象面上来说，力学现已被贬低为与具体对象或工程相联系的学问。

另一方面，也是出于物理学研究对象越来越远离日常生活中的现象。在这层意义上，力学就是日常生活中常见物体（物质）的物理学。此后，尤其是量子力学、广义相对论建立以后，力学地位就开始大落了。力学，从它的产生之日起就是与工程直接联系在一起，从而，未来的力学就是在物理学与工程科学间的基础科学，起桥梁作用。

很多力学家证明了由能量守恒或作用量最小原理（作为第一性原理），可以导出力学的基本方程，从而力学符合物理学的基本原理。基本粒子的碰撞实验，能量守恒 + 动量守恒的结果是：角动量（自旋）守恒并不是它们的导出律。同样的，能量守恒 + 角动量守恒的结果是，动量守恒也不是它们的导出律。也就是说，三者在哲学上是有独立的基础地位的。由于这个原因，力学的观点和方法再次地被重视起来。

3. 生活经验与力学知识

研究力学的时候，我们会惊奇地发现，在许多很简单的事情上我们的日常感觉与科学竟然相去甚远。这里有一个明显的例子。假如有一个定常的力作用于一个物体，那么物体应该如何运动呢？"常识"告诉我们，这个物体应该一直以相同的速度运动，即做匀速运动。不过，力学却告诉我们，完全不是这样的。一个恒定不变的力所产生的不是匀速运动，而是加速运动，因为这个力在原来积累的速度上不断地补充着新的速度。难道说日常生活中的观察结果大错特错了吗？不！这些观察并非完全错误，只不过它们是在极其有限的范围里发生的现象。

日常观察的物体是在有摩擦和阻力的情况下运动的，而力学定律说的却是自由运动的物体。要使物体在有摩擦的情况下保持不变的运动速度，的确是需要向它施加一个恒定不变的力，但是这个力不是用来使物体改变运动速度的，而是用来克服运动阻力的，也就是给物体创造自由运动的条件。所以，在有摩擦的情况下，物体受到一个恒定不变的力作用而做匀速运动是可能的。

由此我们看到了日常生活中的"力学"错在何处：原来它的论断是根据不很完全的材料推测出来的。科学的概括有着相当广泛的基础。力学定律不仅从火车的运动中得出,而且也从行星和彗星的运动中得出。要作出正确的概括,就必须扩大观察的视野,将事实同偶然的现象区分开来。只有这样得到的知识才能揭示现象的深刻根源,才能有效地在实践中运用这些知识。

图5.1　火车做匀速运动时机车的牵引力克服对运动的阻力

4. 力学黄金律则

"力学黄金律则"告诉我们,任何机器如果在力上讨了巧,那么就要在位移长度,亦即用时上失利。达芬奇四百年前的一句名言说得好,"力学的定律制约着工程师和发明家,使他们不能向自己和别人许诺不可能的东西。"

二、阿基米德能撬动地球吗?

"给我一个支点,我就能撬起地球!"据说这是发现杠杆原理的古代力学家阿基米德的豪言壮语。在波卢塔克的著作中还看到这样一段叙述:"一次,阿基米德给他的亲戚和朋友叙古萨国王希伦写了一封信。信中说,他借助这个支点得到的力可以移动任何重物。"他痴迷地证明力的无限作用,除说了前面的那句话外,还声称:"如果还有另一个地球,他就能踏到它上面把我们这个地球搬动。"

图5.2　阿基米德使用杠杆撬起地球

阿基米德认为，使用杠杆，就能用最小的力抬起任何重量的物体，只需要把这个力施加在长力臂上，而让短力臂作用于重物。因此他认为用自己双手的力量去压一根长杠杆的力臂，就可以抬起质量相当于地球的重物。然而，这位古代伟大的力学家要是知道地球的质量有多大，他大概就不会夸下如此海口了。我们设想阿基米德果真有了"另一个地球"做支点，他也做成了一根足够长的杠杆。他必须用多少时间才能把质量相当于地球的一个重物抬高 1 厘米呢？

答案是至少需用 30 万亿年！

其实，地球的质量是个已知量；如此质量的物体在地球上称的话，它的质量大约为 $6×10^{21}$ 吨。设定一个人不借助任何工具可举起 60 千克的重物，那么他要"抬起地球"就要借助一根如此长的杠杆，其长力臂应是短力臂的 $1×10^{23}$ 倍！通过简单的计算就会得知：短力臂那端抬高 1 厘米，长力臂那端就要在宇宙间画一条巨大的弧线，其长度为 $1×10^{18}$ 千米。

阿基米德若把地球抬高 1 厘米，则他压杠杆的手就得下移如此难以想象的长度！这要耗费多长时间呢？假设阿基米德将 60 千克的重物抬高 1 米用时 1 秒，那么他要把地球抬高 1 厘米，则需：$1×10^{21}$ 秒，这可是约 30 万亿年的光阴啊！阿基米德即使毕生操作杠杆，把地球抬起的高度也高不过极细发丝的一段距离。

无论这位天才的发明家如何聪明，他也不能大幅度地缩短这个用时。因此，即使阿基米德的手动得像自然界最大的速度——光速（每秒 300 000 千米）一样快，那么他抬高地球 1 厘米也需用十几万年。

5.2　混沌破灭了拉普拉斯梦想

一、足够的信息就能预言未来吗？

无独有偶，拉普拉斯（Pierre Simon de Laplace, 1749—1827）也发出过一个类似的断言：

第 5 章 让逻辑纠正错觉

"只要有足够的信息与智慧,他就永远能够预言宇宙的未来和进程。"

在相空间中,用一条通过各点的唯一曲线来完备地对系统的运动加以描写。一旦曲线上的一个点由系统的现在状态确定,那么整个轨道就被永远确定了,正如拉普拉斯所声称的那样。然而,物理系统对初始条件敏感,也就是说,两个初始状态非常接近的系统,其行为最终可能产生非常巨大的差异,以至于看起来彼此全然不相似。既然在描述任何物理系统的初始情况时,实际上不可避免会存在细小的误差,此外,从实际的观点来看,即便是有强大的数字计算机作为后盾,由数字计算机引入的舍入误差也在所难免,所以,大多数物理系统的行为终归是不可预言的,是混沌的。系统所包含的粒子越多,不能预言的时机也就越早到来。长期天气预报就是这样的一个例子,即存在所谓的"蝴蝶效应"。

图 5.3 拉普拉斯

于是,拉普拉斯的梦想破灭了。不过,我们并不能因此而批评拉普拉斯,因为在他那个时代,混沌现象还未出现,而计算机也没有诞生。然而,它的原理依然存在,只不过不再是一个普遍真理。

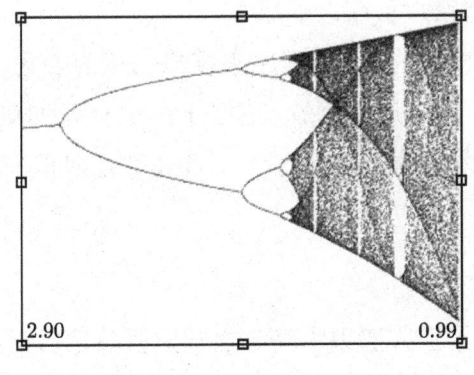

图 5.4 混沌

二、蝴蝶效应

1. 定义

蝴蝶效应：初始值的极微小的扰动而会造成系统巨大变化的现象。具体是指在一个动力系统中，初始条件微小的变化能带动整个系统的长期的、巨大的连锁反应。这是一种混沌现象。任何事物发展均存在定数与变数，事物在发展过程中其轨迹有规律可循，同时也存在不可测的"变数"，一个微小的变化能影响事物的发展，说明事物的发展具有复杂性。

2. 源由

1963 年，美国气象学家爱德华·洛伦兹 (Edward N. Lorentz) 在一篇提交给纽约科学院的论文中分析了蝴蝶效应。这位气象学家诙谐地写道，如果这个理论被证明是正确的，那么可以断言一只海鸥扇动它的翅膀，就足以改变天气的变化。最常见的对这个效应的阐述是："一只南美洲亚马孙河流域热带雨林中的蝴蝶，偶尔扇动几下翅膀，可以在两周以后引起美国得克萨斯州的一场龙卷风。"其原因是：蝴蝶扇动翅膀的运动，导致其身边的空气系统发生变化，并产生微弱的气流，而微弱的气流又会引起四周空气或其他系统发生相应的变化，由此引起一个连锁反应，最终导致其他系统的极大变化。洛伦兹称这为混沌学。当然，"蝴蝶效应"主要还是关于混沌学的一个比喻，即不起眼的一个小动作却能引起一连串的巨大反应。

这位气象学家制作了一个电脑程序来模拟气候的变化，并用图像来表示(图 5.5)。最后他发现，图像是混沌的，而且十分像一只张开双翅的蝴蝶，因而他形象地将这一图形以"蝴蝶扇动翅膀"的方式进行阐释，于是便有了上述的说法。

3. 应用

蝴蝶效应通常用于天气、股票市场等在一定时段难以预测的比较复杂的系统。如果这个差异越来越大，那么它就会形成很大的破坏力。这就是为什么天气或者是股票市场会有崩盘和不可预测的自然灾害的原因。

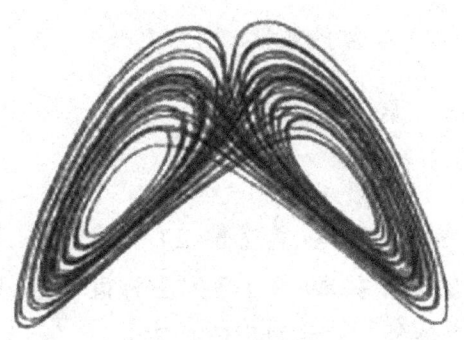

图 5.5　洛伦兹吸引子

蝴蝶效应在社会学界用来说明：一个微小的机制，如果不加以及时地引导、调节，可能会给社会带来非常大的危害，戏称为"龙卷风"或"风暴"。一个微小的机制，只要正确指引，经过一段时间的努力，将有可能会产生轰动效应，或称为"革命"。蝴蝶效应在心理学方面的应用：一件表面上看来毫无关系、非常微小的事情，可能带来巨大的改变。此效应说明，事物发展的结果，对初始条件具有极为敏感的依赖性，初始发生的极小偏差，将会引起结果的极大差异。当一个人小时候受到微小的心理刺激，长大后这个刺激会被放大。

5.3　质量是什么？

一、不准的秤能称出正确的质量吗？

要称出物体正确的质量，秤和砝码何者比较重要？

也许有人会说秤和砝码都很重要，这种说法并不正确，因为只要有正确的砝码，就是用不准的秤，也可以测出物体正确的质量。下面介绍两种方法。

(1) 门捷列夫法

首先，在秤的左秤盘上放置物体 B，物体 B 必须比要称的物体 A 重；然后，在右秤盘上放置砝码，并使左右平衡。接着，在右秤盘上放置要称重的物体 A，这时要想使两秤盘平衡，就必须从右秤盘中拿掉一些砝码 (质量记为 x)。

所拿掉砝码的质量,就是物体 A 的质量。用力矩平衡关系,可表示为

$$W_\mathrm{B} l_1 = W_F l_2, \quad W_\mathrm{B} l_1 = (W_F - x + W_\mathrm{A}) l_2 \implies W_\mathrm{A} = x.$$

(2) 波尔多法

在左秤盘上放置要称重的物体,为了使左右秤盘平衡,就在右秤盘上放置沙子。接着把左秤盘上的物体拿掉,为了使左右秤盘平衡,则在左秤盘上放置砝码,于是,砝码的质量就等于要称的物体的质量。

只有一个秤盘的弹簧秤,也可以用第二种方法测知物体正确的质量。只要有正确的砝码,也可以不用沙子。先把物体放在弹簧秤上,看指针停在哪一个位置 (用拉力 T 表示)。然后用砝码取代物体,直到指针到达刚才的位置,就不再增加砝码 (砝码的质量为 x)。这时候,砝码的质量就是待测物体的质量。

$$W_\mathrm{A} = T, \quad x = T \implies W_\mathrm{A} = x.$$

另外,许多读者可能在中学时期做过一道物理题:用不等臂天平称出正确的物体质量 m。若将待测量物体放在左边,则右边天平上需放置质量 m_1 的砝码可以使两边平衡;若将待测量物体放在右边,则左边天平上需放置质量 m_2 的砝码可以使两边平衡,试用 m_1 和 m_2 表示 m 的值。

设天平的左臂长为 l_1,右臂长为 l_2,在第一次称量时有 $ml_1 = m_1 l_2$,第二次称量时有 $m_2 l_1 = m l_2$,两式相比有 $\dfrac{m}{m_2} = \dfrac{m_1}{m}$,故 $m = \sqrt{m_1 m_2}$。

以上这些事情给我们什么启发呢?我国老一辈物理学家以前利用非常简陋的实验设备,同样做出了非常好的工作。这得益于他们的智慧和主观能动性,排除合理的怀疑,从而使结果不受条件的影响。

二、上帝之子

现代粒子物理学的目的,是为了解答"什么是质量的起源?"在一个优美而微妙的物理学理论和一个新粒子的帮助下,这个目的实现了。这个粒子就是希格斯粒子,大型强子对撞机切切实实地发现了它的存在。关于"质量的起源"比解答"质量是什么"这个问题更有兴趣。对于后一个问题,我们知道它的答

案,即质量是物体惯性的量度;而对于前一个问题,需要用量子场论中的粒子既可以分支又可以跃迁的概念来解决。如果仔细讨论这个概念,就会超出本书的范围。但我们确实想重申一下,基本规则是简单的:宇宙是由粒子构建的,这些粒子到处移动并相互作用,遵循着一些跃迁和分支规则。我们可以使用这些规则来计算"某件事情"发生的概率,办法是将一串时钟叠加在一起,并且对应"某件事情"可能发生的任何一种和每一种方式,都有一个时钟相对应。那么,我们将会发现,真空是一个有趣的地方,粒子既有可能在其中四处游移,又无时不刻地遇到障碍。

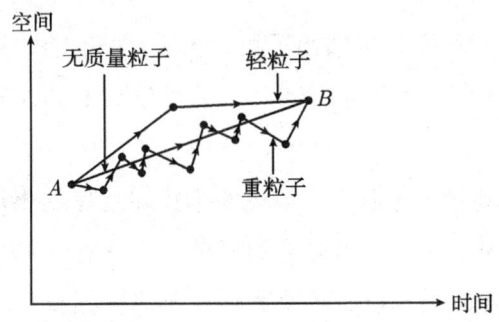

图 5.6　质量依次递增的粒子从 A 点到 B 点的传播。粒子质量越大,"之"字就越多

图 5.6 表明了一种可以分析某个大质量粒子传播的方法。图中显示了一个粒子分阶段从 A 点跳到 B 点。根据标准模型,如果没有希格斯玻色子,基本粒子会从一个地方跳到另一个地方,不会采取任何之字形路线。但是,如果我们用希格斯粒子充满真空的空间,那么它们可以使粒子发生偏移,从而走之字路线,这会导致"质量"的出现。这就像你试图穿过一个拥挤的酒吧,里里外外的人挤来挤去,最后你走出了一条"之"字形路线。因此,最有可能的路径就是折曲最少的路线。相反,当重粒子经过折曲时受到的影响很轻微,于是描述它们的路线往往带有很多的"之"字形。这似乎表明,重粒子真的应该被看做是沿之字路线从 A 点到达 B 点的无质量粒子。之字形 (折曲) 的数量就是我们所说的"质量"。

真空不空! 真空中的希格斯粒子提供了"之"字路线机制,它们加班加点地与宇宙中的任何一个和每一个大质量粒子相互作用，选择性地阻碍这些粒子的运动从而创造了质量。普通的物质和充满希格斯粒子的真空之间相互作用，最终的后果是，世界从一个单一的没有结构的地方变成了一个多种多样的美好的地方，世界充满了活力，有恒星、星系和人类。

5.4　大尺度力学效应

一、引力有多大？

有三个人对物理学和天文学做出了巨大贡献，为牛顿的巨大科学成就打好了基础，他们是：伽利略、开普勒、第谷。他们都在寻找天上的秩序，然而可能没有谁在生命中找到。

在距今三百多年前的一个秋夜，年轻的牛顿在他家的果园里坐着沉思，忽然，一个苹果从树上掉了下来，落在他的面前。这个不引人注意的简单事实却激起了牛顿的许多联想。他自问：苹果为什么不飞向天空？把万物拉向地面的这种神奇的力量是一种什么力量？而当时正悬在头上的月亮又为什么不落向地面？经过一番思索，牛顿终于发现了万有引力定律。

对这个故事的真实性先不必追究，但可以肯定地说，它完全没有反映科学的发展规律。因为任何一个科学上的重大发现和突破，都建立在前人大量工作的基础之上，并且与当时的生产力水平、科学水平相适应。所以一个定律的提出，首先是时代的产物，离开前人的工作，任何一个天才也无法对科学做出真正的贡献。

1665 年的 8 月，英国剑桥被淋巴腺鼠疫围困。当时 23 岁的大学生牛顿，退居在林肯郡他的家庭农场幽静的地方直到瘟疫平息并且大学重开。牛顿为他自己构造了 22 个问题，包括从几何作图到伽利略的新力学以及开普勒的行星定律。在接下来的 18 个月期间，他埋头于寻求答案并沿着这条路线发现了微积分、运动定律及万有引力定律。

图 5.7　牛顿家果园里的一棵苹果树，据说就是这棵苹果树上下落一个苹果，落到了牛顿头上

但是苹果的故事使人类最伟大的发现之一降低为简单的聪明的想法，即灵机一动。伟大的牛顿并不是轻而易举就得出万有引力定律的。他为引力行为的问题苦苦奋斗：引力应该按什么方式减小才能解释将行星轨道的周期和半径关联起来的开普勒第三定律？这个力还取决于哪些其他的物理量？还有伽利略的落体定律，即地球上的引力怎样与天上的引力相关联？

将近二十年，天上的奥秘对牛顿一直是秘密。在 1684 年当他向信任的朋友 E. 哈雷 (当时任英国哲学秘书) 平静地说出与距离的平方成反比的引力的定律导致圆锥曲线 (椭圆、圆、抛物线和双曲线) 的轨道时，哈雷大为吃惊。在哈雷的请求下，牛顿写了一共九页的论文"物体在轨道上的运动"，他向全世界公布了他的万有引力的成果，并且以后发展成《原理》一书。哈雷认识到牛顿的短文意味着一个巨大的进步，地上的物理学变成同天上的物理学是一样的了。

牛顿曾努力去寻找对行星运动基本规律的解释，这些规律在半个世纪以前已被开普勒确定下来。在林肯郡那天，也许他曾意识到对开普勒轨道的解释也会是对苹果为什么落到地上的解释，他还必须解答为什么一切物体都按相同的速率落下而与它们的质量无关。

通过开普勒轨道的研究，牛顿感觉宇宙中任何两个物体之间的力随着物体分开更远而必须减小。他表明，这个力将与两个物体之间的距离的平方成反比。这个关系使轨道半径与周期满足开普勒经验定律。

为了完成他的万有引力定律，牛顿认为引力正比于所涉及的两个物体各自的质量。如果 m_1 和 m_2 是两物体的质量，r 是它们之间的距离，牛顿的万有引力定律可以表达成

$$F = G\frac{m_1 m_2}{r^2}, \tag{5.1}$$

式中，G 是一个普适常量，通过实验测得。确定 G 的数值是物理学的经典实验之一。

英国物理学家 H. 卡文迪什在 1798 年完成了测定 G 的历史性的实验。卡文迪什受到牛顿的启示，他认为《原理》一书是真正科学的典范，而对于质点之间力的研究成为他科学钻研的导向。卡文迪什有不定期地发表著作的习惯，他把凡是不完全满意的作品都留下来而不发表。幸亏 G 的测定是他引以为豪的实验。

取自卡文迪什论文的图 5.8 显示了他用于确定 G 值的精巧的实验装置。在此实验中，他测量了等于所包含物体重量十亿分之一的力。两个较小的铅球被固定到坚硬的杆上形成哑铃状，用细丝将哑铃悬挂起来，使它能自由旋转。当将两个较大的铅球放置在接近哑铃的末端时，较小质量的铅球由于万有引力而被吸引到较大的球一边。这个力尽管非常小，然而它使哑铃旋转并且扭转细丝，而细丝要反抗扭转。利用望远镜，卡文迪什对用烛光照明的标尺观测小球并从而测定扭转的量。由此，他确定了两个球之间的引力，并随后通过万有引力公式，求得 G 的值：

$$G = 6.67 \times 10^{-11} \text{N} \cdot \text{m}^2/\text{kg}^2.$$

卡文迪什的实验帮助完善了万有引力定律。该定律不再仅是牛顿陈述的那个比例关系，而是通过它能做出定量分析的精密的定律。它是自牛顿以来对万有引力最为重要的贡献。

牛顿万有引力常量 G、光速 c、普朗克常量 h 被指证为三个物理史上最著名的常量；而三个数学史上最著名的数分别是：$\sqrt{2}$、π 和 e，这三个数的十进制展开的每一位都是随机的。

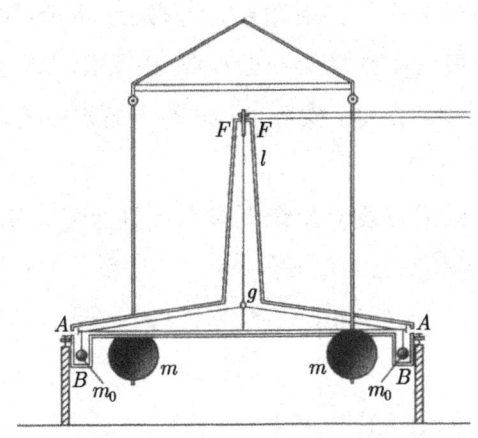

图 5.8　卡文迪什用于测定 G 的仪器

牛顿假定引力与距地球距离的平方成反比，由此解释月球的运动与下落苹果的运动的差别。但是，什么是"距地球的距离？"为了应用万有引力定律，首先需要知道 r 是什么？以及 r 沿什么方向？

假定有一个质量为 m 的苹果垂直下落到地球表面，人们能画出从苹果中某个点到地球中某个点的许多不同的引力矢量。万有引力定律说每一小部分苹果都被地球的每一小部分吸引着。为了求得苹果上总的受力，我们要用矢量叠加原理，也就是需要计算积分。

牛顿显然理解到怎样直接求解这个问题，但也许在数学上证明它时碰到了困难。他是一个严谨的人，借助于其发明的微积分的威力，表明了两个球形物体不接触时，各自表现得好像它的全部质量集中在其中心。

牛顿证明了不仅球形物体表现为点质量，而且球壳也这样。如果你在球壳外面一点处，那么来自球壳的引力同来自球壳中心处点质量的引力相同。他认识到球壳具有意外的奇特性质，来自球壳自身的引力在壳内任何地方都是零。

为了证明这个性质，牛顿宣布了他的积分学，然而他的推理还是基于他对万有引力的物理洞察力。

牛顿想象一个均匀稠密的球壳。为了求得在壳内 P 点处一个质量为 m 的小球上的引力，他绘制了一个窄的对顶锥，如图 5-9 所示，顶点在 P 处。在球壳上截取两个面积 A_1 和 A_2，这两个小面积到 P 点的距离分别为 r_1 和 r_2，每个面积所含的质量都吸引着小球。实际上，这两个面积中的质量沿相反的方向吸引小球。

下一步，牛顿需要知道每块面积含有多少质量，这是简单的。因为球壳的密度 ρ 是一个常量，则 $m_1 = \rho A_1 t$，$m_2 = \rho A_2 t$，这里 t 为球壳的厚度。注意到 m_1 正比于 r_1^2，m_2 正比于 r_2^2，即 $m_1 \propto r_1^2$，$m_2 \propto r_2^2$。所以作用在小球 m 上的引力大小等于

$$F = G\frac{m_1 m}{r_1^2} - G\frac{m_2 m}{r_2^2} \propto Gm\left(\frac{r_1^2}{r_1^2} - \frac{r_2^2}{r_2^2}\right) = 0$$

这可以对构成整个球壳质量的对顶锥反复使用。因为引力反比于距离的平方而减小，故在球壳内部任一质量上的力为零。

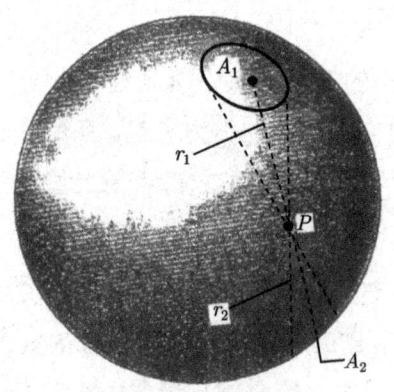

图 5.9　球壳内点质量上引力的确定

为什么我们觉察不出桌子、西瓜、人体是互相吸引呢？那是因为小物体之间的引力太小了。举个明显的例子来说，相隔两米站立的两个人是相互吸引

的，不过，这种吸引力小得很，对中等体重的人只有不到 0.01 毫克。地球上物体之间的引力，在摩擦力不起阻碍作用时还是可以被察觉到的。挂在线上的重物受到地球引力的作用，因此系它的线向下垂直。若在这个重物附近有另外硕大重物，则系它的线就会稍微偏离垂直的方向。1775 年，马斯基林在苏格兰第一次观测到铅锤在大山附近偏离直线的现象。当时，他是通过比较同座小山的两侧铅锤的指向和对星空极指向之间的角度发现的。

质量不大的物体之间的引力是很小的。然而不少人对这个力估计得过大。有人说，可以常常观察到海船之间的相互吸引的现象，这就是万有引力的作用。计算表明，这跟引力毫无关系！因为两艘质量分别为 25 000 吨的大船，即使相近 100 米，它们之间的相互引力也不过是 100 克。然而，庞大的天体之间的引力却很大。甚至距离我们非常遥远的海王星，虽然它是在太阳系边缘缓慢运转的一颗行星，却对我们地球有 1 800 万吨的引力！虽然我们地球离太阳很远，但地球也只是因为太阳的引力才得以守着自己的轨道运行。假如太阳引力突然消失了，那么地球就沿太空轨道的切线一直朝无垠的宇宙空间飞去。

提出近代潮汐理论的第一人是伽利略。他是与开普勒、莎士比亚、英国女王伊丽莎白一世等人生活在同一时代。虽然伽利略和开普勒是同代人，但他们从未见过面，不过他们确实交换过信件。

二、地球自转引起大气运动

有两个学生，一个是爱凭常识判断的中学生，一个是学过力学的大学生。他们对下面的问题可能有完全不同的回答。

问题 1：在等速前进的车厢中，乘客垂直向上抛出一个小球，问球能否落回到乘客手中？

中学生：球抛出后，车厢向前走，球落到乘客后面了。

大学生：由于球抛出时有一与车向前速度相等的水平初速度，球仍落回到乘客的手中。

大学生答对了。

问题 2：地球绕南北轴自西向东转动，在高塔上自由释放一球，问球能否落到释放点的正下方?

中学生:球释放后,地球自西向东转动,所以落点偏西。

大学生:由于地球转动,塔顶的东向速度大于塔基的东向速度,所以落点偏东。

又是大学生答对了。

问题3:地球自西向东转动,在地面上垂直上抛一球,问球能否准确落回到抛射者手中?

中学生:不能。地球自西向东转动,落点偏西。

大学生:因为抛射点与落地点东向速度一样,所以球能准确落回到抛球者手中。

这回却是中学生答对了。

图 5.10 从比萨塔下落一个小球,它落点偏东

事实上,在日常生活中,我们可以观察到许多现象,它们似乎违反"常识"。像上面提到的自由落体,它并不像有些人预料的那样,落在释放点的正下方,而是略微偏东。远程大炮射出的炮弹,其落点也不在射击方向,总有明显的右

偏(在北半球)或左偏(在南半球)。这些现象造成的共同原因是地球的自转,也就是说,地球是一个非惯性参考系,因此牛顿第二定律要引入非惯性力即**科里奥利力**(简称科氏力)的修正。

对于在实验室研究的物理学,并不明显地感觉到科氏力。但是,在旋转的地球上,人们早就知道赤道的热空气上升到赤道高空,并从高空流向极地下沉到地表,空气又从极地沿地表流向赤道。这种大气环流现在称为哈德莱环流,它是英国科学家 G. 哈德莱 (G. Hadley, 1685—1768) 在 1735 年发现的。从赤道到极地约有一万公里,科氏力的影响非常明显,它使地表由极地流向赤道的气流在北半球向右偏而形成东北信风。直到哈德莱发现信风的 100 年后,法国科学家科里奥利 (G. Coriolis, 1792—1843) 才提出非惯性系的科里奥利力。

今天,我们已经清楚地知道,科氏力是大气大尺度运动围绕垂直轴作水平旋转的主要力量。当气压梯度力与科氏力相平衡时,可以很好地解释沿等压线作旋转的气旋和反气旋。若加上摩擦力后的三力平衡,则气旋、反气旋会越过等压线作螺旋运动。大气科学中气旋、反气旋、台风的三维图像,使得物理学中科氏力的概念更加直观形象。

大气环流中的信风、促进了物理学对科氏力的认识,物理学中的科氏力的概念,又促使气象学科从理论上认识大气环流、气旋、反气旋等天气系统。

三、多普勒效应:你交通违章了吗?

多普勒首先在 1842 年想到这样一个问题:观察者接近或远离声源或光源时,他的感官应能觉察声波或光波波长的变化。于是,他大胆地提出:正因为如此,星球看起来才有各种颜色。他认为,一切星球本都是白色的;而许多星球看上去带上了颜色,那是因为它们正在迅速地接近或远离我们。本来是白色的星球接近我们时,就会向地球上的观察者发出能使它产生绿、蓝或紫色感觉的光波;而这些白色星球远离我们时则发出黄、红色感觉的光波。

这个见解很新颖独特,但却是错误的。我们的眼睛如能觉察到因运动而引起的颜色的变化,首要条件是它必须具有极大的速度。即使有了这一点也不行,因为白色星球发出的蓝色光线变成紫色的同时,它的绿色光线会变成蓝色的,紫色的光线会挤占紫外线的位置，而红外线也会挤占红色光线的位置。总之，白光中的各种成分依然不定期存在，尽管所有颜色的光谱上的位置变动了，但这些颜色合成起来不会引起我们视觉的变化。

多普勒的错误使我们联想起著名物理学家罗伯特·伍德的一则轶事。

一次，由于他的车速过快，来不及刹车闯了红灯，警察要对他处予罚款。这时，伍德就给这位维持交通秩序的人讲起了道理：坐在疾驰的车里，红色信号灯被看成绿色的。假如这位警察精通普通物理学，他就能算出，汽车的速度只有达到 13 500 万千米/小时，这位科学家的托词才能成立。

计算是这样的：设光源（信号灯）发出的光的波长为 l，观察者（车中的伍德）觉察到的光的波长为 l'，车速为 v，光速为 c。那么，这些数值之间的关系为

$$\frac{l}{l'} = 1 + \frac{v}{c}. \tag{5.2}$$

我们知道，红色光线的最短波长为 0.00063 毫米，而绿色光线的最长波长为 0.00056 毫米，又知道光速为 300 000 千米/秒。把这些数字代入上面的式中，有

$$\frac{0.00063}{0.00056} = 1 + \frac{v}{300\ 000}, \tag{5.3}$$

汽车的速度应是：$v = 300000/8 = 37\ 500$ 千米/秒，即 13 500 万千米/小时。以这样的速度，伍德一小时多一点时间里可以从警察身边驰到比太阳还远的地方。据说，他终于还是因为超速被罚款了。

5.5 和谐的力学世界

一、守恒律：从不变中了解改变

现在到了研究力学的最后一节了。娓娓道来的力学世界是从哥白尼到牛顿的二千多年的历史长河中，许多革命性的思想系英雄们所造就的。

其中，牛顿定律是打开力学世界之门的钥匙。从这些定律能够得到关于世界如何运作的令人信服并广泛适用的描述。当与万有引力定律结合起来后，它

们又把地球上的物理学扩展到了太空——太空力学。

物理学中有三个伟大的守恒定律——能量守恒、动量守恒和角动量守恒，它们都出自于牛顿定律 $F = ma$。另一方面所包含的守恒量都是最简单的东西，守恒必须在所有的时间都成立；这样，对于在复杂情况下应用牛顿定律提供了薄记工具。例如，在有涡旋的盆里水盘旋向下并流出孔的过程，若用牛顿定律写出来是非常困难的。但是，为什么会在中间发展出一个洞来，一旦理解了角动量为什么是守恒的以后，对它的原理就不难理解了。

这些定律告诉我们为什么一种现象发生而不告诉实际过程的细节。让我们把注意力集中在那些不改变的物理量上，从而了解事物是如何改变的。

每个守恒定律都与动力学有直接的联系，还对应于一种对称性。牛顿第二定律包含了动量守恒的概念。当作用于一个系统的合外力为零时，它的总动量是守恒的：

$$m_1v_1 + m_2v_2 + m_3v_3 + \cdots = 常矢量. \tag{5.4}$$

无论碰撞对象之间相互作用的内力的性质如何，孤立系统的总动量是守恒的。利用它可以探究从碰撞的台球到分裂的亚原子粒子之间的相互作用。

当没有力矩作用在系统上时，即当 $r \times F = 0$ 时，角动量是守恒的：$L = mr \times v =$ 常量。在把牛顿定律应用于像大风暴、飓风、自旋的滑冰人，以及浴缸里的涡旋等复杂情况时，还有为什么星系往往是烙饼形状？角动量守恒是解释这些现象最好的工具。事实上，开普勒第二定律也是扎根于角动量守恒基础之上的。

用来解决开普勒问题的另一个原理是能量守恒。在功的概念中发现了力与能量之间的联系，因为在物体上所做的功代表着能量的转化，或者转移到力所作用的物体上面去，或者从那个物体上转移出来。在保守系统中，对系统所做的功可以表现为动能：$A_{ab} = \int_a^b F \cdot dr = K_b - K_a$。虽然能量守恒的思想在伽利略在斜面上做的大量实验中已经隐含着了，然而一直到19世纪热力学发展起来才真正认识了这个定律。

在20世纪里，世界目击了科学的革命，使得我们不再相信牛顿定律是这个世界真实工作情况的足够和恰当的描述了。他的定律是一种特殊情况，即低速、高温、稀薄等，它是更深刻和更精确的规律——量子力学的一个近似。然而，令人惊奇的是，能量、动量和角动量这三个守恒定律在量子力学中也存在。记住它们是由牛顿定律推导出来的，而我们却不再相信牛顿定律是普遍正确的。然而在大多数深刻和正确的理论中，守恒定律本身却始终占有一席之地。

二、四种基本的力

引力作用在一切物体上。引力把行星和恒星聚在一起，组成太阳系和星系，是它安排好了宇宙。受牛顿的鼓舞，18世纪的科学家设法识别、分类和描述在自然界所观察到的无数的力，它们有：张力、弹力、黏滞力、摩擦力、电力、磁力、热、光、化学作用。所有这些力都是基本的吗？还是能被归并到更基本的力之中？

18世纪末，另一种力——电力作为基本的力出现了。法国工程师库仑揭示了两个电荷之间的电力与引力类似，正比于两个电荷的带电量，反比于它们之间的距离平方。磁力也被认为自然界的基本的力。两个磁铁之间的吸引和排斥能用类似于库仑定律的力来描述。这时候，自然界的力被归为质点之间的吸引和排斥。

然而，19世纪开始后的40年里，反对这样划分力的趋势逐渐强烈起来，而倾向于各种力的关联。麦克斯韦带头转到力的统一上去。在19世纪下半叶，麦克斯韦成功地把原来分开的电力和磁力统一成为电磁力，他是用一组共四个方程即麦克斯韦方程组来完成电力与磁力的统一。不久，张力、弹力、摩擦力、黏滞力、化学作用、甚至光都被认为从根本上是由于电磁力所引起的。这种力支配着我们周围的日常世界。

20世纪以后，放射性的被发现，原子的探索，人们认识到除了引力和电磁力，还需要别的力来说明如何使紧密的原子核保持在一起，而原子核是由质子和中子组成的，中子不带电，它既不排斥也不吸引质子。因此，不是万有引力也不是电磁力使原子核保持在一起，而是这样一种力，它被命名为强相互作用。

天然放射性不能用以上所谈到的三种力来解释，而是另外一种力——弱相互作用，对原子核的衰变负责。

表 5.1 总结了自然界的四种基本力：强相互作用、电磁力、弱相互作用、万有引力，比较了它们的相对强度和作用范围。

表 5.1 四种基本的力的特点

力	相对强度	作用范围	重要性
强相互作用	1	10^{-13}cm	使原子核保持在一起
电磁力	10^{-2}	无限远	摩擦力、张力等
弱相互作用	10^{-5}	10^{-13}cm	原子核衰变
万有引力	10^{-39}	无限远	组织宇宙

万有引力主宰着宇宙的大尺度结构，但这样的说法只是一种默认。物质自身的安排使电磁性被消除，而强相互作用和弱相互作用均为固有的短程相互作用。在更基本的层次上，引力超乎一般弱。作用于质子之间的引力约比电斥力弱 10^{36} 倍。这种奇异的不相称起源于什么地方？它意味着什么呢？

四种力各自的行为都已经被清楚地理解，但是目前还不知道为什么它们应该仅有四种。爱因斯坦花费了他人生最后的 20 年，探索引力与电磁力的统一，但未获成功。当今，基于越来越大、能量更高的粒子加速器，统一论和大统一论方兴未艾。早期的宇宙最终可能成为对这些学说的仅有的实验检验，但尚未达到成功的彼岸。

参考文献

[1] Richard P. Olenck, Tom M. Apostol, David L. Goodstein. 力学世界：力学和热学导论 [M] 李椿, 陶如玉译. 北京：北京大学出版社, 2005.

[2] Brian Cox, Jeff Forshaw. 量子宇宙 [M]. 吴义生, 余瑾译. 重庆：重庆出版社, 2013.

[3] 贝列里门. 物理的妙趣 [M]. 王力译. 北京：北京燕山出版社, 2007.

[4] 雅科夫·伊西达洛维奇. 趣味物理学 (续篇) [M]. 古羽, 赵秋长译. 武汉：湖北少年儿童出版社, 2012.

[5] 贾书惠. 漫话动力学 [M]. 北京：高等教育出版社, 2010.

[6] 漆安慎，杜婵英，包景东. 普通物理学教程力学 (第三版) [M]. 北京：高等教育出版社，2012.
[7] 赵凯华，罗蔚茵. 新概念物理学教程力学 (第二版) [M]. 北京：高等教育出版社，2010.
[8] 弗兰克·维尔切克. 奇妙的现实 [M]. 丁亦兵，乔从丰，任德龙，李学潜，沈彭年译. 北京：科学出版社，2010.
[9] 刘式达，刘式适. 大气学科在与物理学科的交融中发展 [J]. 物理，2013，42(9)：631-634.

 # 第6章 "不可能性"体现正面价值

"君不见黄河之水天上来,奔流到海不复回;君不见高堂明镜悲白发,朝如青丝暮成雪。"

——唐代诗人李白

薛定谔在1943年发表了《生命是什么?》的小册子,探讨了物理学规律在生命科学中的作用。他从熵变的观点分析了生命有机体的生长与死亡,指出"生命赖负熵为生",他写道:一个生命有机体,在不断地增加它的熵——你或者可以说是在增加正熵——并趋于接近最大值的熵的危险状态,那就是死亡。要摆脱死亡,就是要活着,唯一的办法就是从环境里不断地汲取负熵,我们马上就会明白负熵是十分积极的东西,有机体就是依赖负熵为生的。

表6.1列举了历史上影响人类文明进程的十个最伟大的方程式,其中有两个不等式,一个是热力学的,另一个是量子力学的。事实上,不等式要比等式的含义更深奥,它往往起到限制和导引的作用。热力学第二定律和熵增加原理告诉人

们：在绝热或孤立系统中发生的变化永远不会导致熵的减少。

表 6.1 史上最伟大的十个方程式

1. 勾股弦定理	$a^2 = b^2 + c^2$
2. 牛顿第二定律	$F = ma$
3. 万有引力定律	$F = G\dfrac{m_1 m_2}{r^2}$
4. 欧拉公式	$e^{i\pi} + 1 = 0$
5. 熵增加定理	$\Delta S \geqslant 0$
6. 麦克斯韦方程组	$\nabla \cdot \mathbf{E} = 4\pi\rho,\ \nabla \times \mathbf{E} + \dfrac{1}{c}\dfrac{\partial \mathbf{B}}{\partial t} = 0,$ $\nabla \cdot \mathbf{B} = 0,\ \nabla \times \mathbf{B} - \dfrac{1}{c}\dfrac{\partial \mathbf{E}}{\partial t} = \dfrac{4\pi}{c}\mathbf{j}$
7. 爱因斯坦质能关系	$E = mc^2$
8. 广义相对论方程	$R_{\mu\nu} - \dfrac{Rg_{\mu\nu}}{2} = \dfrac{8\pi G T_{\mu\nu}}{c^4}$
9. 薛定谔方程	$i\hbar \dfrac{\partial \psi}{\partial t} = H\psi$
10. 测不准原理	$\Delta x \Delta p \geqslant \dfrac{\hbar}{2}$

6.1 能量转换与守恒

一、是热还是功？

在热力学范畴内，改变体系总能量(内能)的方式，亦即系统与外界相互作用的方式有三种：传热、做功、物质变化。对于一个微小过程，热力学第一定律可表为

$$\mathrm{d}U = \delta Q - p\mathrm{d}V + \mu \mathrm{d}N. \tag{6.1}$$

等式右端分别为系统从外界吸热 (δQ)、系统对外做功 ($p\mathrm{d}V$) 牺牲了自身能量、由外界向系统增加粒子数所做之功 ($\mu \mathrm{d}N$)。三项都等于零的系统为孤立系统，第三项为零的系统乃封闭系统，三项均不等于零的系统为开放系统 (系统与外界既有能量也有物质交换)。包含了这三项的一个有趣例子是升空的热气球，它与周围环境存在热、力学和扩散的相互作用，进而其本身的能量、体积和粒子

数发生变化。当然，这些相互作用并不都是在平衡态下发生的。

在热力学中，除了物质本身的变化外，所有的相互作用分为两类：非热即功。我们只要应用一个定义，另一个就别无选择地界定了。

在分辨热量和功两件事上，我们必须小心谨慎。我们这样定义热量：热是当一冷一热两个物体互相接触时，两者之间的相互作用；那么，功的定义就随之而生：功是除了热量以外的任何一种相互作用。

我们无法看、听、闻、触到一个磁铁和指南针之间的力场，不过，我们注意到每一次磁铁移动，指南针也跟着移动了。所以，两者之间一定有相互作用，人们便发明"磁场"来解释它。事实上，冷热物体接触时，我们也观测不到其间发生了什么，我们感觉到的是发生的结果，也就是冷物体热起来，热的物体冷下去。我们把其间发生的相互作用称之为热量。我们如果怀疑某个相互作用究竟是不是热，那么可以用一个热绝缘物来测试确定。常见的热绝缘物有：木头、衣服、皮毛、羽毛之类的东西。将它放在两个冷热物体之间，看看两者自身的温度的变化率是否受影响了。如果减缓了，那么此相互作用就是热；若没受影响，则此相互作用就是功。

功的更全面的定义是由吉布斯在 1873 年完成的，是这样说的：

功是一个系统与外界的这种相互作用，它有或"可以"有唯一的结果，是在该系统或外界中，得以举起一个重物。

如果重物是在外界中被抬起，该系统便对外界做了正功；如果重物的举起是发生在系统内部，则该系统对外界做了负功，或者说，外界对系统做了正功。这个定义的问题在于"可以有的唯一结果"。让我们看下面一个例子。

假设将一个电池串联在一个开关和电热板之间，电热板上放一桶水。若把电池看成一个系统，即关心的对象。为了区分它与外界，我们用虚线把它圈起来，代表它和外界的边界。现在开启开关通电，电池给电热板供电，则桶里的水就开始加热。那么我们不禁要问：电池和外界的相互作用是热？还是功？答案是功！为什么呢？请看一些分析。

电池"可以"供电给电机，驱动绞盘，拉起一个重物。这样一来，外界唯一发生的事情就是举起一个重物。当然，我们可以用热量的定义来解答该问题。若找一块"熊皮"包住电池，则可发现，那桶水加热的速率和"熊皮"无关。因此，相互作用不可能是热量，而必然是功了。

如果我们把系统定义为电池和电热板，而水不在内，也就是我们将边界画在电热板和桶水之间，那么，系统和外界的相互作用还真的就是热。这是因为用一张"熊皮"就可以减缓那桶水被加热的速率。看起来"什么会发生"取决于我们"如何定义"事物，尤其是对系统的定义。倘若所有的变化都在边界以内，那就没有什么相互作用了，既无热量交换也无需做功了。

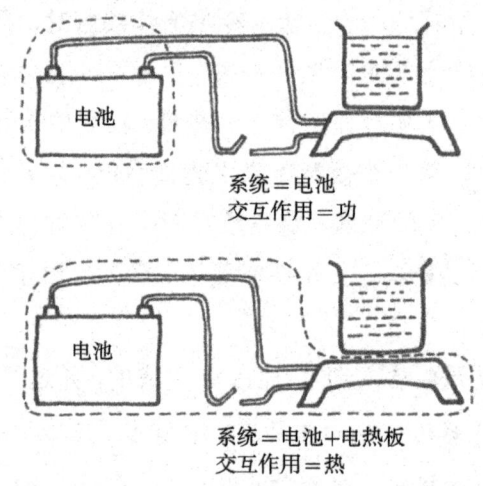

图 6.1　是功还是热得看系统的边界划分在那里 (本图来自文献 [3])

二、后牛顿时代

虽然能量守恒的思想，其实是机械能守恒，已经隐含于伽利略在斜面上做的大量实验中，而且与牛顿力学也是紧密相连的，然而一直到 19 世纪热力学发展起来后，人们才真正认识了这个定律。为什么呢？能量守恒看起来像是一个不管事儿的定律，例如：如果存在摩擦，物体的动能和势能之和就并不保持恒定。

直到认识了热是能量的一种形式才出现了能量守恒定律。热力学第一定律

将加入系统的热量 Q, 系统所做的功 A, 以及内能的改变 ΔU 联系起来, 见下面的方程 (6.2)。像功一样, 热量也可以加入系统或者从系统取出, 能量总是守恒的, 但是它会从一种形式转变到另一种形式。

在对热力学的研究中——后牛顿时代——人们就找到了自然的一个微妙而又非常重要的特点, 即熵增加原理或热力学第二定律。熵度量了加入物体或者从物体取出的热量的有用性, 因为热力学第二定律说, 在任何过程中, 熵保持不变或者增加。当任何系统达到了它可能有的熵的最大值后, 它就处于平衡状态, 再也不能从它那里得到功了。宇宙的熵总是增加的, 能量退化为越来越无用的形式, 物质趋于越来越无序的状态。

三、热力学第一定律的概率解读

1. 宏观意义

热力学第一定律将功 A、热量 Q 和内能变化 ΔU 三个量联系在一起, 约束了任何过程的能量转换和守恒, 为自然界的一条普适定律。它可以用不同的但等价的方程式来表达。比如: 如果你是自然工厂中的一名收纳员, 关心的是收支与平衡, 那么第一定律可写作: $Q = \Delta U + A$; 当然, 一厂之长更关心本企业自身的壮大, 不妨将上式改成:

$$\Delta U = Q - A, \tag{6.2}$$

这样一来, 该定律要研究的就是系统能量改变的方式。

热力学第一定律通常被理解为关于能量守恒的一种表述形式。但在历史上, 这一定律断言如同能量的力学形式即功那样, 热也是能量的一种形式, 即热功相当。当今, 人们将热量理解为组成系统的粒子的动能, 而在早期, 热的属性不是很清楚, 即有热质说和热动说之争。

2. 微观解读

现在假设你选边站队到了自然工厂厂长一边, 即你认可方程 (6.2) 的写法。从统计物理的观点知道, 对于一个宏观系统, 其内能 U 等于组成该系统的大量粒子在不同微观态上能量的平均值 $\bar{E}$, 即 $U = \bar{E}$。令粒子在第 j 个微观态的

能量是 E_j，这个微观态出现的概率为 P_j，则系统的平均能量等于

$$\bar{E} = \sum_j P_j E_j, \qquad (6.3)$$

对这个等式两边微分，有

$$\mathrm{d}\bar{E} = \sum_j P_j \mathrm{d}E_j + \sum_j E_j \mathrm{d}P_j, \qquad (6.4)$$

这意味着如果能级 E_j 变化或者概率 P_j 变化，那么系统的内能将改变。

第一项涉及能级的变化，代表微观态能量的变化，这对应于力学能量，即外界对系统所做的功；第二项是能态占有概率变化的结果，来源于热量流入系统所造成的。

为了理解 (6.4) 式右端第一项对应于外界对系统所做的功，让我们考虑一个 $p\text{-}V$ 系统。事实上，系统的能级依赖于它的尺寸即体积，即

$$E_j = E_j(V), \qquad (6.5)$$

所以，当体积变化时，能级的改变是

$$\mathrm{d}E_j = \frac{\partial E_j}{\partial V} \mathrm{d}V, \qquad (6.6)$$

故

$$\sum_j P_j \mathrm{d}E_j = \sum_j P_j \frac{\partial E_j}{\partial V} \mathrm{d}V, \qquad (6.7)$$

我们假设体积变化是发生在 P_j 保持常数情况下，以致于

$$\sum_j P_j \mathrm{d}E_j = \sum_j \frac{\partial (P_j E_j)}{\partial V} \mathrm{d}V = \frac{\partial E}{\partial V} \mathrm{d}V, \qquad (6.8)$$

利用热力学关系式 $\partial \bar{E}/\partial V = -p$，有

$$\sum_j P_j \mathrm{d}E_j = -p\mathrm{d}V. \qquad (6.9)$$

从而，我们看到 $\sum_j P_j \mathrm{d}E_j$ 这一项对应于外界对系统所做的功；$\sum_j E_j \mathrm{d}P_j$ 对应于无外界功情况下，系统能量的增加，这无疑可理解为热量的传递所带来的变化。

6.2 可逆与不可逆过程

一、费曼货架

为了将热力学定律从约束 (等式) 扩展到导引 (不等式)，首先让我们区分可逆与不可逆过程。

在力学中，以两个质点的碰撞或行星的运动为例，若在某一时刻将所有的速度倒转方向，则该运动将回溯其经历。这种可逆性称为"微观的可逆性"，其是由于过程所遵守的运动定律本身的性质而来的，即时间 t 换成 $-t$，而运动方程形式不变。

热力学的可逆与不可逆的意义就复杂多了。我们将定义说出来：一个物理系统，由状态 a 经过一个过程 C 而至状态 b，同时它的外界的态由 A 变为 B。假若能找到一个过程 D，使系统的态由 b 回到 a，同时它的外界由态 B 回至 A，此外不留下任何其他的影响，则上述的过程 C 谓之可逆过程。反之，如不能找到满足上述要求 (不留下任何其他痕迹) 的过程 D，则过程 C 就是不可逆过程。每一步都是可逆过程所组成的循环为可逆循环；否则，为不可逆循环。

能够在 p-V 等图中显示的任何过程均是可逆过程，而实际过程，比如气体自由膨胀、热传导、摩擦生热和气体扩散都是不可逆过程。对可逆过程而言，气体在过程中经历一系列准静态，亦即过程必须满足"无限缓慢"的条件，这只是可逆过程的必要条件，而不是充分条件，如热传导。

物理学大师费曼先生就像变魔术那样，给我们展现了可逆过程的一个例子：费曼货架。最重要的是他向我们展示了一种推理方式：并不依赖于物理规律的数学公式，而是从不多的事实出发加上严密的推理，就可以得出关于大自然的许多知识。它表明了理论物理学家所从事的工作的特性。

我们想象存在着两种不同的机器：一种是不可逆的，它包括了一切实际的机器；另一种是可逆的，这当然是做不到的。后者也叫永动机，即升高重物后该机器能精确地回到它原来的状态，而且它是完全自给的，未曾从外界接受能量。

假设我们有一台可逆机，它将要在 3 对 1 的情况下升高一个距离 x。我们把 3 个篮球放在一个固定不动的多层货架上，另一个篮球放在比地面高 1 米的平台上，如图 6.2 所示。这台机器可以靠把一个球降低 1 米来升高 3 个球。

现在我们这样安排：准备装 3 个球的升降台 (紧紧贴在固定货架的左边) 有一层底板和两层架子，其间隔刚好是 x，而且装着球的固定货架的间隔也是 x(图 6.2(a))。首先，我们把球从固定货架上水平地滚到升降台的架子上 (图 6.2(b))，我们假设这不用花费能量，因为并没有改变球的高度。然后，可逆机开始运作：它把单个球降到地板上，这使升降台升高一个高度 x(图 6.2(c))。既然我们对架子做了巧妙的安排，因此这些球再次和货架的格子相平。于是，我们把球再卸到货架上来 (图 6.2(d))；把球卸下之后，我们就可以设法把机器恢复到初始状态了。现在我们有 3 个球在上面，有 1 个球在地板上。但是奇妙的是，从另一个观点看，我们根本没有升高其中的两个球，因为毕竟第二层架子和第

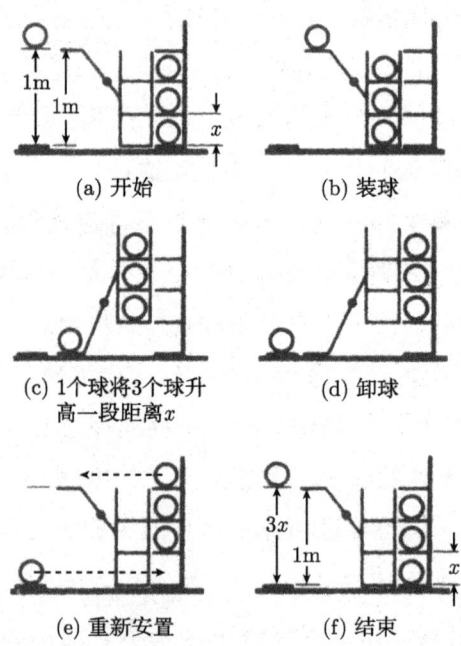

图 6.2 费曼设计一个货架以实现可逆过程

三层架子上原来就有球。最终的净效果是把一个球升高了一个距离 $3x$。现在，如果 $3x$ 超过 1 米，我们就可以降低这个球以使机器回到初始状态 (图 6.2(f))，而让机器再度运行了。因此 $3x$ 不能超过 1 米，因为如果 $3x$ 超过 1 米，那么就可以实现永动机。

同样，我们可以证明 1 米不能超过 $3x$，这只要使整个机器反向运行就行了，因为它是一台可逆机。因此，$3x$ 既不能大于也不能小于 1 米，于是我们只通过论证就发现了规律：$x = 1/3$ 米。显然，它可以推广为一般情况：质量为 1kg 的重物下降一段距离以运转一台可逆机，那么这台机器将把质量为 p kg 的重物升高上述距离的 p 分之一。

写到这里，对于学习理科课程，你有没有或将会有这样的感觉？"你学第一遍的时候觉得它挺难，糊里糊涂理不清头绪，于是你决定学第二遍；第二遍你觉得好像明白了点什么，这激励你去学第三遍；第三遍你发现好像又糊涂了，于是你只好学第四遍，等到第四遍，好了！你已经习惯了你弄不懂这门课程这个事实了。"热力学就是这样的一门课程。①

二、谈非论是的热力学第二定律

热力学第二定律的两种表述：

(1) 鲁道夫·克劳修斯 (Rudolf Clausius, 1822 — 1888) 表述：热量从低温物体向高温物体传递而不引起任何其他影响是不可能的。

(2) 洛德·开尔文 (Lord Kelvin, 1824—1907) 表述：从单一热源吸收的热量全部转变为功，而不产生任何其他影响是不可能的。这里的其他影响是指外界做功以外的影响。实质上告诉人们：功转变为热是一个不可逆过程，例如摩擦可以生热，但反之不行。

总之，热力学第二定律指出一切涉及热现象的宏观过程都是不可逆的！也可表述为："第二类永动机不可能造成。"第二定律可以认为是一个基本假定，它的根据是人们从未遇到违背它的经验。乍看起来，这似乎是一个消极性的定律，实则不然。更有唐代诗人李白在诗篇《将进酒》中写的诗句 (见本章题头

---

① 曹则贤. 熵非商 [J]. 物理, 2009 年第 5 期.

语)。这两组排比长句将黄河的伟大永恒映出生命的渺小脆弱,将人生由青春至衰老的全过程说成"朝"与"暮"间事,把本来短暂的说得更短暂,真可谓悲感至极。这两句诗讲的皆是不可逆的事情,前一句是动力学的,后一句是热力学的。由于熵观点的引入和推广,使得这一定律意义深邃且应用范围广大。

图 6.3　左:卡诺(1796—1832);中:开尔文(1824—1907);右:克劳修斯(1822—1888)

讨论热力学问题的时候,常常明确地表述某一种"转变"是不可能的这种"否定式"的叙述方法。例如:"永动机不可能";"任何热机的效率不可能大于可逆卡诺循环的";"若无外界影响,热量不可能从低温热源传递到高温热源";"绝对零度是不可能达到的";……这些对于"不可能性"的陈述,包含了意义深远的概念的创新和一系列自然规律的发现。

这种否定式的表达方式,并不仅限于热力学范围,在其他的经典物理和量子物理之中也屡见不鲜。比如:相对论中,光速的不可逾越性;量子统计中,全同粒子的不可分辨性,泡利不相容原理;量子力学的不可能同时测准一个粒子的位置和动量,都是突出的例证。

表面上看,"不可能性"标志了一种"负"的因素,断然否定了"人定胜天"!因为人类征服自然不能违背自然规律,这些规律既可能有"正"的表述,也可能有"负"的表述。对"不可能性"的建立本身就具有"正"的价值。这说明现实世界蕴含着某种出乎意料的内在联系,导致了某些人类长期怀有的美梦遭受灭顶之灾。热力学、相对论和量子力学都起源于发现了这些不可能性,并以此为基础来表述自然界的规律。因此它们既标志出一种已达到其极限的探索的终止,同时也开辟了许多新机会。比如,"不可逆性"物理根源的探究;热力学创始人的心中装着宏观系统，因此他们用几个态变量就能够描写之；而现代热力学的关键问题在于微观机械能超越宏观定律的极限有多远。

三、增加"正能量"使得熵减少

1. 熵的引入

热力学第一定律以它的一般性、简单性和实用性为人们所熟知。然而，它的表述在某些方面尚欠不足，主要有两点：(1) 这一定律表达的等式中存在两个过程量 A 和 Q，如何仅用态变量将它写出来？(2) 对于过程进行的方向没有给出任何限制的信息。这两个问题的解决，事实上导致了两大成果，即熵的引入和对不可逆过程的讨论。

历史上最早引入熵的是以善于构思物理概念而著称的克劳修斯，在 1854 年，他引进了一个新的概念——态函数熵，用以研究热机在一个循环过程中的守恒问题。无论循环是不是理想的，系统的状态函数都回到它的初始数值。按照先前卡诺提出的卡诺定理知道：对于可逆循环过程，$\oint \frac{\delta Q}{T} = 0$；而对于不可逆循环过程，都有 $\oint \frac{\delta Q}{T} < 0$。数学知识告诉我们：如果一个被积函数的环路积分等于零，那么这个函数沿任意路径的积分值仅与积分上下限有关。在物理上，热量虽不是一个态变量，不存在全微分，但是在准静态可逆过程中，热量的微变化乘以温度的倒数，却是一个全微分。这样一来，我们就可以定义一个态函数熵：

$$S_b - S_a = \int_a^b \frac{\delta Q}{T}, \qquad dS = \frac{\delta Q}{T}.$$

熵的英文单词是"entropy"，来源于希腊词"en+trpein"，意思是"转变"。1923 年，I. R. 普朗克 (是否量子概念的创设人 Max Planck，待考证) 来中国南京讲学，著名物理学家胡刚复为其翻译，首次将"entropy"译为"熵"。胡刚复之所以这样译，是因为他依据公式 $dS = \delta Q/T$，认为 S 为热量与温度之商，而且此概念与火有关 (象征着热)，于是在商字加上火字旁，构成一个新字"熵"，从此 entropy 就有了中文名：熵。

引入了熵，则可将热力学第二定律表述为：在孤立系统内，任何变化不可能导致熵的减少，即

$$dS \geqslant 0,$$

若变化是可逆的，则 $dS = 0$；若变化是不可逆的，则 $dS > 0$，总之熵有增无减。所以，热力学第二定律亦称为熵增加原理。

如果要给热力学指定唯一的关键词的话，最恰当的是熵。熵是热力学的灵魂。一般的印象是，所谓研究物质的热力学性质就是研究物质的某些特性随温度的变化。这样做的好处是，温度是一个可操控的外部参数。但是，温度并不总是可以定义的，也不能说它比熵更基本，熵是一个非常独特的概念。

熵增加导致了能量的贬值，这是热力学第二定律的关键所在。现在看来，熵的概念比内能更重要，外延更广泛。有序能量转化为无序能量后势必造成做功本领的减少，甚至完全丧失，即能量的贬值 —— 自然界的任何过程都导致能量的贬值，这是一个规律。联想到在社会生活存在货币的贬值现象，亦可与之相比较。货币贬值往往是由于通货膨胀即货币流通量增大了所造成的；而能量的贬值却与能量的守恒并不矛盾，根源就在于熵的增长。因而，这两种现象不尽一致。货币贬值常常造成经济领域的混乱增长，在这一点上，和熵增加的效应有相似之处。

2. 熵是系统混乱度的度量

望文生义是理工科特别是物理学课程学习的"天敌"。比如中文熵，或称热温熵，确实易让人联想到除式 $dS = \dfrac{\delta Q}{T}$ 而非能量转换的内在问题。此公式仅是计算工具而言，而熵的深刻物理内涵是它与微观状态数的关系 $S = k \ln W$；并且由于独立事件的概率相乘性 $W = W_1 W_2$，从而导致熵是一个广延量，具有可加性，即 $S = S_1 + S_2$。玻尔兹曼的工作是建立在原子论的基础上，而 1900 年前后人们还没有能力看到原子，对原子论多是怀疑和谴责。1906 年，饱受压抑之苦的玻尔兹曼自杀身亡，80 年后，人类终于能够从图像上分辨出单个原子。

在下一节，我们将给出系统的熵与组成系统的粒子的微观状态数的关系，

即玻尔兹曼公式。由此将会清楚地看到，熵的问题涉及微观状态数。由此，系统某热力学状态，熵的大小取决于这一状态对应的微观态数目的多少。熵的增加意味着系统从包含微观态数目少的宏观态，向包含微观状态数目多的宏观态过渡，即从概率小的状态向概率大的状态演变。然而，用以表述熵之大小的微观状态数代表了什么？其物理意义又如何呢？

实践告诉我们，任何事物若听其自然发展，混乱程度一定有增无减。例如：书本整齐地摆列在书架内，对应于低熵态；书本凌乱地摊在书桌上，对应于高熵态。从整齐到凌乱是"自发"的过程，而反过来从凌乱到整齐需要做出特殊的努力，因而是非自发过程。使人感兴趣的是，热力学第二定律较第一定律难以理解的真正涵义，事实上包含在我们的日常生活事件之中。

令 W 是无序的量度，而其倒数 W^{-1} 则可以作为有序的一个直接量度。因为 W^{-1} 的对数等于 W 的对数之负，所以玻尔兹曼公式 (见下节推导) 写成

$$-S = k \ln W^{-1},$$

对于这个取负号的熵，可以称为"负熵"，它本身是有序的一个量度。也就是说，熵是系统混乱度的度量，反其意而用之，则"负熵"是系统有序的量度。

图 6.4　左：水珠；右：水面上漂浮的竹排，沿着横向的有序换来纵向更大的活动自由

注意在玻尔兹曼公式中，状态数是相空间里的概念，并不必然地与坐标空间里的、视觉上的从有序到无序的变化相一致。熵增加在坐标空间中可能表现有序，例如一定条件下小水珠会聚集成大水珠。另一个现象是，系统某个自由度上的熵的减小可能换来系统总熵的增加，但那个自由度上熵的减小所对应的

有序,因为在视觉上较明显,容易让人误认为整个体系变得有序了,例如图 6-4 所示水面上漂浮的竹排 (这一解释出自中科院物理所曹则贤研究员)。

6.3 猜测与推理并举

一、麦克斯韦速度分布

麦克斯韦比其他人对物质世界更敏感,是百年一遇的天才。他始终留心复杂物理现象背后的原理,几乎对整个物理学都有很深的造诣。他精通电学和磁学,光学和热学,研究了除牛顿物理学 (万有引力和运动定律) 之外几乎所有的主要领域,还发现了牛顿运动定律的一个致命的缺点。牛顿定律对宏观物体 (如炮弹、石块) 屡试不爽,但对组成这些物体的微观分子又如何呢?理论上牛顿定律依然适用,但实际上它没有什么用,因为它根本无法描绘单个分子的运动。既然不能描述局部的运动,又怎么能预知整个物体的运动呢?

当一个铁球从比萨斜塔落下时,内部原子的运动并没有影响它下落速度,但其他形式的物质不会这样自发地协作。举个例子,假设要了解蒸汽机中压力如何影响蒸汽温度,绝不可能从研究单个分子的运动做起。

对这个问题物理学家并不是束手无策,他们已设计了一些奏效的公式来描述气体分子的运动。如果可以用分子运动论解释被观察物体的整体运动,那么就会对这些现象有更深的理解,而且为 19 世纪中叶某些派系对是否存在原子和分子的争论提供坚实的依据。

这种认为分子的运动决定气体状态的观点并不新颖。早在 1738 年,丹尼尔·伯努利用分子台球模型简图来解释气体,并提出气体分子运动论。诚然,伯努利的理论建立在热仅是分子运动的宏观表现的基础之上,这一正确的观念与当时大多数物理学家认为热是某种流动物质 (即热质说) 相比"超前了一个世纪"。直到 19 世纪 50 年代,在热力学出现之际,分子运动论才成为物理学家研究的课题。

德国物理学家鲁道夫·克劳修斯是研究热力学的先驱。在 1857 年的一篇论文中，他全面解释了热的分子的运动本质。描述了气压如何与分子对容器的撞击相关。任何分子都不停地被其他分子撞击，并通过运动反映出撞击对它的影响。克劳修斯在他的方法中强调了分子平均速度的重要性，并在 1858 年的论文中引入了两次碰撞间分子的平均距离 (称为平均自由程) 这一概念的重要性。

1859 年，麦克斯韦开始研究分子运动，进一步探讨了气体分子的相互作用和由此产生的速度。其实在这之前的 1857 年，他读了历史学家亨利·汤马斯·巴克尔 (Henry Thomas Buckle) 写的一本书:《英国文明史》，讲的是用科学方法研究人类行为的社会学。巴克尔写道:"形而上学 (哲学) 方法研究一个人的思维，而历史方法 (实际上是科学方法) 研究一群人的思维。要揭示'扰动'掩盖下的规律需要大量案例，只有研究大量案例才能消除'扰动'，规律也就清晰可见。"

虽然气体复杂的难以描述，但麦克斯韦看到了上面的话后，从中找出了解决方法，他把巴克尔的统计思想用来处理分子运动。麦克斯韦后来写道:"最小的实验材料也包含了数百万的分子，因此，我们不能确定每个分子真实的运动情况，被迫采用统计方法来处理这些分子。"麦克斯韦的观点是并不要求气体分子如克劳修斯所猜测的那样都以平均速度运动，但只要求多数在平均速度附近，一些或快或慢，少数非常快或非常慢即可。在碰撞中，一些分子的速度变快，一些分子的速度变慢，一个高速分子不是被加速，就是被减速。少有分子能一帆风顺，从而使速度变得极快 (或极慢)，大部分的分子在一系列碰撞之后趋于实验箱中所有分子的平均速度。麦克斯韦算出速度的分布符合高斯曲线。

19 世纪 60 年代，麦克斯韦改进了他的想法，认为当分子速度达到高斯分布时，就会稳定在这一状态。玻尔兹曼进一步阐述并巩固了麦克斯韦的结论。单个分子的速度可能变化，但这会通过其他分子速度的改变得到抵消。因此从整体上看，分子速度的范围和分布也将保持不变。当气体分子间的碰撞不再引起整体分布的变化时，气体所处的状态就是平衡态。有趣的是，一些学者用麦克斯韦速度分布律解释了一些社会现象。

二、对数的美学价值

玻尔兹曼首先将熵 S 与热力学概率 W 联系起来，以下是他的一个非常简捷的论证。假设熵是 W 的某个函数

$$S = f(W), \tag{6.10}$$

这里，物理上通常要求 $f(W)$ 必须是一个单值、单调增函数。

考虑两个子系统 A 和 B。熵像体积一样是一个广延量，当粒子的质量或数目倍增时，它也增加一倍。两个子系统的组合熵为每个子系统的熵之和，即

$$S_{\text{tot}} = S_A + S_B \quad \text{或} \quad f(W_{\text{tot}}) = f(W_A) + f(W_B). \tag{6.11}$$

不过，一个子系统状态能与其他子系统的状态相结合而给出总系统的状态，也就是

$$W_{\text{tot}} = W_A W_B, \tag{6.12}$$

其实，这是满足独立事件的概率相乘的规律。

重新回到投掷硬币的实验，假设两个子系统中的每个均包含两个可分辨的硬币。在子系统 A 中的两个硬币同时"数字"面朝上的概率是 1/4，子系统 B 也同样。当 4 个硬币同时投掷时，所有的硬币均为"数字"面朝上的概率是 1/16，这等于 $1/4 \times 1/4$。注意这里的概率不等同于热力学概率。无疑，方程 (6.12) 是成立的，从而有

$$f(W_{\text{tot}}) = f(W_A W_B). \tag{6.13}$$

将方程 (6.11) 和 (6.13) 相结合，我们得到

$$f(W_A) + f(W_B) = f(W_A W_B), \tag{6.14}$$

使这个关系成立的唯一函数是对数函数，所以

$$S = k_B \ln W, \tag{6.15}$$

其中，k_B 是一个具有熵单位的常量，若将式 (6.15) 用于简单可解系统，则可知此乃玻尔兹曼常量。

方程 (6.15) 就是著名的**玻尔兹曼公式**。注意，这里我们并没有严格地导出这一公式，而是利用了对数的性质，猜测出结果，这具有美学价值。这个关系式提供了宏观热力学 (熵) 与微观统计物理 (状态数 W) 联系的基础。在这个意义上，熵就是体系无序的量度。体系的无序程度由一宏观态对应的微观态数来标志，若 W 越大，则体系的微观运动就越无序。由方程 (6.15) 知，孤立系中与热力学平衡态对应的 W 值最大，因而平衡态要比非平衡态更无序。

三、微观状态的量子描写

人们通常相信由粒子组成的系统的能级是离散的而不是连续的，其实这是粒子被局限在一个有限的体积内所带来的结果。仅在完全自由粒子情况下，才有连续的能级存在。为了理解离散是如何产生的，我们必须借助于量子力学。

在量子理论中，每个能级对应于一个或多个用波函数 ψ 描写的量子态。对于稳定态，ψ 是依赖于坐标和时间的函数 (虽然 ψ 是时间有关的，观测量 $\psi\psi^*$ 却是关于时间为一常数)。当几个量子态具有相同的能量，这些态被称为**简并**。对应于最低能量的量子态为系统的基态；对应于高能量的态系激发态。能级可看成一组在不同高度的架子，而量子态对应于在每个架子上的盒子。对于每个能级 ε_i，量子态数由简并度给出。

一个立方箱子的体积 V 等于 L^3，那么 $L^2 = V^{2/3}$，从而

$$\varepsilon_j = n_j^2 \frac{\pi^2 \hbar^2}{2m} V^{-2/3}, \qquad (6.16)$$

这个结果可以应用到尺寸大于德布罗意波长 $2\pi\hbar/p$ 的任意形状的容器。我们看到当体积减小，第 j 个能级的值增加。有兴趣的读者可参阅本章的附录。

让我们简单地估计一个 1 公升体积的氦气在室温下的量子数 n_j。氦原子的质量是 6.65×10^{-27} kg，1 公升等于 10^{-3}m^3，$\hbar = 1.054 \times 10^{-34}$J·s，故

$$\frac{\pi^2 \hbar^2}{2m} V^{-2/3} = \frac{\pi^2 (1.054 \times 10^{-34})^2}{2(6.65 \times 10^{-27})} (10^{-3})^{-2/3} = 8.24 \times 10^{-40} \text{J} \approx 5 \times 10^{-21} \text{eV}$$

在室温下，一个氢原子的平均动能是

$$\varepsilon_j \approx k_B T = (1.38 \times 10^{-23})(293) = 4.04 \times 10^{-21} \text{J} \approx 2.5 \times 10^{-2} \text{eV},$$

所以

$$n_j \approx \left(\frac{2.5 \times 10^{-2}}{5 \times 10^{-21}}\right)^{1/2} \approx 1 \times 10^9.$$

对在室温下的绝大部分气体分子而言，量子数的确是大的。换句话说，大部分分子占据高激发态。这意味着能级是非常接近的，以致离散谱可以处理为一个连续谱。

6.4 热力学时间之箭

一、微观可逆而宏观不可逆

热力学是研究宏观体系表现出的与热现象有关规律的科学。它是以第一和第二定律作为基本"公理"而满足数学逻辑的、完整的体系，其发展始于 19 世纪中叶，约 20 年即臻完善。19 世纪之末的 30 余年，统计力学的观念和方法迅猛发展，使得第二定律获得统计性和概率的意义。现代热力学研究者的主要兴趣在于：扩展热力学理论以超越它在 19 世纪所给出的极限，并用之来解释在纳米尺度上生命发动机是如何实际工作的。

热力学定律与力学定理相比有一种稍稍不同的味道，显示了更多的人为痕迹。虽然它具有普遍性和模型无关的优势，更接近于所观察现象的自身，但它并不具备牛顿定律那样的预言能力。此外，牛顿力学与热力学第二定律之间还存在一个根本的差别，因为牛顿第二定律及它所给出的粒子轨道结果，并没有定义一个"时间之箭"。不过，热力学中的熵增加原理却定义了唯一的"时间方向"(严格讲为过程进行方向，因为平衡态热力学中并无时间的概念，这里是一种比喻)，即熵 (无序度) 增加的那个方向。例如：一盘录有台球桌上一组理想小球的运动录像带，可以倒过来放，人们并不能指出其中的差别所在。但是真实的台球要受到摩擦力，因而最终会停止下来。如果我们将描述那种运动的录

第6章 "不可能性"体现正面价值

像带倒放,那么就会认出来是在以错误的方向播放。第二定律说明了一个重要的结论:一孤立系统达到状态量不再变化的平衡态后,该过程不能自动逆转。这就提出了两个问题:① 为什么每个分子都服从没有时间方向性的牛顿运动定律,而由大量分子组成的系统的行为却需要一个"时间之箭"呢?② 玻尔兹曼又是如何从无时间方向性的力学结构中无中生有地得出一个"时间之箭"呢?

本节对"微观可逆而宏观不可逆"这一重要热力学问题进行探讨。这是基于对国外统计力学名著所进行的分析和归纳,从几个角度定性或定量地解释实际热力学过程存在"时间之箭"。

1. 从微观上定性解释

现从微观事件发生的概率来理解热力学第二定律的正确性。

在经典力学中,N 个粒子在一定时刻的运动状态,被 $3N$ 个坐标和 $3N$ 个动量 $\{q(t), p(t)\}$ 所确定,也称为系统的微观态,在 $6N$ 维相空间相当于一个点。气体在初始状态 $\{q(t_0), p(t_0)\}$ 从一较小的容积扩散到一较大的容积内。假如能把所有的粒子动量方向从最后的状态 $\{q(t_f), p(t_f)\}$ 反个向,成为 $\{q(t_f), -p(t_f)\}$,则过程将向相反方向进行。然而从统计的观点来看这个概率是微乎其微的,因为在相空间,对导致一恰巧反转的过程的状态只有一个点,即 $(q(t_f), -p(t_f))$。而有着巨大数量的微观态属于一定的宏观态,这些微观态的演变不可能与最后状态有宏观的差别。统计力学的基本假设是:所有具有相同能量的微观态的出现具有相同的概率,这就意味着微观态 $\{q(t_f), -p(t_f)\}$ 只是具有相同概率的非常多的微观态中的一个。

因此,我们可以解释第二定律得出的叙述:气体粒子自动聚集到容器的一边是不可能的。用统计的语言来说,虽然有可能性,但概率甚小。统计热力学要求粒子数 $N \to \infty$,因为 $(1/2)^N \to 0$,所有粒子自动聚到容器一边的概率为零。

2. 麦克斯韦妖

1871 年物理学家麦克斯韦提出了一个思想实验:考虑在一个容器内的气

体，用一个绝热隔板分成 A 和 B 两部分。假设在 A 一侧的气体比在 B 一侧气体热。从分子运动论的观点来看，高温意味着 A 侧的分子与 B 侧的分子比较起来，具有一个高的动能平均值。麦克斯韦构想了一个小妖，通过简单地观察就知道所有分子的来历和速度，除了用一个无质量的滑板打开或关闭隔板上的小洞之外，而不做功。麦克斯韦妖被指派打开隔板上的小孔，让在 A 侧的速度小于 B 侧分子速度的合适分子通过；同时，对于 B 侧的分子，如果其速度超过 A 侧分子的，就让它通过小孔而进入 A 侧。当两个步骤完成后，A 和 B 两侧的分子数目并没有变化。结果导致 A 侧系统的能量增加，而 B 侧系统的能量降低；也就是说，在没有做功的前提下，越热的系统变得越热，而越冷的系统变得越冷。这样一来，小妖就违反热力学第二定律。

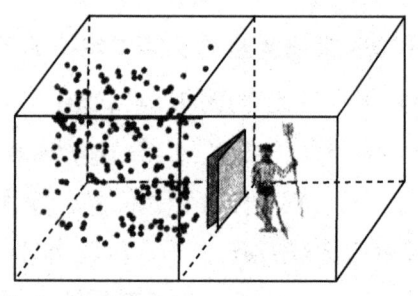

图 6.5　麦克斯韦妖

麦克斯韦妖的一个难题是：为了使小妖观察到分子，它需要用一个"手电筒"之类的工具来进行探测，而这需要消耗能量。更精确地说是以辐射的形式消耗能量，同时辐射也必须与它周围的气体环境达成热平衡，因而也处于一种随机分布的状态。然而，那将使它不能够用任何可靠的方法探测快速运动的分子。

麦克斯韦妖表明，我们的宏观世界与作为它基础的微观分子之间的区分，对于热力学第二定律的存在十分必要。一个朝熵增方向演变的状态，其初始条件与平衡态之间必定相差一个宏观上可观测的量；它必定不是一个其存在通过微观方式才能观察到的极其微小的涨落。

二、宏观过程不可逆性的统计基础

众所周知,牛顿第二运动定律: $m\ddot{x} = F$,在时间反演 $t \to -t$,加速度和保守力项保持不变,从而方程形式亦不变。

为了获得对输运现象较深入的理解,现从流体动力学方程出发。在时间反演下

$$t \to -t, \quad q \to q, \quad p \to -p, \quad L \to -L, \tag{6.17}$$

这里,L 为刘维算符,用其作用在一个分布密度函数 ρ 来定义:

$$L\rho = i\{H,\rho\} = -i\sum_j \left(\dot{q}_j \frac{\partial}{\partial q_j} + \dot{p}_j \frac{\partial}{\partial p_j}\right)\rho, \tag{6.18}$$

刘维方程 $i\frac{\partial \rho}{\partial t} = L\rho$ 的形式保持不变。也就是说,对一时间反演不变的系统,如把所有广义动量变向,在正时间看到的现象与负时间看到的完全一样。

然而,输运过程是不可逆的或耗散的,即单个分子的运动为可逆,而由大量分子组成的宏观系统的行为却是不可逆的。让我们查看玻尔兹曼方程,它是关于单粒子分布函数的演化方程:

$$\left(\frac{\partial}{\partial t} + \boldsymbol{v}\cdot\nabla_r + \frac{\boldsymbol{F}}{m}\cdot\nabla_v\right)f(\boldsymbol{r},\boldsymbol{v},t) = \left(\frac{\partial f}{\partial t}\right)_{\text{coll}}, \tag{6.19}$$

这个方程的左边项称为流动项,右边项称为碰撞项。

由此可见:玻尔兹曼方程对时间反转 $t \to -t$ 无不变性。这是因为若进行 $t \to -t$ 操作,则 $\boldsymbol{v} \to -\boldsymbol{v}$,$\boldsymbol{F} \to \boldsymbol{F}$,$f(\boldsymbol{r},\boldsymbol{v},t) \to \tilde{f}(\boldsymbol{r},-\boldsymbol{v},t)$,方程 (6.19) 的左边改变符号,而右边不变,故这一方程在时间反转下不复保持其原来形式。事实上,得出该方程右端的碰撞积分之前做出了两点基本假设:① 只考虑两个分子的碰撞,忽略两个以上的分子同时作用;② 在同一位置发现两个分子的概率,被认为等于它们各个概率的乘积。这暗含着两个分子是完全独立无关的。这就是所谓玻尔兹曼"碰撞数假设"。由于上述的基本假设,故方程 (6.19) 是不能纯由力学定律导出的,因为该方程包含了上述的概率性假设。

布朗运动观点 布朗运动理论是处理非平衡系统动力学的最简单方式。它的基本方程是朗之万方程,其中包含阻尼力和随机力,涨落耗散定理将这两个

力联系在一起。该方程写作

$$m\dot{v} = -\gamma v + f(x) + \xi(t), \tag{6.20}$$

式中，$f(x) = -U'(x)$，$U(x)$ 为外势，$\xi(t)$ 变化很快、是不规则和未知的，只能考虑它的统计分布，平均值等于零 $\langle \xi(t) \rangle = 0$；如果布朗粒子受分子两次碰撞的时间远短于其他时间尺度，就可以用 δ 函数近似地表示无规力关联，$\langle \xi(t)\xi(t') \rangle = 2D\delta(t-t')$。

可见，朗之万方程也是不可逆的，此不可逆性是假设摩擦力正比于粒子速度而来的。即若 $t \to -t, m\dot{v} \to m\dot{v}', f(x) \to f(x'), \xi(t) \to \xi'(t')$，不过 $\gamma v \to -\gamma v'$，故朗之万方程并不具有时间反演不变性，这不如力学基本规律之可逆。布朗运动和类布朗运动现象的应用无不渗透在各个领域，如核裂变、分子生物学、化学反应、天体物理、金融、气候变化等。

概率性的假设与引入，使得宏观输运方程不再具有微观分子牛顿运动方程所满足的时间反演不变性。热力学第二定律中的时间之箭产生于两个方面：①初始条件与平衡状态之间相差一个很大的、宏观上可探到的量，一个朝熵增加方向演变的状态，它必定不是一个其存在只能通过微观方式才能观察得到的极其微小涨落；②我们寻求的是系统在一个特殊条件之后的演变，这一条件由外部方式而非通过孤立系统自然发展而得到。

信息论 法国物理学家布里渊用信息论驱逐了这只妖魔，捍卫了热力学第二定律的正确性。布里渊还进一步分析了信息论中的熵与热力学中的熵的定量关系，得出了公式 $1\text{bit} = k\ln 2(\text{J/K})$，其物理意义是：要获取 1bit 的信息，其熵必定减少 $k\ln 2 = 0.957 \times 10^{-23}(\text{J/K})$，其中 $k = 1.38 \times 10^{-23}(\text{J/K})$。例如 T 为 300K 时，要消耗 $2.87 \times 10^{-21}(\text{J})$ 的能量。信息的获取必须借助于一定的物质过程，而且伴随着一定能量的消耗，不耗损能量而获得信息是不可能的，所以说孤立系统中的妖魔是不可能存在的。

信息转化为能量 日本研究人员在实验室中让一个纳米小球沿电场制造的"阶梯"向上爬动，爬上一层后利用电场能量在那层阶梯上加一堵墙，使之落不下来，该小球就会越爬越高，从而势能也越来越大。人造分子机器类似，这同样也是一个熵减过程实验，其主要贡献是纳米尺度上的精密控制新技术。

图 6.6　信息转化为能量

6.5　无处不在的熵变

一、生活中的熵

熵增加原理有时被诠释为：世界的"无序性"随着时间的推移而不断增加。一座古代庙宇，如果任其自然发展而不加管理的话，那么根据热力学第二定律，它将不可避免地衰败，最终变成一堆瓦砾；一条高速公路如果不维修的话，也必定会回到自然的泥土状态。为什么说这样的预言是热力学第二定律的合理结论呢？

在任何情形中，当我们使用"有序"(order) 这一概念时，不管指的是什么意思，它都包含了这样一个基本要素，那就是，所谓有序的 (ordered) 就是与"无规的"(random) 相对的状态。如果我们称赞一幅画的艺术性，那么，我们起码承认，它不是"偶然地"创造出来的；效率令我们惊讶的一个热机，不可能是偶然地匆匆砌起来的。换句话说，按照定义，一个高度有序的系统是一个很不概然的 (improbable) 系统。另一方面，一堆瓦砾是一种十分概然的 (probable) 事物状态。为什么呢？因为根据它自身的定义，一个高度有序的系统是一个哪怕及其微小的缺陷也会削弱其有序性的系统，雕刻品上的一个刻痕会显得很难看；表演者在演奏一段音乐的过程中所出现的小错误会十分刺耳；而一辆新汽车上的划痕会使车主跑去找汽车商交涉。所以，在一堆钢铁的众多种可能的排列中，只有极其少数具有卡迪拉克轿车的形状；绝大多数排列都是废料一堆，只不过我们并没有在这些废料之间作出区分。一堆废铁上的一条划痕或者缺口甚至为人们所漠视；巨大数量的状态被称为"废料"，而只有极少数构成一辆劳斯莱斯牌轿车。因此，劳斯莱斯车是一种很不概然的排列，而废料则是十分概然的排列。这就是为什么熵增加原理预言一辆汽车如果任其自然的话最终会变成废料，而不是相反情形的原因所在。

但是要注意，如果我们挑出一块形状特殊的废料，并将它称之为艺术品，那么，它就自动地变成了一种有序状态，因为它已不再是过去的瓦砾堆，而是一个具有特殊形状的位形。一件现代艺术品，似乎在削弱这个特别判断的基础。极大量状态的特性都贴有"无序"(disorder) 的标签，而"有序"这一性质则只适用于很少一部分状态。这就使得有序状态极不概然，而无序状态则是大有希望出现的，故有序状态具有较低的熵，而无序状态具有较高的熵。

因类似原因而使用熵概念的另一个颇不相同的领域是信息理论。一条具有一定长度的消息，如果组成它的要素的排列几乎杂乱无章，那么包括于其中的信息量就很小；若它是完全随机的，则里面就不包含任何信息。另一方面，如果其排列高度有序，也就是说它先验很不概然，那么它所携带的信息就很多。所以，信息量随排列出现概率的不同而不同。或者说如果一个消息所包含的内容具有一个大小等于 1 的先验概率，那么该信息就没有携带任何信息，而一个指出某件事情很不概然的消息,却包含了很多信息。因此,现在已通常使用熵的负数 (有时称为"负熵") 作为一个消息所含信息量的量度单位,人们发现这是一个非常有用的概念。

二、相变

相平衡和相变是经典热力学应用的一个成功方面。所谓相是指物性均匀的系统中的一部分。若该相因为某状态参量如温度、压强、外磁场等变化,使该相的某些物理性质 (如密度、摩尔熵、比热等) 发生**突变**,则称该相发生了相变。相变在自然界中广泛存在,例如:水变成蒸气,空气液化,使晶体生长得完美,配制出各种组分的合金,氢和氮合成为氨等等。相变本质上是一种有序度低的态转变到有序度高的态或与之相反的现象,是原子和分子的热运动能量与粒子之间的相互作用两者竞争的结果。热运动使其趋向无序,而相互作用使其有序。随着温度的降低,相互作用能量与热运动能量可拟时,就会出现相变。温度比相变点高的高温区为无序相,温度比相变点低的低温区为有序相。

磁相变　一定的物质像铁、钴、镍在固定温度 T_c(居里温度) 下显示铁磁性,而在居里温度以上显示顺磁性。

有序–无序的相变　对这种类型的相变,低温相具有一定的原子或分子有序性,这种有序在转变温度以上就消失了。有序指的是原子或分子在晶格架上顺序排列 (位置有序),或一定的分子对的相互之间的方向 (方向有序)。固–液以及固–气的相变就属于这种有序–无序的相变。

位错与铁电相变　位错是晶格中原子平面相对移动所产生的线缺陷。这种类型的相变是原子或分子在晶格中的位移,发生在正则振动的本征矢方向,它的势能随温度变化,也称为晶格振动的软化。在这种情况下,电极化在转变温度 T_c 以下发生;当 $T > T_c$,介电常数随着温度升高而减小。

晶体结构的重新排列　很多物质的固相可以有不同的晶体结构,依赖于压强和温度 (对合金,也依赖于组成)。例如冰,压强达到 8×10^8Pa 以上时,已经知道有六种同质异形体存在 (冰Ⅰ、冰Ⅱ、⋯、冰Ⅵ)。某些非金属在非常高的压强下可以转变成金属。若没有适当的催化剂存在，固体–固体的相变进行得很慢。

液晶　1888 年，奥地利植物学家雷尼策尔 (F. Reinitzer) 把苯酸酯晶体加热到 145.5°C 时，发现晶体变成一种乳白色的黏稠液体，但是再加热到 178.5°C 以后，才变为完全透明的液体。1889 年，莱曼 (O. Lehmann) 观察到了同样的现象，并确认该物质呈乳白色的黏稠液体状态时具有和晶体相似的性质，具有光学各向异性，因此就把这种液体称为液态晶体，简称液晶。以后，人们在许多有机物晶体中都发现了类似的现象，即它们在升温和降温过程中，会出现一些"中间相"。实际上，这些"中间相"既有流动性和连续性的液体特点，又有晶体所具有的各向异性的物理性质，反映出内部分子的某种有序排列，于是人们就把这一类物质统称为液晶。至今，人们发现的液晶化合物已达 1 万多种。施加电场时，液晶可以从具有螺旋结构分子排列的胆甾相向具有垂面分子排列的向列相转变，或者从向列相向胆甾相转变的现象称为相变效应。

超导　许多金属和合金在温度降低到某一温度 T_c 时，会发生从正常态到超导态的转变。实验发现，超导态具有两条基本性质：即零电阻和迈斯纳 (Meissner) 效应。前一效应意味着在此状态呈现无阻电流的物体不产生焦耳热损耗；后一效应是指当置于磁场中的金属圆柱体转变到超导态以后，其内部的磁通量完全被排斥到圆柱体之外，亦即在超导体内，$B = 0$，由于 $B = \mu_0(H + M)$，因而超导内部有 $M = -H$，表明超导体具有完全抗磁性。超导相变分为一级和二级两类相变。无外磁场的超导体，在临界温度 T_c 处发生的超导–正常导体的相变比热有跃变，属二级相变。存在外磁场 H 中的超导体，在 $H = H_c$ 发生相变有潜热发生，属一级相变。

在超导情况下，序参量用库珀 (Cooper) 对的波函数的热力学平均值。这些库珀对是由于金属的电子与格点的声子 (格波的能量量子，从简谐振动的观点来看，声子实质就是晶格振动的一个简正模式) 相互作用产生的。在正常导体相中，电子与声子 (或振动离子) 的散射过程是导致金属电阻的原因。

*附录：通过薛定谔方程求箱中粒子的波函数和能量

这是一个量子力学的最基本的可精确解模型。质量为 m 的粒子在一个无限深势阱里被限制在 $0 \leqslant x \leqslant L$ 运动，在箱内粒子是自由的，势 $V(x)$ 由箱子提供：

$$V(x) = \begin{cases} 0, & 0 < x < L, \\ \infty, & x \leqslant 0, x \geqslant L. \end{cases} \tag{6.21}$$

在 $0 < x < L$，定态薛定谔方程为

$$-\frac{\hbar^2}{2m}\frac{\mathrm{d}^2}{\mathrm{d}x^2}\psi(x) = \varepsilon\psi(x), \tag{6.22}$$

定态波函数 $\psi(x)$ 的模的平方是在位置 x 处发现粒子的概率密度，方程 (6.22) 的解写作

$$\psi(x) = \begin{cases} A\sin(kx+\delta), & 0 < x < L, \\ 0, & x \leqslant L, x \geqslant L. \end{cases}$$

注意到边界条件 $\psi(0) = \psi(L) = 0$，可知

$$\delta = 0, \quad kL = n\pi, \quad n = 1, 2, 3, \cdots$$

利用归一化条件：$\int_0^L |\psi(x)|^2 \mathrm{d}x = 1$ 得到 $A = \sqrt{2/L}$。

粒子动量 p 与波数 k 的关系是 $p = \hbar k$，粒子的动能等于 $\varepsilon = \dfrac{p^2}{2m} = \dfrac{\hbar^2 k^2}{2m}$，将 $k = \dfrac{n\pi}{L}$ 代入动能之中，我们获得

$$\varepsilon = \frac{\pi^2\hbar^2}{2mL^2}n^2, \tag{6.23}$$

这里，整数 n 是一个粒子的量子数，重要的结果是能量正比于量子数的平方。

易将一维情形扩展到一个具有边长 (L_x, L_y, L_z) 的三维箱子，粒子的定态波函数和离散能谱分别为

$$\Psi_{n_x,n_y,n_z}(x,y,z) = 2\sqrt{\frac{2}{V}}\sin\left(\frac{n_x\pi}{L_x}x\right)\sin\left(\frac{n_y\pi}{L_y}y\right)\sin\left(\frac{n_z\pi}{L_z}z\right)$$

$$\varepsilon = \frac{\pi^2\hbar^2}{2m}\left(\frac{n_x^2}{L_x^2} + \frac{n_y^2}{L_y^2} + \frac{n_z^2}{L_z^2}\right)$$

其中，$V = L_x L_y L_z$。在这种情况下，任何实际的量子态被三个量子数 n_x, n_y, n_z 所简并。

参考文献

[1] R. P. 费曼. 费曼讲物理入门 [M]. 秦克诚译. 长沙：湖南科学技术出版社，2004.
[2] 冯端，冯少彤. 溯源探幽：熵的世界 [M]. 北京：科学出版社，2009.
[3] 姜·范恩. 热的简史 [M]. 李乃信译. 北京：东方出版社，2009.
[4] 吴大猷. 热力学、气体运动论及统计力学 [M]. 北京：科学出版社，2010.
[5] 包景东. 热力学与统计物理简明教程 [M]. 北京：高等教育出版社，2011.
[6] 包景东. 热力学时间之箭 [J]. 大学物理，2011，30(12)：1-4.
[7] 包景东. 重视示意图和结果图分析 [J]. 大学物理，2011，30(11)：1-4.
[8] 包景东. 理论物理课程应在培养学生批判性思维能力上发挥作用 [J]. 大学物理，2014，33(1): 1-5.

第 7 章 连接微观和宏观世界的桥梁

"统计力学是理论物理中最完美的科目之一，因为它的基础假设是简单的，但它的应用却十分广泛。"

——李政道

批判性思维被运用得淋漓尽致的学科莫过于理论物理了，在大学课程中它有一个代名词："四大力学"，即理论力学、电动力学、量子力学、统计力学。其中，当前最具研究人气的是量子力学，最有实用意义的是统计力学。这是因为统计力学是研究量变到质变的学科，例如相变、玻色-爱因斯坦凝聚等，是微观到宏观之间的桥梁；是简单到复杂之间的阶梯；开辟了物理学从理论到应用的途径。统计力学在方法论上有其独到的一面，它以概率与统计学为基础，而且还大量使用了近似处理。这两者是理工科学生在具体环境中使用数学的瓶颈，因此需要花力气攻克之。

7.1 从"砸蛋中奖"谈起

一、随机故事和事件

1. 换还是不换？

某个娱乐节目中有个"砸金蛋得大奖"环节，目的是为全国电视观众营造一个欢乐的气氛。目前还剩三个"金蛋"未被打开过，一个选手需要在三个金蛋中选一个，选择哪枚蛋，主持人就砸开这枚蛋，蛋中的纸条上所写的奖品就归选手所有。

图 7.1　主持人砸蛋

现已知三枚蛋中仅有一个蛋中包含了贵重奖品的纸条，而另两个蛋中的纸条写的是"祝您新年快乐!"。假设你是选手并选了 1 号蛋。为了增加悬念，主持人向你展示了 2 号蛋的纸条写的什么。你希望看到，主持人打开的蛋里的纸条上没有奖品名称，因为主持人总是砸开一个无奖品的"空蛋"。接着，主持人给你一个机会：你可以坚持原来的选择，也可以换选 3 号蛋。那么你应该怎么办呢？这是一个著名的"孟狄·霍尔问题悖论"。

现场的观众齐声喊叫："不要换!"但亲友团的意见是换。很多电视机前的观众批评亲友团犯错了。

亲友团是对的。很多人推断，换是没有意义的，因为你已经知道主持人已砸开了一枚空蛋，并且，如果主持人只是随机地砸开一枚蛋的话，那么剩下的两个蛋藏有贵重奖品名称的概率应是相等的，但主持人只砸开了空蛋。主持人向你表明了 2 号蛋里面的纸条是"祝您新年快乐!"但这并不能增加 1 号蛋有奖品的概率,因为你已经知道,主持人要么会揭示 2 号蛋是空蛋,要么会揭示 3 号蛋是空蛋。但主持人揭示 2 号蛋是空蛋,实际是的确增加了 3 号蛋里面有大奖信息的概率。在主持人砸开 2 号蛋之前,3 号蛋只有 1/3 的胜算;在 2 号蛋打开后,3 号蛋的胜算就增加到 2/3,因为 1 号蛋胜算的概率不受影响。

这个简单趣闻告诉我们,到处都要用到批判性思维,凡事需考量才下定论。实际生活中,很多人都反对正确的答案,即使向他们解释了正确答案,这是因为他们太多地携带了情感的因素例如尊严。答案的好坏必须用一个客观的标准来衡量,比如应与观察、常识、科学原理相一致。评判答案的意义在于弄清楚我们应该相信什么。

那么,概率论什么时候兴起的?为何需要产生这种与悖论和博弈相关的数学?我们继续看下面的赌局游戏,就会有答案了。

2. 赌局游戏

假设两个赌徒商定,谁赢六局,所有的奖金就归谁。每局的胜负由运气决定,比如用抛硬币的方式来决定。在第一个赌徒赢了五局、第二个赌徒赢了三局之后,游戏就中断了。那么,怎样才能公平地分配奖金呢?

这个问题在中世纪晚期被当做一个比例悖论来讨论。帕斯卡和费马把这个问题当做一个概率问题来处理,即那两个赌徒应该按照如果游戏继续进行,他们各自获胜的可能性来分配奖金。第二个赌徒只有连赢接下来的三局才能获胜。他连赢三局的概率是 $1/2 \times 1/2 \times 1/2 = 1/8$。所以,第二个赌徒应该得到 1/8 的奖金,第一个赌徒应该得到 7/8 的奖金。1654 年,帕斯卡和费马都各自给出了这个解答。概率论的起源常常被上溯到这一年。

1660 年,概率论突然兴起。依据数学基础来经营赌场和保险公司的革命性前景激起了企业家的兴趣。

3. 两封信悖论

有这样一句谚语:这山望着那山高,它是讲一个人不安心当前的处境,想着别的地方更好。来看一下"两封信悖论",也许可以解答这种见异思迁。

现在让你在两个信封 A 和 B 之间作出选择。你被告知,其中一个信封里的钱是另一个信封里的两倍。假如你选择了 A,主持人接着问你是否要换选另一个信封。你应该换吗?

后来,你朝手拿着的信封里面瞥了一眼,发现是 100 元钱。于是你知道信封 B 里面要么是 50 元钱,要么是 200 元钱。因为两种可能性的概率是相等的,所以换成信封 B 的预期值是 $1/2 \times 50 + 1/2 \times 200 = 125$ 元钱。由于可以多获利 25 元钱,所以你应该换。无论你在信封里看见的钱是多少,都是这个道理。因此,即使你没有急于看信封 A 的里面,你也有理由换选。

反对换选的人认为,信封 B 里的钱是信封 A 里的钱的两倍的可能性,等于信封 A 里的钱是信封 B 里的钱的两倍的可能性。因此,选 A 和 B 是等价的。反对换选的人还注意到,支持换选的论证包含了一个奇怪的含义。假设信封 B 给了另一个参赛者。换选论证将同样适用于他,因此换选论证也建议他和你对换信封。

图 7.2 让我们交换信封吧,咱俩都可以多得到奖金

两封信悖论的评论者认为,如果你知道提供的现金有限,那么这个问题即是否要换选就可以解决。比如,假如你知道游戏组织者最多提供了 1500 元钱,并且你已经知道自己的信封里是 1000 元钱,那么你就不会换。如果你的信封里是 100 元钱,那么毫无疑问你应该换选。当你知道组织者提供的是多少钱时,你信封里钱的数量就成了另一个信封里有多少钱的线索。

如果不知道提供的钱数,你该怎么办呢?从概率上来讲,这是无解的!换与不换或者可能多得与可能受损是等概率的,故"两个信封"不是一个好的悖论!若还要将这个问题深究下去,则就要借助于经济学的有限价值论了:人们对失去的恐惧要大于获得的。所以,当你认为你的信封里的钱超出了你的预期,那么你应坚持;反之,你不妨换选。物理学家采取的策略是,把无限当做客观上不可能的东西给排除掉了,正像阿基米德不可能撬动地球那样。

4. 铁打的营盘流水的兵

好吧,统计论只给出系综,可是我们对于物理理论的要求毕竟要比这样的统计报告高那么一点啊。假如你去找占卜师算命,想知道自己的寿命有多长,她却告诉你,这个城市的平均寿命是 79 岁,那对你来说似乎没有多大用处啊,你还不如去找保险公司呢。更可恨的是,她居然对你说,你一个人的寿命是没有什么意义的,有意义的只是千千万万个你的寿命的"系综"。

"系综"一词在统计物理课程中是一个难以琢磨和讲不清楚的概念,因为它太抽象了,现实生活中缺少可以类比的例子。然而,我们可以形象地说,"士兵"是系统,"军营"是系综,前者可以变更,但后者是固有的。有了这种对"系综"概念的正确理解,就可以认识到在哲学上,"系统"与"系综"之间的关系。就像公孙龙所说的"白马非马","白马"是"系统",而"马"则是"系综"。"系综"在内涵和外延两个方面都是比"系统"更为高级,更为深刻的概念。量子力学也有这样的问题:"图像"和"绘景",显然,后者比前者意义更广泛。

一直困扰着我们的电子双缝衍射实验,现在让我们从系综的观点来理解。实验告诉我们对同样的系统的观测不会每次都给出确定的结果。但是,我们也不能相信所谓的"叠加"是一种实际上的存在,电子不可能又通过左边又通过右边!我们的结论应该是:对于电子的态矢量,它永远都只是代表系统"全集"的统计值,也就是一种平均情况。

什么叫只代表"全集"呢?换句话说,当我们写下:

$$|电子\rangle = \frac{1}{\sqrt{2}} (|穿过左缝\rangle + |穿过右缝\rangle)$$

这样的式子时，所指的并不是"一个电子"的运动情况，而是无限多个电子在相同情况下的一个统计平均。这个式子只描写了当无穷多个电子在相同的初状态下通过双缝，或者，一个电子无穷次地在同样的情况下通过双缝时会出现的结果。根据量子论，世界并非决定论的，也就是说，哪怕我们让两个电子在完全相同的状态下通过双缝，观测到的结果也不一定每次都一样，而是有多种可能。而量子论的数学所能告诉我们的，正是所有这些可能的"系综"，也就是统计预期。

如此一来，当我们说"电子＝左＋右"的时候，意思就并非指一个单独的电子同时处于左和右两个态，而只是在经典概率上指出它有 50% 的可能通过左，有 50% 的可能通过右罢了。当我们"准备"这样一个实验的时候（即定义了观测方式之后），量子论便能够给出它的系综，在一个统计意义上告诉我们实验的结果。不过，你非要关心单个电子，问它是如何通过双缝并与自己发生干涉，最后在屏幕上打出一个组成干涉图纹的一点的呢？系综理论对这个问题什么都没说，在它看来，所谓"单个电子通过哪里"之类的问题，是没有物理意义的！如果我们不自量力地想去追寻更多，那只不过是自讨苦吃。

所以，电子永远只是粒子，波动性只能用来描述粒子的"全集"；单个猫的死活是无意义的事件，我们只能描述无穷只猫组成的"全集"……

二、平衡态统计力学梗概

本章开篇所引用的李政道先生的话有两层含义：简单性是指它仅有"平衡态下孤立系统的各个微观态出现的概率相等"唯一的假设；应用广泛当然需要在各种近似下完成。在学习中，同学们遇到了概率统计和近似处理两个方面的难题。

玻尔兹曼统计作为最概然统计，是以定域可分辨的单个粒子为研究对象。事先将单粒子相空间化分成许多小相格，这样一来就可以计算微观状态数，显示概率性。在近独立近似条件下，求出使微观态数极大的宏观粒子分布。应用到气体量子热容量、两能级系统的负温度、相对论气体等取得了成功。大部分气体是由分子组成的，这些分子还有内部运动，最简单的是物理与化学常研究的双原子分子，它的内部自由度包括转动、振动和电子激发。能量均分定理是以经典统计为基础，粒子能谱是连续的，用其计算的热容量在低温时比实验值偏大。为解决这一不足需引入关于转动和振动量子能谱的离散形式，计算气体的内能和定容热容量，并给出高温和低温下它们的近似表达式。其中求双原子分子转动配分函数时，在高温下要对角动量量子数的求和变成积分运算，低温高阶小量截断，而对振动自由度要用到级数展开技巧。

在系综理论中，先构造出由 N 个粒子组成的正则系综和巨正则系综，前者系一个系统与一个大热库接触；后者的系统不仅与一个大热源而且还与一个大粒子源相接触。整个系统加环境为一孤立系统。大热源的性质对系统行为没有影响，因此可以假设其是由单原子分子组成的理想气体。从而对联合密度函数中的热源变量积分去除，而获得关于系统变量的分布密度函数。在计算微观状态数时，相同粒子在不同相格中交换不产生新的微观态，即仅考虑粒子组合引起的状态数而不认为不同的排列带来新微观态。相对于玻耳兹曼统计计算的微观状态数，乘以吉布斯修正因子 $1/N!$。最初它是作为量子修正引入到经典统计中，而现在它是自然而然地进入到热力学公式中，因为它保证了自由能、熵和吉布斯函数三个热力学函数的可加性或广延性；历史上用系综理论成功地解决了吉布斯佯谬。

量子粒子均有自旋角动量自由度，要么属于整数自旋的玻色子，要么归为半整数自旋的费米子（遵守泡利不相容原理）。在统计物理范畴内，量子粒子区别于经典粒子有两点：全同粒子的不可分辨性和能级的离散化。物理上凡是不能用经典处理的系统称为简并系统，来源于相同能级但还有其他自由度不同。量子统计学不是完全的量子力学，却成功地解决了能均分定理计算的双原子分子理想气体的定容热容量在低温与实验不符的困难；在高温、低密和重粒子质量情况下，量子系统的简并退化且过渡到经典统计。费米–狄拉克统计和玻色–爱因斯坦统计反映了单粒子态所能填充的平均粒子数对能级和化学势的依赖关系。在 $T=0\,\mathrm{K}$ 极限下有解析解，人们在动量空间发现了玻色–爱因斯坦凝聚。自由电子气或金属晶格模型；光子气和辐射场模型为量子统计的两个著名精确解问题。

7.2 用微观状态解释宏观现象

一、物理学界的贝多芬

路德维希·玻尔兹曼 (Ludwig Edward Boltzmann, 1844—1906) 生于维也纳，卒于意大利的杜伊诺。他对经典统计力学作出了里程碑式的贡献，列举如下：

- 发展了麦克斯韦的分子运动论学说；
- 物理体系的熵和概率联系起来；
- 阐明了热力学第二定律的统计性质；
- 导出能量均分理论；
- 最先把热力学原理应用于辐射，导出热辐射定律，称斯特藩-玻尔兹曼定律；
- 建立了稀薄气体分子的输运方程：玻尔兹曼方程和 H 定理。

图 7.3 玻尔兹曼墓碑上的公式：$S = k \log_e W$

面对这些非凡的"记号"，玻尔兹曼曾用诗一样的语言述说其切身体验："难以置信：结果，一旦发现，是如此自然、简明；而到达的途径却漫长又艰辛。"这也是科学家的悟道之言，只有通过这样的探索，最终才能豁然贯通，找到如此美妙的成果。

玻尔兹曼还注重自然科学哲学问题的研究，著有《物质的动理论》等。作为哲学家，他反对实证论和现象论，并在原子论遭到严重攻击的时刻坚决捍卫它。玻尔兹曼才华横溢，英俊潇洒，因此被誉为物理学界的贝多芬。不过，玻尔兹曼也有着性格上的缺陷，他经常烦恼于他的理论不被同行所认可，说道：

"如果对于气体理论的一时不喜欢而把它埋没，对科学将是一个悲剧；例如：由于牛顿的权威而使波动理论受到的待遇就是一个教训。我意识到我只是一个软弱无力的与时代潮流抗争的个人，但仍在力所能及的范围内做出贡献，使得一旦气体理论复苏，不需要重新发现许多东西。"

玻尔兹曼的一生颇富戏剧性，他独特的个性也一直吸引着人们的关注。有人说他终其一生都是一个"乡巴佬"，他自己要为一生的不断搬迁和无间断的矛盾冲突负责，甚至他以自杀来结束自己辉煌一生的方式也是其价值观冲突的必然结果。玻尔兹曼捍卫科学的精神值得称赞，但不应效仿。

无独有偶，伟大的量子物理学家普朗克也有类似的思想，称之为"普朗克定律"，现在看来却是现代科学的绊脚石。其表述如下：

"一个新的科学真理照例不能用说服对手，等他们表示意见说'得益匪浅'这个办法来实行。恰恰相反，只能是等到对手们渐渐死亡，使得新的一代开始熟悉真理时才能贯彻。"

对普朗克来说，学术争论没有多少诱惑力，因为他认为它们不能产生什么新东西。由于上述说法后来又被学界有重大影响的其他学者，如托马斯·库恩等多次引证，它似乎成了一条自明的真理。

果真如此吗？如果普朗克所言不虚，那么科学争论在科学思想发展史上的意义就要大打折扣了。普朗克为人平和、正直，被誉为"学林古柏"，其高尚的人品是值得人们敬仰的，但并不是他所说的每一句话都是正确的，哪怕这句话多次被人们引用。

二、玻尔兹曼公式

为了更好地说明玻尔兹曼公式的物理意义及其深刻内涵，我们来玩一种

"棋盘游戏"。如图 7.4,这里有一个棋盘,其上有 1600 个格点。分棋盘为两个区域:中间区域为系统 I,有 100 个格点;外面区域有 1500 个格点,为系统 II;系统 I、系统 II 合起来构成一个孤立系统。

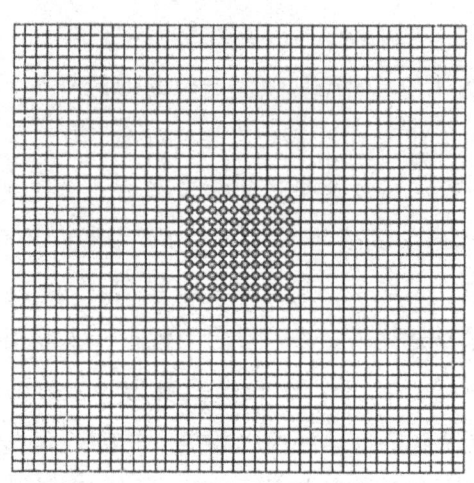

图 7.4　棋盘游戏:始态(本图和图 7.5,图 7.6,图 7.7 均取自于《溯源探幽 熵的世界》)

首先,设想游戏开始前(始态)所有棋子都集中于中间,100 个棋子将系统 I 占满,同时假设它们相互之间不能交换位置,不可自由调动,见图 7.4。即中间的位置都被占满了,而外面系统是空的,没有一个位置被占。也就是说,此时系统只有一个状态,因为不可能有另外一个状态 —— 全部占满(或全部空缺)—— 存在。运用一下玻尔兹曼公式 $S = k \ln W$,熵是一个可加量

$$S_{\mathrm{I+II}} = S_{\mathrm{I}} + S_{\mathrm{II}},$$

而 W 则是一个相乘的量

$$W_{\mathrm{I+II}} = W_{\mathrm{I}} \cdot W_{\mathrm{II}},$$

因只有一个状态,所以 $W_{\mathrm{I}} = W_{\mathrm{II}} = 1$,于是 $\ln 1 = 0$。故系统(整个孤立系统 —— 棋盘)的熵 $S = 0$,即游戏开始前系统处于熵为零的状态。

开始玩游戏,完全无规地将一个棋子拿走,放到外面区域任意格子之中去,见图 7.5(a)。考虑此时系统的熵值,分别计算系统 I 和 II 的熵,然后再计算整个孤立系统的熵。系统 I:100 个格点,99 个占满,1 个空缺,由于这个空缺的

格点可在 100 个格点位置上任意选择，因此 $W_\mathrm{I} = 100$。相应有

$$S_\mathrm{I} = k\ln 100 = 4.61k,$$

类似地，在系统 II，一个格点可在 1500 个位置上任选，所以 $W_\mathrm{II} = 1500$，$S_\mathrm{II} = k\ln 1500 = 7.31k$。结果是从系统 I 移动一个棋子到系统 II 后，整个孤立系统的熵值为

$$S = S_\mathrm{I} + S_\mathrm{II} = 11.92k.$$

继续我们的游戏。再移动一个棋子，从系统 I 到系统 II（见图 7.5(b)），则对于系统 I 来说，这第二个格点的任选度相对第一个格点的程度要小一些，只可在 99 个格点位置上任选，考虑棋子被挪动的次序可以颠倒，而不至于影响结果，所以

$$W_\mathrm{I} = \frac{100 \times 99}{2};$$

同样，挪动到外面区域的棋子可一样考虑。原来 1500 个空位，第二个棋子则有 1499 个空位，所以对系统 II 来说，此时

$$W_\mathrm{II} = \frac{1500 \times 1499}{2}.$$

计算一下很容易得到结果

$$S_\mathrm{I} = 8.51k, \quad S_\mathrm{II} = 13.93k, \quad S = S_\mathrm{I} + S_\mathrm{II} = 24.44k.$$

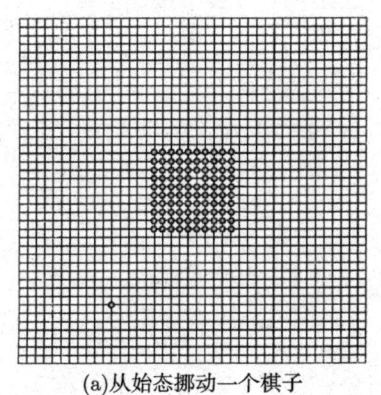 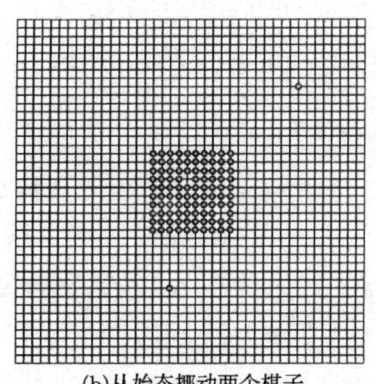

(a) 从始态挪动一个棋子　　　(b) 从始态挪动两个棋子

图 7.5

依次玩下去，将系统 I 中的棋子一一挪动到系统 II 中去，见图 7.6，相应地可分别计算出各个状态的微观状态数及其熵值。据此棋盘游戏给我们绘制出了这样一幅图——系统的熵作为挪动的棋子数的函数之图像，见图 7.7，表明游戏的结果。

由图 7.7 可看出，挪动的棋子数目即系统 II 中的棋子数目增加，熵亦逐步增加，清楚地表明了熵有一极大值。

由对称性的角度来看，在游戏进行到后期，当中间区域的几乎所有棋子都被拿走，中间只剩一个棋子，见图 7.6(a)。此时系统 I 的熵应等于拿去第一个棋子时的熵，即仅剩下一个棋子和开始拿去一个棋子时的熵值应一样；游戏结束，系统 I 之熵值回复到零。这一点已由系统 I 的熵值曲线是对称的得到证实。而系统 II 的熵值曲线则正如我们所预料的呈不对称性，这是由系统 I、系统 II 共同构成的孤立系统呈现不对称的熵值曲线的必要条件。

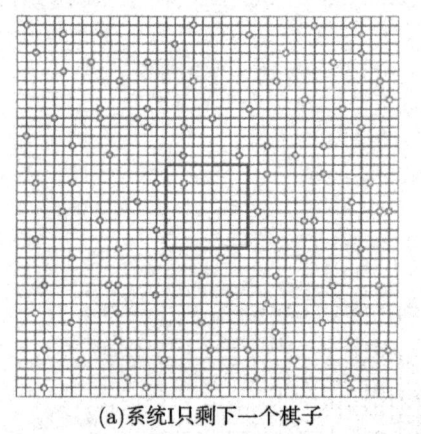 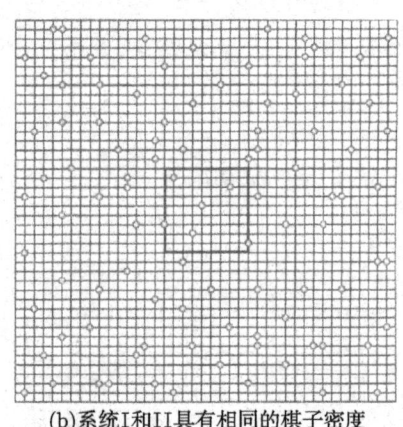

(a)系统I只剩下一个棋子　　　　　　(b)系统I和II具有相同的棋子密度

图 7.6

借助于有趣的棋盘游戏，我们解释了玻尔兹曼公式所揭示的熵涵义。孤立系统的平衡态的熵为极大值。我们从图 7.7 所示曲线上看出，极大值对应的系统 II 中的棋子数在 93~94 之间，这正好对应于系统 I 和系统 II 中棋子的密度（棋子数/格子数）相等，见图 7.6(b)。这可理解为在平衡态，两个系统的密度相等或者温度相等。

这里还有一个值得注意的问题。前面计算 W 值时，为了简化计算，我们假定了棋子具有不可区分性，这是遵循量子力学的全同粒子不可分辨性原理的。在经典物理范围内的粒子，就相当于缩小的棋子，看来大体相同。当然，棋盘游戏模型有一定的局限性，自然界的原子和分子都是处于不断的运动状态，而棋盘上的棋子却是静止不动的，还有待于人来搬弄，实际过程当然不是这样，而是棋子自动地在棋盘上跳动、挪位，一直达到平衡态。

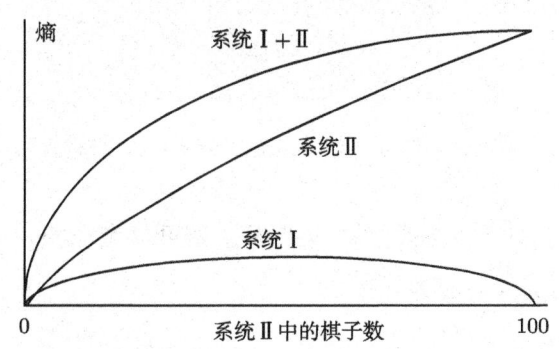

图 7.7　S_I、S_{II} 及 S 与挪动棋子数的关系

三、吉布斯佯谬

与任何一个自然科学理论一样，统计力学是不断发展中的一门学科，而且充满争议。从更积极的角度来看待有关统计力学理论的争论，正如 C. Teche 所说：

"往日所谓的佯谬，正在不断发展为未来的技术。"[1]

统计力学中就有一个非常著名的吉布斯佯谬，其表明用玻尔兹曼最概然统计和系综理论计算的混合气体的熵变不一样。

下面让我们再利用棋盘玩一个游戏。

棋盘分为左右均等的两部分，左边均由黑子所占，右边则由白子所占。黑子数 N_b 和白子数 N_w 相等，各为 800，如图 7.8 所示。

---

[1] Teche C. Science, 2001, 290: 20.

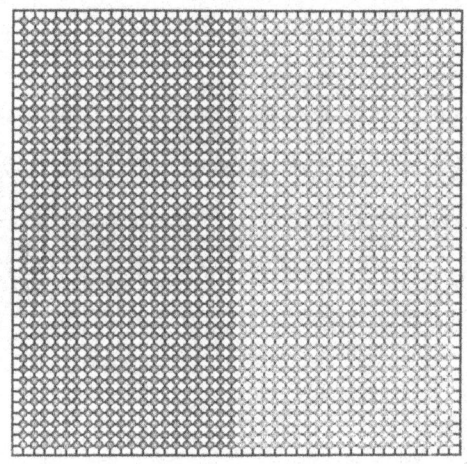

图 7.8　有关吉布斯佯谬（Gibbs' paradox）的示意图

在游戏开始时，只有一种状态，熵为零。如果任意交换一对黑白子，$S = 2k \ln 800$；如果挪动 n 个，应为

$$2k \ln \frac{1}{n!} 800 \times (800-1) \cdots (800-n),$$

熵的极大值出现在

$$n = \frac{1}{2} N_b = \frac{1}{2} N_w,$$

即两种棋子均匀地混合。这一结果也是非常自然的，两种不同的气体，如果将界壁开一个孔，扩散必然导致气体的均匀混合，那么就存在混合熵。混合熵的极大值对应于平衡态，即两种气体在整个容器中均匀分布的状态。

但是这样考虑，存在一个问题。如果将黑子颜色逐渐漂白，当然不影响混合熵的计算结果。漂白过程可以连续地进行，直到它与白子完全无法区分为止。如果棋盘两边都是白子，就不存在混合熵，因为终态与始态完全相同。但只要黑子和白子可区分，则就有确定的混合熵。这意味着在连续漂白过程中，混合熵的行为不是一个连续函数，出现令人意外的情况，不连续地突降为零，使人对此感到困惑不解，这就是有名的吉布斯佯谬。

四、由宏观向微观要究竟

从吉布斯建立了物质的原子论学说以后，人们深入到所要研究的热力学对象（气体、表面、磁介质、电介质，由光子组成的空腔等）的原子分子层次，但不用也无法探究物质颗粒的动力学方程，而是对每摩尔物质含 10^{23} 个分子的颗粒进行按能量分布的状态数统计。使用的手段是排列与组合，具体的统计法仅有四种：玻尔兹曼方法、麦克斯韦–玻尔兹曼方法、费米–狄拉克方法、玻色–爱因斯坦方法，前两种是经典统计，后两个是量子统计。这些无疑是微观世界的事情！

如何将它与宏观系统的热力学性质相联系或者反之呢？这要用到平衡态的概念。在热力学中，系统在平衡态下各个热力学函数具有确定的数值；在统计力学中，平衡态意味着系统最无序即它的微观状态数目最多，因此，粒子按能量分布的概率函数就被唯一给出。然后按照热力学函数的统计平均的定义，找到宏观量与粒子分布密度函数归一化系数之间的关系，这就是配分函数技术。

在近独立近似下（即不考虑粒子间相互作用），粒子能量取离散（ε_i 依赖于能级数）和连续（ε 是粒子坐标和动量的连续函数）两种情况。一个粒子的配分函数写作：

$$Z_1 = \sum_i e^{-\beta \varepsilon_i} G_i \text{ 或 } Z_1 = \int \cdots \int e^{-\beta \varepsilon} \frac{d\omega}{h^r}, \tag{7.1}$$

这里，G_i 是第 i 能级 ε_i 上的微观状态数，$d\omega$ 是相体积元，h^r 是 $2r$ 维相空间相格子的体积，在一个相格子内粒子的坐标和动量均不可区分。上式将所有能级上或能壳内的相格数按玻尔兹曼因子权重求和，所以它还被称作"态求和"(sum-over-states)。系统总配分函数是单个粒子的配分函数的乘积，最后是温度 T、体积 V 和粒子数 N 的函数。根据平衡态下各个热力学态函数（内能、熵、自由能、焓、吉布斯函数等）的定义，特别是系统的内能等于一个粒子的平均能量扩大 N(粒子数) 倍，可以通过对配分函数求导和取自然对数，找出系统热力学态函数与配分函数的关系。例如：自由能 $F = -Nk_BT \ln Z_1$ 和内能 $U = -N\partial \ln Z_1/\partial \beta$。因为热力学函数是宏观观测量，而配分函数包含了微观状态的信息，所以从这个意义上来讲，统计力学肩负着从微观机制上解释宏观行为的责任。

有一点需要注意，熵的微观解释以及由微观粒子的配分函数给出宏观热力学函数，加深了我们对于熵等热力学函数本质和热力学第二定律的理解。但对于许多实际问题，如热机运转、制冷机的工作、化学反应的进行，往往需要具体的计算，用宏观熵的概念也就足够了，不一定每个问题都寻根问底，去探究微观状态数。

7.3 经典和量子的分界线

一、冷却

怎样使某种东西变得冷一些？要使某个东西变得热一些是比较容易的。例如在寒冷的夜晚，如果你需要让自己暖和起来，几乎不用或者根本不用技术就可以生起一堆火来。但是，在炎热的日子里要凉快下来那就是另外一回事了。加热和冷却的差别反映在人类的历史中。远在史前，自从普罗米修斯偷偷地得到了火的秘密以来，我们就一直使用着火。但是让东西冷下来的秘密——制冷——其年龄却比活着的老人大不了多少。

20 世纪 80 年代以来，低温技术最重要的进展是激光冷却技术。激光冷却是指用激光去影响原子的运动，使得原子冷却或捕陷在一个小范围内。它的物理机制是基于原子对光子的吸收、再发射以及反冲。

> 理论和实验最低温度分别是多少？

−273.15°C 被物理学称为理论上的"绝对零度"即 0 K，它是根据理想气体所遵循的规律，用外推的方法得到的。所以也可以把绝对零度说成是"理想气体分子停止运动时的温度"。然而，它不包括量子力学中的"零点运动"，除非瓦解运动粒子的聚集系统，否则就不能停止这种运动，所以绝对零度是不可能达到的。1995 年，科罗拉多大学和美国国家标准研究所的物理学家爱理克·可内尔和卡尔威曼成功地使一些铷原子达到了 2×10^{-8} K，他们是利用激光束和磁陷阱使原子的运动变慢。另外，自然界最冷的地方不是冬季的南极，而是在星际空间的深处，那里的温度是 3 K。

二、多冷才算不热？

一个现实的科学问题提出来了，什么情况下必须用量子模型来代替经典模型？评判的标准有普朗克常量、德布罗意波长、温度等。如果以温度来衡量，那么比较的基准是室温吗？否！现以金属银中的自由电子为例，给出一些量的数量级。

金属的最简单的模型是自由电子模型：认为组成金属的原子都可分解为离子实（原子核加上核外的内壳层电子）及价电子，离子实处于一定的空间点阵上形成金属的骨架（晶格），而价电子脱离了离子实的束缚而在空间点阵内自由运动。在初级近似下，忽略原子实产生的电场及电子间的库仑作用，则金属中的电子气可以看做理想电子气体，服从费米-狄拉克分布。又因为电子质量轻、密度大，所以其是简并性气体，亦即量子效应强。

金属银中的自由电子是单价的，即每个原子有一个价电子。银的密度为 $10.5\times 10^3 \text{kg}\cdot\text{m}^{-3}$，它的原子量是 107，所以

$$\frac{N}{V} = 10.5\times 10^3 \frac{\text{kg}}{\text{m}^3} \times \frac{1\text{ kilomole}}{107\text{kg}} \times \frac{6.02\times 10^{26}\text{atoms}}{\text{kilomole}} = 5.90\times 10^{28}\text{m}^{-3}.$$

因为银是单价的，所以这也就是电子的浓度。费米能等于

$$\begin{aligned}\varepsilon_F = \mu(0) &= \frac{h^2}{2m}\left(\frac{3N}{8\pi V}\right)^{2/3} \\ &= \frac{(6.63\times 10^{-34})^2}{2\times 9.11\times 10^{-31}}\left(\frac{3\times 5.90\times 10^{28}}{8\pi}\right)^{2/3} \\ &= 8.85\times 10^{-19}\text{J} \times \frac{1\text{eV}}{1.6\times 10^{-19}\text{J}} = 5.6\text{ eV}.\end{aligned}$$

费米温度是

$$T_F = \frac{\varepsilon_F}{k_B} = \frac{5.6\text{eV}}{8.62\times 10^{-5}\text{eVK}^{-1}} = 65000\text{ K}.$$

在室温下，$T \ll T_F$，电子气体是简并的。这就是说，即使对摄氏 6 万度的如此"高温"，对金属而言也是"冷"的，必须采用量子模型。

7.4　当代科学方法论

一、图形对判断起举足轻重作用

从认知学的角度来看，一本教科书或一节课中的图像往往会给初学者留下第一和最深的印象。如果示意图画得不准确或者关键的变化规律没有画出来，那么就有可能使初学者难以建立正确的概念，无法解题，甚至造成长久的错觉。另一方面，一篇科研论文的落脚点往往是在结果图上，从图形图像揭示规律比数据本身的精度更重要。很多结论是直接从图形中得出来的，例如：相变、共振，可谓细节决定成败；一些工作利用图形规则而避免繁琐公式来进行，例如：费曼图，可谓巧夺天工。不过，在许多文章中，作者仅简单地重复说出图中曲线的变化情况，即"看图说话"而缺乏深度分析。下面以物理课程为例，通过用理论公式计算出数据来作图，强调图形思维中应注意的事项，即无量纲化、标度化、参数取值范围等。

1. 尽量用真实的数据作图

1824 年，法国工程师萨德·卡诺 (Sadi Carnot，1796—1831) 以理想气体为工作物质完成一个正循环过程，即由两条等温线和两条绝热线组成的准静态循环。它不仅说明了实际循环的极限，而且能方便地给出可逆卡诺热机的效率，也是引入熵的最简捷的途径。然而，许多教材在 p-V 上显示这一循环过程时，用手画而不是根据理想气体的等温和绝热过程方程：

$$pV = C_1, \quad pV^\gamma = C_2,$$

用数据来画的。因而大都将该循环画成了曲边平行四边形，夸大了系统对外做功的面积。

这里选用无量纲参数：$p_1 = 4.0$，$V_1 = 1.0$，$\dfrac{V_2}{V_1} = \dfrac{V_3}{V_4} = 2$ 和 $\gamma = 1.5$。利用上

式将循环过程的所有状态精确地确定了，结果见图 7.9。由此可见，卡诺循环系一个扭曲的曲边四边形。大多教材刻意于两条等温线的"平行"及绝热线比等温线陡的属性。但由于高低等温线通过不同的 (p,V) 区间，所以不能笼统把两曲线说成是"平行"的；而后者的成立也仅是在等温线和绝热线相交点而不是处处。

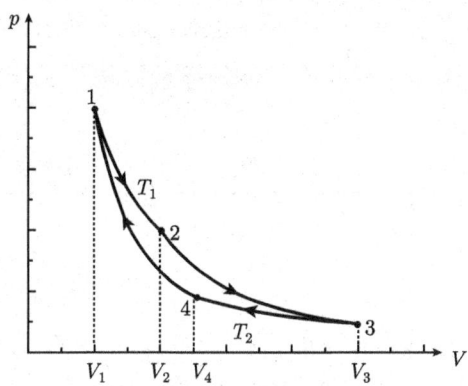

图 7.9 理想气体经历一个卡诺循环的 p-V 图

2. 曲线图的标度化

在计算机上进行数值计算应先将公式和方程进行无量纲化。选什么量为基准应视方便而论，最好使得物理量的定义域和值域不要过大。例如对范德瓦耳斯气体而言，对于非专业的读者来说，并不知晓方程中的两个常量 a 和 b，即使你通过查找物理化学手册，知道了它们的具体数据，但也是在分子水平上的很小的量，你无法在"宏观"坐标系中显示。不过，幸运的是在 p-V 坐标系中，其等温曲线存在一个临界点 (p_c, V_c, T_c)，由方程 (7.2) 前一式中的压强对体积的一阶和二阶偏导数等于零求得。有了临界参数的好处是：依此为单位将原方程无量纲化（亦即标度化处理），令 $p = \tilde{p} p_c$，$V = \tilde{V} V_c$，$T = \tilde{T} T_c$，则范氏气体物态方程变换成为

$$\left(p + \frac{a}{V^2}\right)(V - b) = RT \implies \tilde{p} = \frac{8\tilde{T}}{3\tilde{V} - 1} - \frac{3}{\tilde{V}^2}, \tag{7.2}$$

在固定一个 $\tilde{T}$ 值下，画出 $\tilde{p}$ 随 $\tilde{V}$ 的变化关系即为等温线，见图 7.10。从方程 (7.2) 后一式可知：为了保证压强非负，不能考虑太低的温度；而对高温没有限制，范氏气体等温线退化为理想气体的双曲线。另外一个值得注意的是，若在该图上画出气液共存的实验等温平行于横轴的线段，其切割范氏气体等温线的上下面积应相等，但却是不对称的、上缓下陡。表明当范氏气体体积很小时，若要再压缩气体则需要更大的压强。然而，很多教材在证明麦克斯韦等面积法则时，忽视了这一要求，将范氏气体等温线画成了关于实验等温线上下较对称的三次方型亚稳势。

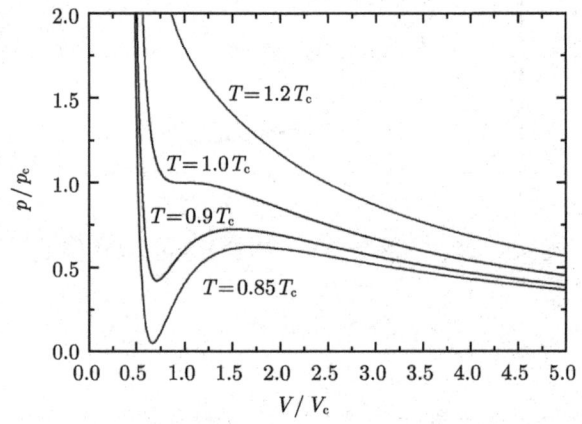

图 7.10　标度后的范氏气体等温线

另外一个图形标度的例子是正则系综的分布密度函数：

$$\rho(E) = \frac{A}{Z} e^{-\beta E} E^{\frac{3}{2}N-1}, \tag{7.3}$$

一些教材直接画出了 $\rho(E)$ 随系统内能 E 变化规律的示意图，并借之讨论正则分布的特点：① 指数项 $e^{-\beta E}$ 随能量的增加而衰减，这意味着系统取较高能量的概率较小，即系统中的粒子更愿意布居在低能处，这是由于粒子的惰性及系统总能量保持为一常量的约束所致；② 在自由 Γ 空间，能量越高的等能面附近所包含的微观态数越多，也容易在该处发现代表点。这两种效应控制着分布密度函数为一个关于能量的非单调函数。

上述结论诚然是正确的，然而我们注意到这里 $\rho(E)dE$ 表示在 Γ 空间能量区域 $E \sim E+dE$ 发现一个代表点的概率，即要确定使能量之和等于 E 的 N 个独立粒子的所有状态，亦为每个粒子的概率的乘积。这是一件困难的事情，因为 $\rho(E)$ 是一个微小量。在这一公式中，E 为体系总能量大小约为 $E \sim Nk_BT$，这里 $N \sim 10^{23}$，则指数项 $\mathrm{e}^{-E/k_BT} \sim \mathrm{e}^{-N}$ 是一个很小的量；同时 $E^{\frac{3}{2}N}$ 的取值却很大，两者都无法在常规坐标系中画出。所以要重新标度，即令 $\tilde{E} = E/(Nk_BT)$，$\rho(E)$ 被放大为 $\rho^{1/N}(E)$，结果见图 7.11。

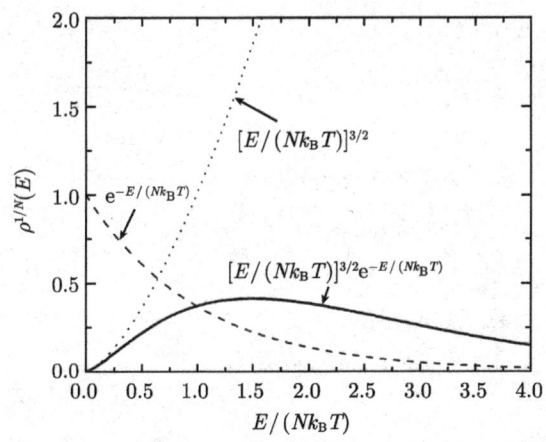

图 7.11 （约化）正则分布密度函数随以 Nk_BT 为单位的能量的变化规律

3. 物理量的尺度变化

双原子分子理想气体定容热容量的计算，是玻尔兹曼统计应用非常成功的实例。它由平动、转动和振动三部分组成，即 $C_V = C_V^t + C_V^r + C_V^v$，其中第一和第三项存在解析表达式，而 C_V^r 需通过如下的双原子分子转动配分函数 Z_1^r 来数值计算

$$Z_1^r = \sum_{l=0}^{\infty} (2l+1)\mathrm{e}^{-l(l+1)\frac{\Theta_r}{T}} \tag{7.4}$$

式中 $\Theta_r = h^2/(8\pi^2 I k_B)$ 为转动的特征温度。

图 7.12 中显示了双原子分子理想气体的定容热容量随温度的变化,出现台阶状,其中三条平行虚线是各运动模叠加后对应的高温经典结果。许多教材的 $C_V(T)$ 图没有将图 7.12 中的两个细节体现出来:一是 C_V^r 应从上方趋于经典值有一个小鼓包,而 C_V^v 从经典结果的下方接近它;二是横轴在 Θ_r 和 Θ_v 中间被截断了,因为这两个值相差很大(如表 7.1 列出的几种分子转动和振动特征温度),因而振动模温度平台比转动模的宽很多,无法在一张图中将它们表示出来。这是国际上科研文章对尺度相差较大物理量图示的惯用做法。

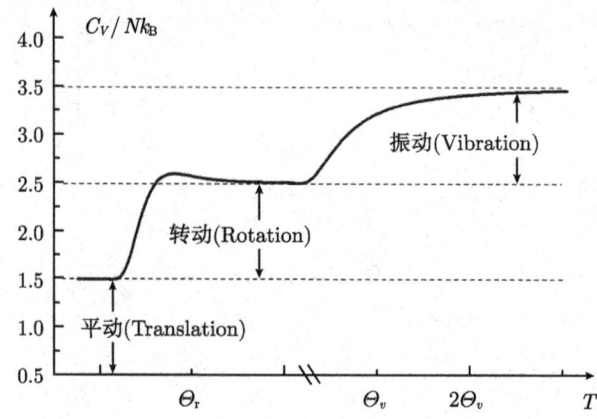

图 7.12 不同自由度对双原子分子气体定容热容量的贡献

表 7.1 几种分子的转动和振动特征温度

	H$_2$	HD	D$_2$	HCL	O$_2$
Θ_r [K]	170	128	86	30	4
Θ_v [K]	6100	5300	4300	4100	2200

二、近似性的重要性

科学工作者阐述他们的理论所具有的精确性,是科学有别于其他人类活动的特点。然而,如果认为精确性非常高的陈述就必然科学,而不那么精确的陈述一定不太科学,那就大错特错了。对物理学来说,粗略的预期估计与高度精确的实得结果具有同等重要的作用;原则上,前者的科学性一点也不会被消弱。对物理学和化学做出重要贡献的莱纳斯·鲍林 (Linus Pauling) 说道:"科学上所取得的进步,大部分要归功于一直在进行的 近似的 量子力学计算。"他将这些计算同另一些精确得多但他认为并不提供多少物理内涵的计算进行了比较,他觉得前者有意义得多。对科研来说,重要的是在给定条件下对精确程度作出适当的判断。

现以统计物理中的斯特林公式、求和变积分、级数展开为例,讨论这些近似性的由来、精度及其作用。

1. 斯特林公式

从研究一个近独立多粒子系统的配分函数与单粒子配分函数的关系出发。在玻尔兹曼统计中,对于由 N 个全同但可区分的近独立粒子组成的系统,总的配分函数 Z 为 N 个相等的单粒子配分函数 Z_1 的乘积:$Z = Z_1^N$。这种对粒子经典微观态的计数方法产生了一些热力学函数非广延性的错误,故需对微观态数引进一个吉布斯修正因子 $1/N!$。我们知道一个多粒子系统中的原子或分子是不可区分的,当两个全同粒子互相交换,系统还是在相同的微观态,那么认为粒子可编号就会多计算系统的微观态数。所以应修正为:$Z = \dfrac{1}{N!} Z_1^N$,这相当于不可分辨粒子的微观态数小于可编号粒子的,即在微观状态数的计算中仅需考虑粒子的组合而不计入排列。

在由系统配分函数来计算热力学函数中,人们会遇到当 N 很大时 $N!$ 的自然对数,

$$\ln N! = \ln 1 + \ln 2 + \cdots + \ln N = \sum_{k=1}^{N} \ln k. \tag{7.5}$$

这其实是图 7.13 显示的 $N=1$ 和 $N=N$ 之间的阶梯虚线下的面积,所有阶梯的宽度等于 1,第一个阶梯的高度为 $\ln 2$,第二个阶梯的高度为 $\ln 3$,等等。这个面积近似等于光滑曲线 $y = \ln N$ 在 1 和 N 之下的面积即积分。随着 N 的增大,光滑曲线变平,则阶梯虚线所围面积与光滑曲线之下的面积的差成为相对小量。从而 $N!$ 的自然对数近似等于

$$\ln N! \simeq \int_1^N \ln N' \mathrm{d}N' = (N' \ln N' - N')|_1^N = N \ln N - N + 1,$$

当 N 非常大时，可以忽略上式右边的 1，那么得出斯特林近似公式

$$\ln N! \simeq N \ln N - N \quad \text{或} \quad \frac{1}{N!} \simeq \left(\frac{\mathrm{e}}{N}\right)^N. \tag{7.6}$$

现简单举例计算，我们用斯特林公式估计 $\ln 10!$、$\ln 50!$ 和 $\ln 1000!$ 的值。原值等于 15.104、148.447 和 5912.129；$N \ln N - N$ 的值分别为 13.025、145.601、5907.755。近似值比真值小了且相对误差是 13.76%、1.93% 和 0.073%。斯特林公式的相对误差随着 N 的变大而缩小，这是因为 $\ln(N+1) - \ln N = \ln(1 + N^{-1}) \to 0$ ($N \to \infty$)，图 7.13 中越往右的小曲边梯形的面积越接近小矩形的面积，以至于最左边的几项差相对于总面积来讲是一个小量，影响甚微。通常组成气体的分子数 N 在阿伏伽德罗常数的量级，即 $N \sim 10^{23}$，那么斯特林公式是一个非常好的近似。

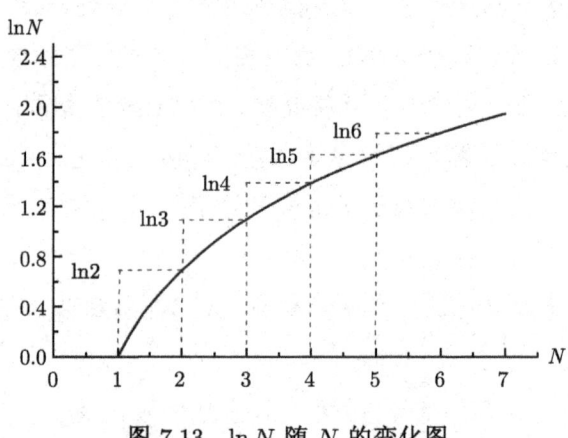

图 7.13 $\ln N$ 随 N 的变化图

值得一提的是，使用斯特林近似公式，使近独立粒子组成系统的诸热力学函数皆为广延量的证明变得容易。系综理论得来的所有热力学函数皆为广延量，而玻尔兹曼统计则不然。事实上，吉布斯在量子力学建立之前就建议在熵公式中减去 $k_B \ln N!$，用之解决了玻尔兹曼统计计算的两相同粒子组成的气体混合后熵增加（而事实上应不变）的佯谬，但当时尚缺乏理论依据，量子统计建立以后，吉布斯建议的含义才得到正确解释。

2. 求和变积分

从离散 (不光滑) 求和到连续 (光滑) 求积，这是一般的逻辑次序，如变力做功。若无法解析求得定积分，则把它看成一个被积函数曲线下的面积，而用很多小矩形面积之和来数值计算。现在为什么又反过来用积分来代替求和呢？首先还是缘于计算的方便性上，将求和近似变成定积分后能给出解析表达式，从而便于分析物理量的行为；还有一个重要原因是物理上量子向经典过渡的要求。

(1) 物理意义

若不考虑被求和的物理量，则求和本身的结果应该是无量纲的"状态数"，将求和变成积分也应该得出"状态数"，故存在如下的对应定律：

$$l \leftrightarrow \{\bm{p}, \bm{r}\}, \quad \Delta\tau \leftrightarrow \frac{\mathrm{d}^3 p \mathrm{d}^3 r}{h^3}, \quad \sum_l \leftrightarrow \iint \frac{\mathrm{d}^3 p \mathrm{d}^3 r}{h^3}, \tag{7.7}$$

式中，l 代表量子能级，如谐振子能级量子数、转动角动量 z 轴投影量子数，$\Delta\tau$ 为能级上的单粒子态数。求和遍及所有量子态，而积分值就是经典意义下的相格子数。

另外需要指出的是，当给定了一个很大但有限的体积，单粒子态彼此非常接近，但还是不连续的。在很小的能量 $\varepsilon \to 0$ 的情况下，用积分代替求和是很差的近似。例如在一个具有周期性边界的盒子中，存在着 $\varepsilon = 0$ 的状态。然而，在积分近似中，由于态密度 $g(0) = 0$，这个状态并不包括进来。初看起来，这似乎不太重要，因为其他状态都已经很好地近似处理了，然而在玻色气体中，$\varepsilon = 0$ 的状态有着特殊的作用。

(2) 数学意义

现从数学上阐明求和变积分的可行性和近似性。最著名的例子当属计算双原子分子的量子转动配分函数，见 (7.4) 式。这一求和不存在闭合形式，通常考虑两个极限情况，即低温要符合实验结果，高温要与经典统计相一致。低温 $T \ll \Theta_r$ 情况下，(7.4) 式中仅有前几项对结果起贡献，这是因为随着角动量量子数 l 的增加，指数项的衰减抵消了权重 $(2l+1)$ 的增加。在高温 $T \gg \Theta_r$ 情况下,量子效应不显著,转动能级间距远小于 $k_B T$,当 l 改变时,$\frac{\Theta_r}{T}l(l+1) = x$ 可以近似看成准连续变量,并且 $dx = \frac{\Theta_r}{T}(2l+1)dl$,即有

$$Z_1^r \simeq \int_0^\infty (2l+1)e^{-\frac{\Theta_r}{T}l(l+1)} dl = \frac{T}{\Theta_r}\int_0^\infty e^{-x} dx = \frac{T}{\Theta_r}. \tag{7.8}$$

由此,我们从量子配分函数出发,在高温情况下得到双原子分子的平均转动能、系统的内能和热容量:$\bar{\varepsilon}^r \simeq k_B T$,$U^r = Nk_B T$,$C_V^r = Nk_B$,与经典能量均分定理所得结果一致。

以上是通常的做法。我们希望考察由 (7.4) 式到 (7.8) 式近似的含义,并提高近似的精度。让我们回归求和与积分都可视为计算"面积"的几何意义上。求和是将阶梯状矩形 ($\Delta l = 1$) 面积相加,而积分则是把曲边梯形 (l 连续变化) 面积来累加。不必进行变量变换,而是遵照求和变积分的数学技巧,亦即进行 (7.8) 式的前一个积分。图 7.14 比较了两种温度下求和与积分的结果,可见后者比前者偏小,下面的式 (7.10) 也证实了这一点。原则上被求和函数随变量变化越平坦,那么用积分计算求和的相对误差就越小,故高温情况下可以用积分代替求和。

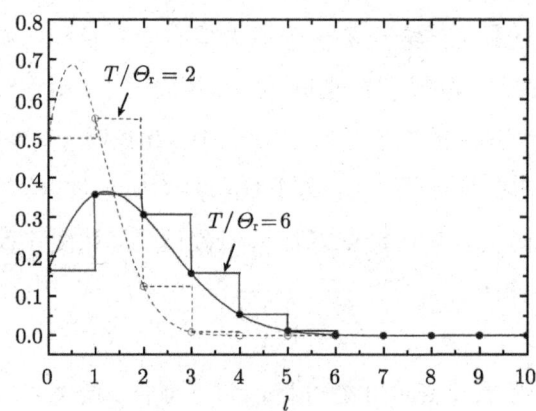

图 7.14 双原子分子量子转动配分函数的两种求法,其中面积是以 T/Θ_r 为单位

*3. 级数展开

温度是热力学与统计物理中最为关键的态变量,研究热力学函数随之变化

的规律成为首要任务。人们经常分不同的温度区间对统计力学模型进行近似处理，从而获得解析结果。切忌笼统说多大的温度是低温或高温，而是要定义一种特征温度为基准，例如：双原子分子气体的转动和振动特征温度、自由电子气的费米温度、玻色–爱因斯坦凝聚的玻色温度、固体热容量的德拜温度等。温度远小于特征温度可被当作低温甚至零温极限，远大于该值则被视为常温或者高温。

从图 7.12 中可见，当温度较高但有限时，量子转动热容量 C_V^r 大于能量均分定理给出的经典结果 (虚直线)；另一方面，当 $T \to 0\mathrm{K}$，必须趋于零。故得出一个结论：转动热容量至少存在一个极大值。图 7.12 的数值结果显示当温度大约等于 $0.8\Theta_r$ 时，其仅有一个约为 $(1.5+1.1)Nk_B$(平动 + 转动) 的极大值。当 $T > \Theta_r$ 时，一个更好地计算式 (7.8) 的值方法是借助于欧拉–麦克劳林公式，

$$\sum_{l=0}^{\infty} f(l) = \int_0^{\infty} f(y)\mathrm{d}y + \frac{1}{2}f(0) - \frac{1}{12}f'(0) + \frac{1}{720}f'''(0) - \cdots, \tag{7.9}$$

式中，$f(y) = (2y+1)\exp[-y(y+1)\Theta_r/T]$。所以

$$Z_1^r \simeq \frac{T}{\Theta_r} + \frac{1}{3} + \frac{1}{15}\frac{\Theta_r}{T} + \frac{4}{315}\left(\frac{\Theta_r}{T}\right)^2 + \cdots. \tag{7.10}$$

对应的转动定容热容量是

$$C_V^r = Nk_B\left\{1 + \frac{1}{45}\left(\frac{\Theta_r}{T}\right)^2 + \frac{16}{945}\left(\frac{\Theta_r}{T}\right)^3 + \cdots\right\}, \quad T > \Theta_r. \tag{7.11}$$

不过，振动热容量在有限高温时，从下方趋于对应的经典值。振动对气体热容量的贡献存在解析结果：$C_V^v = Nk_B(\Theta_v/2T)^2[\sinh(\Theta_v/2T)]^{-2}$，当 $T > \Theta_v$ 时，将此式按 Θ_v/T 泰勒级数展开，有

$$C_V^v = Nk_B\left\{1 - \frac{1}{12}\left(\frac{\Theta_v}{T}\right)^2 + \cdots\right\}, \quad T > \Theta_v. \tag{7.12}$$

从 (7.11) 和 (7.12) 两式的级数展开中可以看出，括号中的第二项一正一负，这就解释了在相应的高温但有限时，双原子分子气体的转动和振动热容量分别从上方和下方趋于经典结果。

综上所述，概率性和近似性是本科教学的两大难点，在教学中应用数学近似处理，是对学生将来从事科学研究的很好训练。引入近似性，一则可以使结果简洁优美、方便地研究物理量变化规律；二是量子向经典过渡的必然需要；三则可以与已知结果进行比较。使用何种数学处理方法，背后必然有其深刻的物理考虑。特别对于求和变积分而言，首先考量的应是在数学上用"曲边梯形面积"代替阶梯小矩形面积之和的近似性，显然，被积函数变化越缓慢效果越好。这就是在高温下计算双原子分子转动配分函数用积分代替求和的原因，而不是能级的连续性。总之，解析推导、近似处理、数值计算三者结合才是一个完整的物理教学体系。

参考文献

[1] 杰弗里·S. 罗森塔尔. 雷劈的真相 [M]. 吴闻译. 上海：上海科技教育出版社，2012.
[2] 冯端，冯少彤. 溯源探幽：熵的世界 [M]. 北京：科学出版社，2009.
[3] 包景东. 热力学与统计物理简明教程 [M]. 北京：高等教育出版社，2011.
[4] 包景东. 重视示意图和结果图分析 [J]. 大学物理，2011, 30(11)：1-4.
[5] 包景东. 近似处理在统计物理课程中的重要性 [J]. 大学物理，2014, 33(10)：1-5.
[6] Hänggi P, Marchesoni F. Articial Brownian motors. Controlling Transport On The Nanoscale [J]. Rev. Mod. Phys., 2009, 81: 387.
[7] Greiner W, Neise L, Stöcker H. Thermodynamical and Statistical Mechanics [M]. New York: Springer-Verlag, 1995.
[8] Pathria R K. Statistical Mechanics [M]. 2nd Edition. Sigapore: Elsevier Pte Ltd., 1997.
[9] Carter A H. Classical and Statistical Thermodynamics [M]. Pearson Education. Inc, Publishing as Prentics-Hall, Inc., 2001.
[10] Morandi G, Napoli F, Ercolessi E. Statistical Mechanics [M]. 2nd Edition. Sigapore: World Scientific, 2002.
[11] Schwabl F. Statistical Mechanics [M]. 2nd Edition. Berlin: Springer-Verlag, 2006.

 # 第 8 章　思维能力训练

"你要勤奋地去做练习，只有这样，你才会发现，哪些你理解了，哪些你还没有理解。"

——索末菲（写给他的学生海森伯的一封信）

我们已经在批判性科学思维之旅中领略了许多美好的事情和人物，也反思了我们头脑中固有的观念。现在让我们听从索末菲的建议吧，检验一下对科学理解得如何？

8.1 需关注的问题

1. 概念和定义

重视基本概念和追求严谨是理工科教学的底线。目前，国内外常见的教科书往往仅给出物理概念的一种定义，但也会有不同的表述与选项。几乎每本教材都为学生布置有思考题，但由于缺乏一定的阅读材料，往往回答思考题比求解习题还困难。如果按照批判性思维的理念，将一个概念的正确和错误的表述都呈现出来，让读者排除干扰辨别是非，那么效果会更好。教师经常对学生们讲要吃透教材，不过，读者不可能读一两本教科书就可成为专家。好的教材只是帮助读者打稳基础，把一些基本概念搞清楚。经过了批判性思维的锻炼，也就是先从"解读"入手，做到对任何事情经过考证才下结论，因为直觉往往是错觉。

2. 结果适宜性

做习题不仅仅是为了解答疑问，更是为了获取知识，将一道道例题和习题中的知识点串联起来，就可窥见本学科的全貌。多看例题、多做习题并举一反三，就可以逐渐弄明白支配学科的东西。例如：态函数存在全微分衍生出可逆热力学态变量之间的关系，从不可逆热力学的"熵定律"（即热力学第二定律）可以看出其他热力学函数的作用；而统计力学归根到底只有一句话："求配分函数"；量子和经典之分在于求和变积分。学生通过"写写画画"的分析手段，用切中要害的物理知识解决问题。

3. 著名规律

众所周知，科学中许多定律是以发现者姓氏来命名的，也有依照结果图形状或随参量变化关系来描述（如 λ 相变、黑体辐射 T^4 律）。后者非常形象但不像前者那样易被人记住。然而，说出具体的观测量与变量的函数关系，特别是一些幂律关系，反映了一个理工科学生的思维能力。统计物理就有不少这样的实例，导出、解释乃至推广那些规律，是理论物理的重要任务之一。

4. 重要常量

常量的使用是本科教学的薄弱环节，但它却是进行定性和半定量分析的基础。作为物理学专业的学生，牢记基本的物理常量（常数）的数值和单位，是基本功扎实的体现。在热力学与统计物理课程中，需分不同的温度区间对模型进行近似处理，从而获得解析结果。切忌笼统说多大的温度是低温或高温，而是要定义一种特征温度为基准。某些物质的某种特征温度的取值可能完全超出想象，例如对于大多数金属来说，室温 (300K) 即可视为热力学零温 ($T \rightarrow 0K$)，其中的电子都可以作为理想费米气体来处理。所以，"评价"物理问题一定要不偏离所探究对象的特性。

5. 物理史话

了解重要科学历史事件和人物是培养学生科学素养不可或缺的题材。课堂讲授中应适时介绍推动本学科发展的里程碑式的工作，例如诺贝尔物理奖和化学奖，当然还有一些佯谬和诘难被解决的方案。

6. 运用逻辑思维

本章尝试着将批判性思维能力的训练落实于科学问题之中，以大学物理课程的核心内容力学和热学，理论物理课程中应用最广的统计物理为例，设计了不拘泥于教材的 150 道四选一判断题。这些问题可能与大家常见的题型不同，大多不需繁琐的计算，而更侧重于逻辑思维的运用。本书的训练题目分为如下四类：

(1) 智力趣题。比如 1 吨木材和 1 吨铁何者较重？其涵义是讨论"视重"和"实重"问题，虽然语境可能误导你，但是你作为一名学习科学的理工科大学生，不要依赖脑筋急转弯，那是违背逻辑的。

(2) 考查知识面。看你对现象和事物观察得细致还是不细致，思考得深入还是不深入。比如：采取哪种姿势跳高更好？你当然看见运动员都是背跃式的，而不是跨跃式、俯卧式、空翻式等。其原因很简单，要看运动员以哪种姿势过横杆时的重心最低。

(3) 必须经过物理定律与定理的检验，而不能靠直觉和日常经验来下结论。虽然你能很快地给出某些问题的答案，但也要言之有理。比如：一列行驶的列车应该加速将停留在路轨上的马车撞开，那是为了避免乘客受伤，道理由非完全弹性碰撞中的动量守恒定律提供了。

(4) 运用已有的知识储备再加上逻辑进行判断。有些问题比较专门，可能超出了你目前的知识范围，但是你也不要放弃或者随便应付，最好通过逻辑推理而给出结果。例如在统计物理的思维训练中，设计了这样一道题目：

以下关于分子能级及其简并度不正确的说法是(　)。
(A) 室温下，绝大多数气体分子占据高激发态；
(B) 盛有分子的容器越大，则分子的能级间隔越宽；
(C) 随着容器的体积减小，则第 j 个能级的值增加；
(D) 随着简并度的增高，则要考虑粒子间相互作用。

分析：这是量子力学中的一个重要问题的推论，质量为 m 的粒子在一个三维无限深的势阱中的能级 ε_j 与立方体体积 V 的关系。经过求解定态薛定谔方程，最终的结果是

$$\varepsilon_j = n_j^2 \frac{\pi^2 \hbar^2}{2m} V^{-\frac{2}{3}},$$

式中，整数 n_j 是一个粒子的量子数，关键的是能级值反比于体积的 2/3 次方。

不过，这个解答太专门了。假如你没学过量子力学，对此类问题如何下手呢？你不妨尽可能用已有的物理知识（定性或半定量）来逐条分析。

室温下的气体分子可以看成是经典粒子，只有量子粒子占据的才是基态和最低的几个能级，所以 (A) 是正确的。容器的体积越大，气体越稀薄，粒子的粒子数密度越低，从而粒子量子行为也就越弱，则它的能级应该连续而不是离散，分子的能级间隔越窄，故 (B) 可能是错误的。这个结论与人们的常识相违背，好像体积越大分子的能级间隔越宽，殊不知分子的坐标运动范围越大，而稀薄气体的分子越显示经典性。

让我们先放一放别急着填写答案，再看看剩下的两个表述如何。反之，容

器的体积减小，不妨假设它尽可能地缩小，显然这时粒子由于致密而显现量子性，那么能级离散，其间隔也就必然宽了。换句话说，高于基态的激发态能级增高了，因此 (C) 是对的。最后要理解什么是简并度？其原意是"能量相同但还有其他不同的量子数"，简并度越高意味着通过外部效应消除它就越困难，无疑这与粒子间存在某种相互作用有关，(D) 也是无误的。综合起来，本题的答案就是 (B) 了。

许多物理问题都要经过解读、分析、评价、推理的批判性思维过程来解决。本书接下来希望以问题及其解答的形式来训练思维能力。最后要向你提议：即使下面的有些题目你做对了，也应看看你给出答案的理由是否科学；而对于答错的问题，更要分析错误出在哪儿。当你把问题及其解答串联起来，也就构成了一门课程的知识轮廓。

表 8.1　一般性的自我评估

为每句话打分。4= 非常同意；3= 同意；2= 部分同意；1= 不同意；0= 非常不同意

描述	评分				
1. 我很适应指出教材中可能存在的缺点	0	1	2	3	4
2. 我可以一直专注于某项活动的具体要求	0	1	2	3	4
3. 我知道"论辩"在批判性思维中的含义	0	1	2	3	4
4. 我能够分析一个论辩的结构	0	1	2	3	4
5. 我可以给出批评而不感到自己因此成为恶人	0	1	2	3	4
6. 我知道"推理过程"的意思	0	1	2	3	4
7. 我知道自己目前的知识可能影响对某件事物的认识	0	1	2	3	4
8. 我很耐心地分析一个论辩中的推理过程	0	1	2	3	4
9. 我擅长识别一个论辩中标志层次的信号	0	1	2	3	4
10. 我可以轻松地从材料中发现关键点	0	1	2	3	4
11. 我很耐心地回顾事实以形成准确的观点	0	1	2	3	4
12. 我可以轻松地辨认出诡辩技巧	0	1	2	3	4
13. 我很擅长读出言外之意	0	1	2	3	4
14. 我可以轻松地评估一个观点的支持证据	0	1	2	3	4
15. 我经常关注细节	0	1	2	3	4
16. 我可以轻松而公正地权衡不同观点的分量	0	1	2	3	4
17. 如果我对某件事物不确定，我会查找更多信息	0	1	2	3	4
18. 我可以清晰地阐述自己的论辩	0	1	2	3	4
19. 我明白如何构建一个论辩	0	1	2	3	4
20. 我可以分辨出描述文体和分析文体	0	1	2	3	4

续表

描述	评分
21. 我可以轻松地发现论辩前后的不一致性	0　1　2　3　4
22. 我擅长识别不同的模式	0　1　2　3　4
23. 我知道自己的成长背景可能影响对事物的公正认识	0　1　2　3　4
24. 我知道如何评估源材料	0　1　2　3　4
25. 我知道科研文章为什么经常运用模糊的语言	0　1　2　3　4
你的得分	

如表 8.1，如果你的得分高于 75 分，说明你对自己的批判性思维能力有信心；如果得分低于 45 分，那么你需要加强思维学习与锻炼。如果你想检验一下大学物理课程，可以接着做力学和热学练习；而对于物理和应用物理专业的学生，希望将统计力学的选择题也做做。

8.2 力　　学

一、能力测试

以下四个选择中只有一个是正确的，请将正确的填在括号内。

1. 力学的奠基人伽利略早在 17 世纪就曾写道："在我们努力不让肩上的重物坠落时，就感觉到重量。但是假如我们和肩上的重物以同样的速度下降时，重物还怎么能压迫我们，使我们觉得不再沉重？"你认为伽利略所指的向下运动，应该是（　　）

　　(A) 匀速；(B) 加速；(C) 减速；(D) 变速。

2. 跳水运动员从弹离跳板腾空而起到落下的过程中，哪一阶段超重或失重？（　　）

　　(A) 跳水运动员起跳前下蹲时失重，用力蹬跳板往上跳时超重，从离开跳板到达最高点时超重，从最高点到入水阶段失重；

　　(B) 跳水运动员起跳前下蹲时失重，用力蹬跳板往上跳时超重，从离开跳板到达最高点时失重，从最高点到入水阶段失重；

　　(C) 跳水运动员起跳前下蹲时超重，用力蹬跳板往上跳时超重，从离开跳

板到达最高点时失重,从最高点到入水阶段失重;

(D) 跳水运动员起跳前下蹲时失重,用力蹬跳板往上跳时失重,从离开跳板到达最高点时超重,从最高点到入水阶段失重。

3. 常听人在闲聊或开玩笑时提出来,1吨木材和1吨铁何者较重?你认为是( )

(A) 木材较重; (B) 同等重;

(C) 不能判断,要看地点; (D) 铁较重。

4. 两匹马各用100千克的力拉一个弹簧秤,秤的指针应指的读数是多少?( )

(A) 0千克; (B) 50千克; (C) 100千克; (D) 200千克。

5. 如图8.1,湖中有两只小船,船上各有一人手持绳子的一端,他们都利用绳子的拉力使船向码头靠近。第一只船上绳子的另一端固定在码头的柱子上;第二只船绳子的另一端由码头上的水手用力向码头方向拉。这三人所用的力大小相同。问哪一只船先到达码头?( )

(A) 不能确定; (B) 同时到达; (C) 第一只船先到; (D) 第二只船先到。

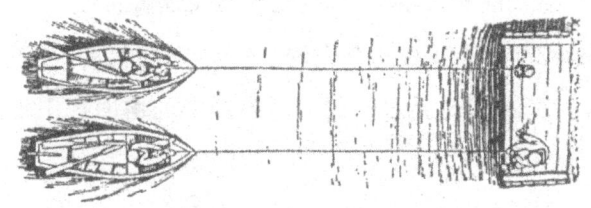

图8.1 哪一只船先到达码头?(取自《趣味力学》一书)

6. 如图8.2,三个物体在重力的作用下分别沿垂直平面上圆的弦 AD、BD 和 CD 运动,其中 AD 通过圆心。运动分别从 A、B、C 三点同时开始,问哪一个物体先到达 D 点?( )

(A) A; (B) B; (C) C; (D) 同时。

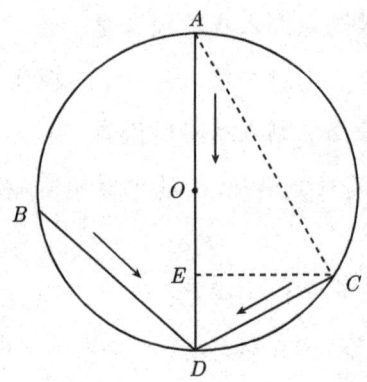

图 8.2 伽利略提出的三颗弹丸问题（取自《趣味力学》一书）

7. 以下为做出一千克米功的四种方式，其中不正确的是（　）

(A) 在地球表面将 1 千克原来静止的物体匀速率提升到 1 米高度所做的功；

(B) 在地球表面以变力的方式，将 1 千克原来静止的物体提升到 1 米高度，该物体被提升后的速度为零，这样所做的功；

(C) 1 千克力作用在 2 千克的物体上，在平行力的方向上移动 1 米；

(D) 1 千克力在与方向相同的 1 米粗糙路程上所做的功。

8. 现有一个装着水的容器以及一个光滑、一个粗糙的两个斜面。初始时将容器静止放在斜面上，水面 AB 是水平的。问容器中的水面在下滑过程中，形状为（　）

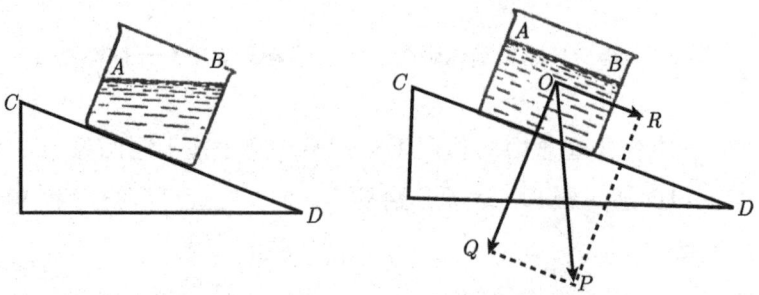

图 8.3 装置水的容器沿斜面下滑，问水面会是什么状态？（取自《趣味力学》一书）

(A) 两种情况均与地面平行；

(B) 两种情况均与斜面平行；

(C) 光滑情况下与斜面平行，粗糙情况下与地面平行；

(D) 光滑情况下与地面平行，粗糙情况下与斜面平行。

9. 突然之间你被困在一个破旧的电梯里，电梯绳索断了将快速下落，怎样做才能让自己少受伤害？( )

(A) 平躺在电梯里；(B) 保持站立姿势不动；(C) 在最后一刻跳起来；

(D) 在最后一刻下蹲。

10. 你驾车行驶在一条单行线上，突然一辆车迎面向你冲过来。为了将自己的损伤在即将发生的危险中降到最低，你是应该将自己的车调整到比对方车辆的速度( )

(A) 更慢；(B) 静止；(C) 更快；(D) 时快时慢。

11. 一列火车在铁路上疾驰。在这条铁路上的一个路口上，有一匹马拉着一辆载着重物的大车停在那里。要想使火车内乘客避免伤害，司机应该采取的措施是( )

(A) 紧急刹车；(B) 降低速度；(C) 保持原速度；(D) 加快速度。

12. 在跳高比赛中，记录的高度当然是横杆的高度，而不是跳高选手的身体所能达到的高度。假设运动员在跳高过程中将质心上移到一定高度，而身体没有触碰到它。若从运动员身体质心位置与横杆高度的关系来看，则如下哪种姿势较好？( )

(A) 跨越式；(B) 俯卧式；(C) 背跃式；(D) 空翻式。

13. 一个质点沿一条直线做匀速率运动，以下不正确的描述是( )

(A) 它的动量守恒；

(B) 它相对直线外一点的角动量守恒；

(C) 它对直线内某点的位置矢径是一个恒矢量；

(D) 其轨迹相对直线外一点的距离不变。

14. 一个人跌倒在结冰的湖中央，如果他想到达岸边，那么他应该( )

(A) 向另一侧岸边抛东西；(B) 站起来行走；

(C) 用手脚蹬冰面；   (D) 向冰面上浇水。

15. 杂技演员骑着自行车沿半径为 r 的圆圈状跑道从上而下地绕了一个整圈。若不计跑道的摩擦，则演员需从高于圆圈顶部 B 处多少的 D 处静止出发，即 $h-2r$ 的最小值等于多少？( )

(A) 0；(B) $\frac{1}{4}r$；(C) $\frac{1}{2}r$；(D) r。

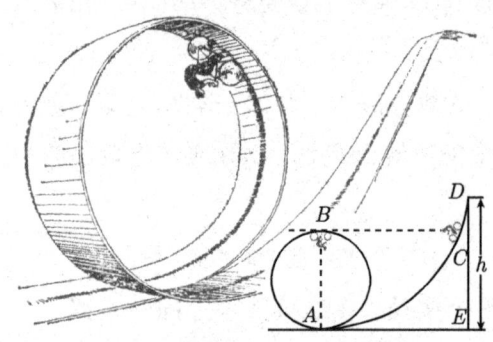

图 8.4 "魔圈"，右下为计算用图

16. 如图 8.5，物体在哪儿更重些？( )

(A) 升上高空；(B) 在地球表面；

(C) 在地心处；(D) 沉入地面下某一位置处。

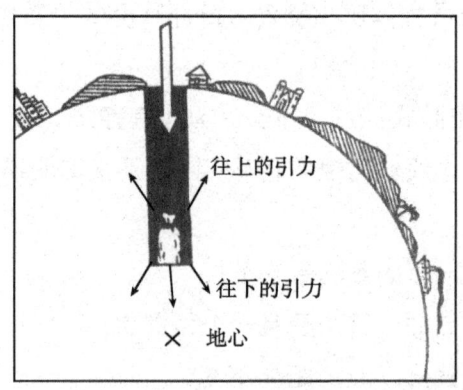

图 8.5 随着向地球内部的深入，重力会变弱还是变强？(选自《趣味物理学》)

17. 假设能钻通贯穿地球的隧道,穿过地球中心。在隧道内部有一质量为 m 的质点,其位于距离地心为 r 处。若设地球内部质量均匀分布,则该质点所受到的引力大小为 (　)

　　(A) 常量; (B) 正比于 r; (C) 反比于 r 的平方; (D) 零。

18. 对行驶的火车轮子而言,其上哪一点在瞬间与车的前进最背离? (　)

　　(A) 车轮的最后面一点 B; 　(B) 车轮的中心 O;
　　(C) 车轮与铁轨的接触点 G; (D) 车轮凸缘的最下方 D。

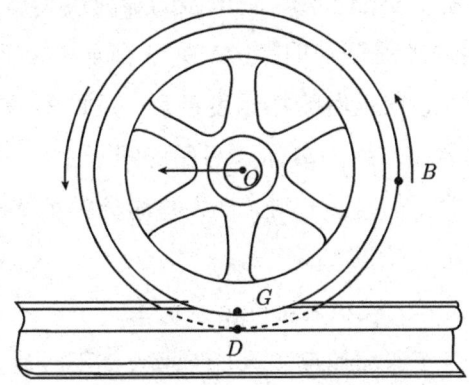

图 8.6　火车车轮具有凸起的边缘,其向左滚动时,判断其上各点的运动速度

19. 以下的动力学方程中,哪个是线性的? (　)

　　(A) $m\dfrac{\mathrm{d}^2 x}{\mathrm{d}t^2} = x^2$; 　　(B) $m\dfrac{\mathrm{d}^2 x}{\mathrm{d}t^2} = 2x + t^2$;
　　(C) $m\dfrac{\mathrm{d}^2 x}{\mathrm{d}t^2} + x\dfrac{\mathrm{d}x}{\mathrm{d}t} = 0$; 　(D) $m\dfrac{\mathrm{d}^2 x}{\mathrm{d}t^2} = \left(\dfrac{\mathrm{d}x}{\mathrm{d}t}\right)^2$。

20. 飞机沿某水平面内的圆周匀速率飞行了一周。对这一运动,A,B,C 和 D 四人展开讨论,你认为谁的观点是正确的呢? (　)

　　(A) 飞机既然作匀速率圆周运动,速度大小没变,则动量是守恒的;

　　(B) 因为向心力大小等于 mv^2/r,且其始终指向圆心,所以向心力是一个恒定力;

　　(C) 飞行一周向心力的冲量等于零;

　　(D) 飞机相对于圆心的角动量亦不守恒。

21. 用卡车运送变压器，变压器四周用绳子固定在车厢内。当卡车紧急制动时，前面或者后面的绳子可能被拉断。以下是分别以地面和卡车为参考系，解释绳索断开的结果和原因，其中正确的是（　　）

(A) 以地面为参考系（惯性系），变压器的加速度向后，后面的绳必有较大的张力才能使变压器产生向后的加速度，所以后面的绳子容易被拉断；

(B) 以地面为参考系，变压器的加速度向后，为使得变压器保持平衡，前面的绳必然受到较大的张力，所以前面的绳子容易被拉断；

(C) 以卡车为参考系（非惯性系），变压器的加速度朝前，而固定变压器的前面绳子提供了它向前作加速运动的拉力，所以前面的绳子容易被拉断；

(D) 以卡车为参考系，变压器的加速度朝后，后面的绳子容易被拉断，这是因为惯性力向前，它的反作用力被加到后面的绳子上。

22. 尾部设有游泳池的轮船直线行驶，一人在游泳池的高台上朝船的尾部方向跳水，以下哪个判断是正确的？（　　）

(A) 如果船的速度过快，跳水人可能落入大海；

(B) 无论船的运动速度和加速度多大，跳水人都不会落入大海；

(C) 如果船的加速度过大，跳水人可能落入大海；

(D) 只要船的速度较慢，跳水人就不可能落入大海。

23. 起重机升降重物，问在什么情况下，合力之功为负？（　　）

(A) 加速上升；(B) 匀速上升；(C) 减速上升；(D) 加速下降。

24. 以下是关于力是否与参考系有关的争论，你认为正确的是（　　）

(A) 力的功与参考系有关，一对作用力与反作用力所做功的代数和也与参考系有关；

(B) 力的功与参考系无关，一对作用力与反作用力所做功的代数和与参考系有关；

(C) 力的功与参考系有关，一对作用力与反作用力所做功的代数和与参考系无关；

(D) 力的功与参考系无关，一对作用力与反作用力所做功的代数和也与参考系无关。

25. 以下是关于动量和角动量的讨论，你认为正确的是（　）

(A) 虽然质点的角动量不为零，但作用于该质点上的力可能等于零；

(B) 质点系的动量为零，则质点系的角动量也为零；

(C) 质点系的角动量为零，则质点系的动量也为零；

(D) 质点做圆周运动必定受到力矩作用，而质点做直线运动必定不受到力矩作用。

26. 下列哪个系统的角动量不守恒？（　）

(A) 冲击摆；(B) 在空中翻筋斗的京剧演员；

(C) 荡秋千；(D) 在水平面上匀速滚动的车轮。

27. 连续的变换的对称性都对应一条守恒律，但是以下有一条表述不正确，请将它挑出来（　）

(A) 空间平移不变性对应于动量守恒；

(B) 时间平移不变性对应于机械能守恒；

(C) 空间转动不变性对应于角动量守恒；

(D) 空间转动不变性对应于转动动能守恒。

28. 试分析以下四个过程中，哪一个具有时间反演不变性？（　）

(A) 跳伞运动员在空中匀速下降的过程；

(B) 汽车在马路上匀速行驶；

(C) 阻力；

(D) 科里奥利力。

29. 关于一个遥远的天体，如下的四个量中，你认为最难测定的是哪一个？（　）

(A) 温度；(B) 运行速度；(C) 距离；(D) 化学成分。

30. 在以下对地球上有季节现象的解释中，不正确的说法是（　）

(A) 一年之中地球到太阳的距离变化不大，对气候没有多大影响；

· 221 ·

(B) 这是因为地球的轨道是椭圆，从而一年之中到太阳的距离在变化所导致的；

(C) 同一个地球，当北半球是夏天时，南半球却是冬天；

(D) 是因为地球的自转轴与公转平面法线有夹角，使得不同地区接受阳光的倾角随地球在公转轨道上的位置而异。

31. 某流星中心距地面一个地球半径，其加速度为（ ）

(A) $\frac{1}{2}g$；(B) $\frac{1}{4}g$；(C) g；(D) 不能确定。

32. 伽利略变换下等价性是指在不同的参考系中的力学规律等价，而不是所观测到的力学现象相同，请问以下哪条发生了变化?( )

(A) 机械功的表达式；

(B) 动量定理；

(C) 牛顿第二定律；

(D) 动能定理。

33. 在以下关于功的性质的表述中，仅有一条是正确的，请挑出来（ ）

(A) 惯性力不做功；

(B) 一个力做的功与参考系选取无关；

(C) 一对内力的功之和在任何参考系下计算都相同；

(D) 各个力做功之和等于合力做的功。

34. 你认为以下关于势能的解释中，哪一条不正确?( )

(A) 势能是通过讨论一对内力做功而引进的；

(B) 当弹簧压缩时，弹性势能为负，而当弹簧伸长时，弹性势能为正；

(C) 对于单个质点而言，不存在势能的说法；

(D) 一般把引力势能取为负值，这是因为选取无穷远为势能零点。

35. 在以下关于质点组功能原理的表述中，仅有一条是正确的，请挑出来（ ）

(A) 质点组所受外力做功等于系统机械能的增量；

(B) 质点组所受非保守外力做功与非保守内力功之和等于系统机械能的增量；

(C) 质点组所受外力与内部非保守力的合力做的功等于系统机械能的增量；

(D) 质点组所受外力功与内部非保守力功之和等于系统机械能的增量。

36. 质心系在处理有些物理问题时具有特殊的作用，以下是关于质心系特点的讨论，其中有一条是错误的，请挑出来（　　）

(A) 质心系下质点组的总动量始终为零；

(B) 质心系下质点组的总角动量始终为零；

(C) 无论质心系是否是惯性系，质心系下的质点组的功能原理中，不需要考虑惯性力的功；

(D) 在质心系下，如果以质心为参考点，惯性力对质心的力矩为零。

37. 一根长为 L、质量是 m 匀质细杆，其两端被绳子悬挂在天花板下，问当其中一端绳子被剪断的瞬间，另一端绳子所受到的张力等于（　　）

(A) 0；(B) $\frac{1}{4}mg$；(C) $\frac{1}{2}mg$；(D) mg。

38. 用棒击球时，若击球点在打击中心附近，则手受到的作用力最小。现将棒球杆简化成为一个匀质细杆，其质量为 m、长为 L，求最佳击球点距离手握杆一端的长度为（　　）

(A) L；(B) $\frac{2}{3}L$；(C) $\frac{1}{2}L$；(D) $\frac{1}{3}L$。

39. 如图 8.7，悬挂在圆周上一点的圆环，叫做圆环摆。如果把它截去任意一段，那么剩余部分的振动周期（　　）

(A) 变小；(B) 不变；(C) 变大；(D) 若截去部分小于半圆周，则周期变小；若截去部分大于半圆周，则周期变大。

40. 下列运动中，哪一个不是简谐振动？（　　）

(A) 完全弹性球在地面上不断地弹跳；

(B) 圆锥摆在某方向上的投影；

(C) 小球在半球形碗底附近来回滚动；

(D) 在一个竖直放置的横截面均匀的 U 形管内，由于小扰动使管内的液体发生上下运动。

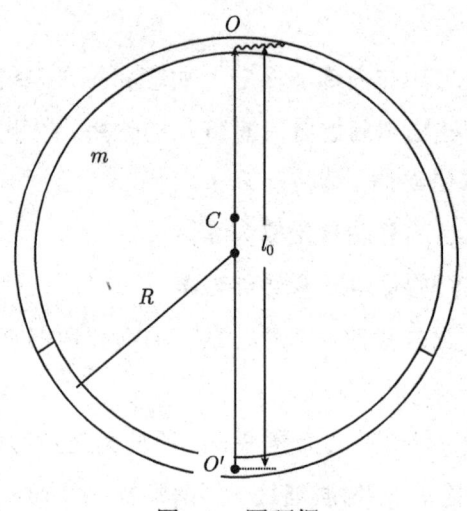

图 8.7 圆环摆

41. 当波从一种介质传播到另一种介质时，下列哪个特征量不发生变化？（　）

(A) 波长；(B) 波速；(C) 频率；(D) 平均能量密度。

42. 从下列色散关系看，哪一个波有色散？（　）

(A) 声波 $\omega = kc_s$；(B) 浅水波 $\omega = k\sqrt{gh}$；(C) 真空中的电磁波 $\omega = ck$；(D) 等离子体中的电磁波 $\omega^2 = \omega_p^2 + c^2k^2$。

43. 自激振动是由非周期力激励的，振动的振幅、波形和频率都由驱动力和受驱系统共同决定。以下的四种振动中，哪一个不属于自激振动？（　）

(A) 心脏的跳动；(B) 高速行驶时车辆的颤动；(C) 自来水管突如其来的喘振；(D) 孩子荡秋千。

44. 以下有一个现象不能利用多普勒效应来判断，它是（　）

(A) 在未看见火车的情况下，凭借火车的汽笛声就可知道火车是进站还是出站；

(B) 地震；

(C) 在高速公路上检查车速；

(D) 2014 年 3 月 8 日马来西亚 MH370 航班失联坠落南印度洋。

45. 在地球和月球的连线上什么地方引力势能最高？那里的引力为多少？以下对这两个问题的四个回答中，仅有一个是正确的，请挑出来（　）

(A) 最大势能在连线的中点，物体在该处所受引力指向地球；

(B) 势能最大值靠近月球，物体在该处所受引力为零；

(C) 势能最大值靠近地球，物体在该处所受引力指向地球；

(D) 最大势能在连线延长线上的某处，物体在该处所受引力为零。

46. 月球外面没有大气层，最科学的解释是（　）

(A) 大气分子因热运动而不断逃离；

(B) 大气分子受月球的引力小于分子所受浮力；

(C) 月球外面无大气压强；

(D) 大气分子由于受到惯性离心力而逃离。

47. 假设一颗行星在通过远日点时质量突然减为原来的一半，但速度不变。问它的轨道和周期有什么变化？（　）

(A) 轨道和周期均没有变化；

(B) 轨道的半长轴为原来的两倍，周期为原来 $2\sqrt{2}$ 的倍；

(C) 轨道从原来的椭圆变为圆，而周期不变；

(D) 轨道的半长轴变短，周期也变短。

48. 一单摆挂在木板上的小钉上，木板质量远大于单摆质量。木板平面在竖直平面内，并可以沿两竖直轨道无摩擦地自由下落。现使单摆摆动起来，当单摆离开平衡位置但未达到最高点时木板开始自由下落，则摆球对于板（　）

(A) 静止；　　　　　　　　(B) 仍做简谐振动；

(C) 做匀速率圆周运动；　　(D) 做变速率圆周运动。

49. 在相对论中，质点的动能不能写作（　）

(A) $E_k = \frac{1}{2}mv^2$；　(B) $E_k = \frac{p^2}{m+m_0}$；

(C) $E_k = mc^2 - m_0 c^2$； (D) $E_k = m_0 c^2 \left(\dfrac{1}{\sqrt{1-\beta^2}} - 1 \right)$.

其中，m_0 是粒子的静止质量，c 为光速，$\beta = v/c$。

50. 在狭义相对论中，设两个粒子的静止质量均为 m_0，速率各为 $\dfrac{3}{5} c$。它们的动量大小相等方向相反，两者发生完全非弹性碰撞。以下是关于碰撞性质及两粒子结合成一体后的静止质量变化的描述，其中正确的是（ ）

(A) 静止质量不变；(B) 能量不守恒；

(C) 静止质量变大；(D) 静止质量变小。

二、结果分析

第 1 题：答案是 (B)。设两者向下的加速度为 a，人肩膀对质量为 m 的重物的支撑力为 N，根据牛顿第二定律，有：$mg - N = ma$，$N = m(g-a)$。所以当 $a > 0$，则 $N < mg$，即重物对人肩的压迫变轻。

第 2 题：答案是 (B)。运动员是超重还是失重，其实是看他的"视重"如何。设想有一个秤随跳水运动员一起以加速度 a 运动，那么秤的读数 N 可根据牛顿第二定律定出，$N - mg = ma$，则 $N = m(g+a)$，这里忽略了空气阻力并规定向上为正方向。那么，当运动员离开跳板后的 $a < 0$，则他处于失重状态；而在离开跳板前，下蹲时 $a < 0$，运动员也是失重的，但向上起跳时 $a > 0$，则为超重。

第 3 题：答案是 (A)。阿基米德原理不仅适用于液体，也适用于气体。空气中的一切物体能排出与自身体积相等的空气，也就减轻了同体积物体的重量。

无论木材或铁，都会丧失本身重量的一部分。因此，要计算真正的重量，就必须加上减轻的那部分重量。由此可知，木材的真正重量是 1 吨木材加上相当于木材体积的空气重量；铁的真正重量是 1 吨铁加上相当于铁体积的空气重量。

因为 1 吨木材的体积比 1 吨铁的体积大（约 15 倍），所以 1 吨木材的真正重量要比 1 吨铁的真正重量要重。更严密地说，在空气中有 1 吨重的木材的实际重量，比在空气中有 1 吨重量的铁的实际重量更大。

1 吨铁的体积为 1/8 立方米，1 吨木材的体积则为 2 立方米，1 吨木材所排出的空气重量约为 2.5 千克，这就是 1 吨木材比 1 吨铁还重的部分。

第 4 题：答案是 (C)。也许有人会回答说：100+100=200 千克或者 100-100=0 千克。这两个答案都错了！正确的应为：100 千克。

对于这个简单问题，我们亦可以用"逆向思维方法"，即假设仅有一匹马，结果会怎样？另外一匹马起什么作用？

如果没有相反方向的马，另外的马就不会对弹簧秤产生任何作用，当然会拖着它跑，而弹簧秤上的指针指向零。其实，秤的读数是一匹马对另一匹马的拉力，一方的马也可以用一堵墙来代替。

第 5 题：答案是 (B)。乍一看我们可能会觉得有两个人拉的那只船会先到码头，因为双倍的力量会产生更大的速度。但是，说有双倍的力作用于第二只船对不对呢？

假如船上的人和码头的水手都各自把绳子向自己的方向拉，那么绳子的拉力就等于他们当中一个人的拉力，这个拉力与船的拉力是相同的。两条船是被相同的力向码头方向拉，所以它们同时达到码头。

第 6 题：答案是 (D)。我们可以证明，较大的速度恰好弥补了路程较长造成的损失。

沿垂线 AD 下落的时间 t(不计空气阻力) 可用公式 $AD = \frac{1}{2}gt^2$ 求出：$t = \sqrt{2AD/g}$。设弹丸沿弦 CD 运动的加速度为 a，利用 $\triangle ACD \sim \triangle CED$，我们看出

$$\frac{a}{g} = \frac{ED}{CD}, \quad a = \frac{ED}{CD}g$$

又因为 $\frac{ED}{CD} = \frac{CD}{AD}$，所以 $a = \frac{CD}{AD}g$。弹丸沿弦 CD 运动的时间为

$$t_1 = \sqrt{\frac{2CD}{a}} = \sqrt{\frac{2CD \cdot AD}{CD \cdot g}} = \sqrt{\frac{2AD}{g}} = t.$$

结果是 $t=t_1$，即沿弦和直径的运动时间相等。当然，这不仅适用于 CD 弦，而且适用于所有终点为 D 的弦。

与之类似的问题是伽利略在《关于两个科学新领域的谈话》一书中提出并解答的。他在这本书中首次描述了他所发现的落体定律："假如从高于地面的圆的最高点上引出不同的到达圆周的倾斜平面，物体沿这些平面下落的时间都是相同的。"

第 7 题：答案是 (A)。(C) 和 (D) 之所以正确，这是因为 1 千克米功有一个方便且不会产生任何误解的定义：如果力的作用方向与位移的方向相同，则千克米就是 1 千克力在 1 米的路程上所做的功。可见这与物体的重量和路程的情况无关，而仅指力而言的。(A) 和 (B) 的定义没有提及力的要素，这里我们假设使物体上升的拉力是 F，根据功能定理即合外力做功等于物体动能的增加，有

$$\int_0^h (F-mg)\mathrm{d}y = \frac{1}{2}mv^2 - \frac{1}{2}mv_0^2,$$

式中 v_0 和 v 分别是物体的初末速度。那么拉力做功为 $\int_0^h F\mathrm{d}y = mgh + \frac{1}{2}mv^2 - \frac{1}{2}mv_0^2$，这里 mgh 等于 1 千克米。所以 1 千克米功应为：在地球表面将 1 千克原来静止的物体提升到 1 米高度所做的功，该物体被提升后的速度仍然是零。

第 8 题：答案是 (C)。

当装水容器沿粗糙的斜面向下运动时，由于摩擦力的作用，它将匀速下滑。这种情况下，在容器中的水面不会倾斜，而是与地面是平行的。这是因为匀速运动不可能使力学现象产生任何与静止状态不同的变化。

若容器沿斜面做没有摩擦的滑动时，则其中的水面与斜面平行。对其原因解释如下：

每个质元的重力 P 可以分解成两个分力 Q 和 R。力 R 使水和容器沿斜面 CD 移动，此时水的质元对容器壁所施加的压力和静止的时候相同（因为容器和水的运动速度相同）。而力 Q 却使水的质元压向容器的底部。所有的力 Q 对

水的作用都和重力对静止液体质元的作用相同。因此水面和力 Q 垂直，也就是与斜面的长边平行。

第 9 题：答案是 (A)。首先应该说明的是，并不知道电梯何时落地，因此 (C) 和 (D) 不可取。(A) 和 (B) 均采取静止不动，从身体受到的压强较小的角度来看，平躺增加了人体与电梯接触的面积，减小了压强，当然在保护好头部的前提下，措施 (A) 是较佳的。

第 10 题：答案是 (A)。设己车的质量为 m_1，碰撞前后的速度为 v_{10} 和 v_1，对方车的质量为 m_2，碰撞前后的速度为 v_{20} 和 v_2；再假设两车材料所决定的碰撞恢复系数为 e。问题归结为测算己车（当然也可是对方车辆）碰撞前后的速度变化量，并将之写为碰撞前两车的初始速度的函数形式。根据动量守恒和恢复系数的定义，有

$$m_1 v_{10} + m_2 v_{20} = m_1 v_1 + m_2 v_2, \quad v_2 - v_1 = e(v_{10} - v_{20}).$$

从中解出在碰撞发生先后，己车速度的变化量：

$$v_{10} - v_1 = \frac{e m_2}{m_1 + m_2}(v_{10} - v_{20}).$$

若设 $v_{10} > 0$，则 $v_{20} < 0$，从而 $|v_{10} - v_1| = em_2/(m_1 + m_2)(v_{10} + |v_{20}|)$。这表明要想使己车的速度改变最小，那么双方车辆在不可避免发生碰撞时，均应减速。

第 11 题：答案是 (D)。这是来自托尔斯泰写的《初级读本》中讲述的一个故事。

从力学角度来看，这是一个非完全弹性碰撞，可以用恢复系数 e 来刻画。对于一定材料的两碰撞物体，碰撞后分开的相对速度与碰撞前接近的相对速度成正比，即

$$e = \frac{v_2 - v_1}{v_{10} - v_{20}},$$

其中，v_{10} 和 v_1 代表火车与马车相撞前与后的速度，v_{20} 和 v_2 代表马车被火车撞前与后的速度。一般情况下，$0 \leqslant e \leqslant 1$，所以上述碰撞情况介于完全弹性碰

撞 ($e=1$) 和完全非弹性碰撞 ($e=0$) 之间。

按题意马车撞前速度为零 ($v_{20}=0$),又设火车和马车的质量分别是 m_1 和 m_2,根据动量守恒定律,有

$$m_1 v_{10} = m_1 v_1 + m_2 v_2,$$

解出 v_1 和 v_2,

$$v_1 = \frac{1-e\frac{m_2}{m_1}}{1+\frac{m_2}{m_1}} v_{10}, \quad v_2 = \frac{1+e}{1+\frac{m_2}{m_1}} v_{10}.$$

由于马车的质量 m_2 远小于火车的质量 m_1,那么 $v_1 \approx v_{10}$,即火车在碰撞之后仍然保持着原来的速度,乘客们感觉不到任何震动(感觉不到速度的变化)。

那么马车又怎样呢？它的速度在碰撞之后是 $v_2 \approx (1+e)v_{10}$,比火车的速度还大。火车在碰撞前的速度 v_{10} 越大,马车在碰撞瞬间得到的速度就越大。要想使火车避免事故,必须要克服马车的摩擦。如果碰撞的力量不够大,马车就会停留在铁轨上,构成严重的障碍。

火车司机加大火车速度的做法是完全正确的,多亏他的这个决断,火车才得以使自身不受到震动,而将马车从铁轨上撞开去。应该指出,托尔斯泰的这个故事是相对于他那个时代速度比较低的火车而言的。

第 12 题:答案是 (C)。判断哪种跳高姿势好的标准是运动员过横杆时的重心最低。采取背跃式的运动员在跃过横杆时,由于其身体向下弯曲,那么当他整体通过横杆时,而他的重心却是从横杆以下移动的。

第 13 题:答案是 (C)。在此情况下,质点的位矢方向恒定但大小却变化。

第 14 题:答案是 (A)。由于人与光滑的冰面之间无摩擦,因此无法依靠力的影响从湖中央到达岸边。正确的做法显然是:利用动量守恒定律,他向要抵达岸边的反方向抛掷物体,从而获得向岸边运动的速度。

第 15 题:答案是 (C)。

这个"魔圈"杂技是由两名杂技演员在 1902 年同时发明的。他们中的约翰逊称之为"魔鬼圈",努力瓦吉特称之为"摩菲斯特圈"。

令 $h-2r=x$。首先,自行车在沿斜坡下行到同 B 点同样高度的 C 点位置时,它的速度应等于位于 B 点的速度,$v=\sqrt{2gx}$。因此自行车到达 B 点的速度也等于 $\sqrt{2gx}$。

自行车到达最高点时,如果不至于跌落,须获得比重力加速度更大的向心加速度,那么 $v^2/r>g$ 或 $v^2>gr$。我们已知 $v^2=2gx$,所以 $x>\dfrac{1}{2}r$。

要完成这个令人目眩的表演必须建造这样一种装置,其跑道斜坡的最高点要高出圆形道最高点,两者之差应大于圈半径的一半。这里,跑道的坡度是无所谓的,要的只是高度。没有这个条件,纵有再高超的车技也无济于事,他必定在骑到圈的上半部分时跌落下来。

第 16 题:答案是 (B)。在地球表面引力最大。

地球对物体的引力,随着离开地面的距离的增加而减小。相反的,进入地球内部,按理说,愈接近地心,引力就愈大,也就是砝码的重量在地球深处应该比在地表面重。事实上,这种推测并不正确。因为愈深入地球内部,重量非但不会增加,反而会减少。理由何在?

原因是一旦深入地球内部,地球对物体的引力就不单是作用在物体的一侧(底部),而是作用于物体的周围。在地球深处的砝码,一方面受到下方地球的部分向下的引力而往下拉;另一方面,又受到砝码上方地球部分的引力而往上拉。这就是说,如果砝码位于地心与地表之间,假定对砝码的作用仅有万有引力,那么砝码愈深入到地球内部,则重量就会愈少;达到地心时,物体就会失去重量,即呈现无重量状态。所以,物体在地表面时最重,离开地面无论是往上还是往下,重量都会减轻。

第 17 题:答案是 (B)。

我们知道在距离地球中心 r 处的物体上的引力完全由半径为 r 的球面内物质的总量引起的。物体外部的物质壳施加在它上面的合力为零。我们假设地

球的密度为 ρ,于是半径为 r 的球体内部的质量 $M = \frac{4}{3}\pi r^3 \rho$。这个质量可以作为质量集中在地球的中心来处理。因此,作用在质点上的引力大小是

$$F = G\frac{Mm}{r^2} = G\frac{\frac{4}{3}\rho\pi r^3 m}{r^2} = kr,$$

这个力的方向朝着地心。

第 18 题:答案是 (D)。这个问题属于刚体力学中的平面平行运动。

设车轮的半径为 R,其中心向左移动速度为 v_C,车轮逆时针绕中心转动的角速度为 ω,建立向右和向上为正方向的平面直角坐标系,所列四点的瞬时速度矢量分别为

$$\boldsymbol{v}_o = -v_C \boldsymbol{i}, \quad v_G = v_C - \omega R = 0, \quad \boldsymbol{v}_D = -[v_C - \omega(R+\Delta)]\boldsymbol{i}, \quad \boldsymbol{v}_B = -v_C\boldsymbol{i} + \omega R\boldsymbol{j}.$$

按照纯滚动条件:$v_C = \omega R$,那么 $v_C - \omega(R+\Delta) < 0$ 这里 Δ 是 G 和 D 之间的距离,所以 D 点瞬时速度向右,与火车运动方向最背离。

第 19 题:答案是 (B)。本题中 t 是自变量,x 是因变量。判断一个动力学方程是否为线性的方法是:令 $x_1(t)$ 和 $x_2(t)$ 满足该方程,如果这两个解的线性叠加 $\alpha x_1(t) + \beta x_2(t)$ 也满足该方程,那么这个方程就是线性的。由此可见方程 (A), (C) 和 (D) 均不具备这一性质,所以它们都是非线性动力学方程。

第 20 题:答案是 (C)。飞机的动量方向取决于它速度的方向,飞机在圆周运动中其速度的方向一直在变化,所以它的动量不守恒;向心力作为一个矢量,它的方向是否变化,不是依据它始终直向圆心,而是看它与某个给定方向的夹角是否变化,故向心力的大小不变但方向却在变化,就不是一个恒定力;根据角动量的定义 $\boldsymbol{L} = \boldsymbol{r} \times \boldsymbol{p}$,这里 $\boldsymbol{r}$ 是飞机以圆心为坐标原点的位置矢量,$\boldsymbol{p} = m\boldsymbol{v}$,飞机的位置矢量始终垂直它的速度矢量,而这两个量的大小恒定,所以角动量大小 $L = rmv$ 不变,方向始终垂直飞机位置矢量和速度矢量所确定的平面,故飞机相对于圆心的角动量守恒。

第 21 题：答案是 (A)。卡车紧急制动的目的是使它的速度尽快降为零，因此卡车的加速度向后即与它行驶的方向相反。设固定变压器前后绳子的张力分别是 T_1 和 T_2，若以地面为参照系选向后为正方向，则按照牛顿第二定律，有 $T_2 - T_1 = ma > 0$，所以 $T_2 > T_1$，即后面的绳子承受的拉力较大易被拉断。(D) 是错误的，这是因为以卡车为参考系，变压器就不再具有加速度。

第 22 题：答案是 (C)。这是因为若以船为参考系，则跳水人受到一个与船加速度相反的惯性力，又人离开船后不受使他随船一起运动的摩擦力或支撑力，那么他就有可能落入大海。

第 23 题：答案是 (C)，以起重机和重物为研究对象，它们受两个力作用：绳的拉力和重力，按照质点动能定理，合力做功为 $A = E_k - E_{k0}$，对于减速上升过程，末态动能小于初态动能，所以，$A < 0$。

第 24 题：答案是 (C)。因为选择不同的参考系，物体的位移不同，所以力做功不同；不过，由于一对作用力与反作用力做功仅与两个物体的相对位移有关，所以两者做功之和与参考系无关。

第 25 题：答案是 (A)。这个问题启发我们：只要找到一个反例，就可否定一个表述；而一个表述若被认为是正确的化，则它应对任何情况都成立。

第 26 题：答案是 (C)。

第 27 题：答案是 (D)。

第 28 题：答案是 (D)，这是因为科里奥利力的表达式 $F = 2m\boldsymbol{\omega} \times \boldsymbol{v}_{相对}$，当实施时间反演 $t \to -t$，$\boldsymbol{\omega} = d\boldsymbol{\theta}/dt \to -\boldsymbol{\omega}$，$\boldsymbol{v}_{相对} \to -\boldsymbol{v}_{相对}$，所以科里奥利力是关于时间反演不变的。

第 29 题：答案是 (C)。当距离确定后，测量角速度就可以决定横向速度，测量光谱的多普勒效应就可以决定它的纵向速度。至于天体的化学成分，则可以通过光谱分析确定。

第 30 题：答案是 (B)。

第 31 题：答案是 (B)。选地心参考系，设流星质量为 m_1，地球质量为 m_2，R 为地球半径，则

$$G\frac{m_1 m_2}{(2R)^2} = m_1 a$$

可求出 $a = Gm_2/(4R^2)$，因为在地球表面 $g = Gm_2/R^2$，所以 $a = g/4$。

第 32 题：答案是 (A)。

经典力学中两个惯性系之间的时空坐标变换关系称为伽利略变换。它所包含的经典时空观的特点是：同时性、时间间隔、杆的长度均与参考系的选取无关，是绝对的。

第 33 题：答案是 (C)，这是因为位移是与参考系选择有关的。

(D) 也是不对的，因为在力的作用过程中，各质点的位移不同，所以必须分别求各力的功基础上再求和。

第 34 题：答案是 (B)。弹簧与物体组成的系统的弹性势能正比于弹簧长度减去自然长度的平方，所以当将势能零点选在弹簧自然长度时，则弹簧压缩和拉长的弹性势能均为正。

第 35 题：答案是 (D)。

(A) 是不对的，因为系统机械能仅包含了保守内力所做功，而应将非保守内力做功连同外力做功当成系统机械能改变的原因。

(B) 从概念上讲，保守力与非保守力是针对一对内力来说的，单独说一个力是保守力还是非保守力是没有意义的。

(C) 不能先求合力再计算功，而应计算各个力做功然后相加。

第 36 题：答案是 (B)。这是一个比较精致的力学问题，需要从各个量的定义出发，写出四个选项中待判断量的表示式。

(A) 是正确的，现给予证明：在质心系下，动量的定义为

$$p' = \sum_i m_i v'_i = m\frac{\mathrm{d}}{\mathrm{d}t}\sum_i \left(\frac{m_i r'_i}{m}\right) = m\frac{\mathrm{d}r'_c}{\mathrm{d}t},$$

其中，r'_c 为质心系下质点组的质心位置，依质心的定义可知 $r'_c = 0$，从而 $p' = 0$。

(C) 是正确的，分两种情况证明。

(i) 如果质心系是惯性系，那么 $F_{惯} = 0$，导致 $A_{惯} = 0$。

(ii) 如果质心系是非惯性系，由质心系的定义知道，它将是平动加速的非惯性系。第 i 个质点所受的惯性力 $F_{i惯} = m_i(-a_c)$，其中 a_c 为质心系相对惯性系的加速度。所有惯性力功之和等于

$$A_{惯} = \sum_i \int F_{i惯} \cdot \mathrm{d}r'_i = \sum_i \int (-m_i a_c) \cdot \mathrm{d}r'_i$$
$$= a_c \cdot \int \sum_i \left(-m_i \frac{\mathrm{d}r'_i}{\mathrm{d}t}\right)\mathrm{d}t = -a_c \cdot \int (\sum_i m_i v_{ic})\mathrm{d}t,$$

由于在质心系下，质点组的动量 $p_c = \sum_i m_i v_{ic} = 0$，所以 $A_{惯} = 0$。

(D) 也是正确的。在非惯性系，每个质点所受的惯性力方向与加速度方向相反，那么，质点组所受惯性力对质心的力矩为

$$M_{惯} = \sum_i r_{ic} \times (-m_i a_c) = -m\left(\frac{\sum_i m_i r_{ic}}{m}\right) \times a_c = 0,$$

式中，r_{ic} 是第 i 个质点相对于质心的位置矢量。因为在质心系中，质点组的质心被选在坐标原点，所以 $\sum_i m_i r_{ic} = 0$。

第 37 题：答案是 (B)。现计算如下：依据刚体的质心平动、转动定律以及线量与角量的关系，有

$$mg - T = ma_c, \quad mg\frac{L}{2} = \frac{1}{3}mL^2\alpha, \quad a_c = \alpha\frac{L}{2},$$

$$T = mg - m\frac{L}{2}\frac{mg\frac{L}{2}}{\frac{1}{3}mL^2} = \frac{1}{4}mg.$$

第 38 题：答案是 (B)。解答如下：

刚体在水平方向的力矩作用下，绕手握点做定轴转动。设棒球击打点与定轴的距离为 x，击打水平力为 f，质心加速度为 a_c，杆绕定轴的角加速度为 α，手握杆的水平力为 F_t。按照质心运动定理和刚体转动定律，有

$$f + F_t = ma_c = m\frac{1}{2}L\alpha, \quad fx = \frac{1}{3}mL^2\alpha,$$

$$F_t = \left(\frac{3x}{2L} - 1\right)f, \quad F_t = 0 \Rightarrow x = \frac{2}{3}L.$$

第 39 题：答案是 (B)。证明如下：

这是一个复摆问题。对于质量为 m、半径为 R 的圆环，其绕定轴的微小振动的周期公式为

$$T = 2\pi\sqrt{\frac{I}{mgr_c}} = 2\pi\sqrt{\frac{2mR^2}{mgR}} = 2\pi\sqrt{\frac{2R}{g}}.$$

式中，I 为复摆绕定轴的转动惯量，r_c 是复摆质心到定轴的距离。

设圆环剩余部分的质量为 m'，它的质心距定轴的距离为 r_c，其绕质心的转动惯量为 I_c，则剩余圆环绕定轴的转动惯量为 $I = I_c + m'r_c^2$。绕剩余圆环质心的转动惯量可以用平行轴定理计算，因为圆环上的每个质量元与完整圆环中心距离均为 R，则 $I_c + m'(R - r_c)^2 = m'R^2$，从而

$$\frac{I}{m'r_c} = r_c + \frac{I_c}{m'r_c} = r_c + \frac{m'R^2 - m'(R - r_c)^2}{m'r_c} = 2R,$$

代入前一个复摆周期公式，可知本题得证。注意对于这个问题，如果去求剩余部分的质心，以及按照转动惯量的定义来计算剩余圆环绕定轴的转动惯量将是麻烦的。

第 40 题：答案是 (A)。反复运动并不是简谐振动，后者要满足几个条件：(1) 首先存在一个平衡位置；(2) 物体所受到的合外力 (矩) 应该是线性回复力 (矩)，即力 (力矩) 的大小与物体偏离平衡位置的距离 (角度) 成正比，方向始终指向平衡位置；(3) 数学上讲，动力学变量 x 满足：$\ddot{x}(t) + \omega^2 x(t) = 0$。

第 41 题：答案是 (C)。波的频率 ν 与波源性质有关而与振动系统无关，波的传播速度 v 与介质有关，波长 $\lambda = v/\nu$ 和平均能量密度 $\bar{\varepsilon} = \frac{1}{2}\rho\omega^2 A^2$，两者均与媒介有关。

第 42 题：答案是 (D)。ω 与 k 不成正比叫做有色散，以此判断。

第 43 题：答案是 (D)。孩子玩的荡秋千是一个受迫振动。每个人都知道怎样去推秋千使它有大的振动幅度，如果你想让孩子摆动得高一些，你就按秋千运动的步调来推。在每次摆动的同一点上加一个小的力，就是把你的助推频率调整到秋千的固有频率上，而秋千就是一种摆，振幅变得越来越大，因为每推一次就向系统加了能量。然而，如果助推与运动不同步，推动力与运动方向相反，那么就会造成振幅减小。

第 44 题：答案是 (B)。这是因为多普勒效应是利用运动的波源，而地震的震源是不运动的。

第 45 题：答案是 (B)。详解如下：

设地月之间的距离为 l，质量为 m 的物体在地月连线上距地 r 处的引力势能为

$$E_p = -\frac{GmM_{地}}{r} - \frac{GmM_{月}}{l-r},$$

用求导法求极值，

$$\frac{dE_p}{dr} = \frac{GmM_{地}}{r^2} - \frac{GmM_{月}}{(l-r)^2} = 0,$$

$$M_{地}(l-r)^2 - M_{月}r^2 = 0, \quad r = \frac{M_{地}l}{M_{地}-M_{月}}\left(1 \pm \sqrt{M_{月}/M_{地}}\right).$$

月地的质量比 $M_{月}/M_{地} = 0.012$，代入上式，舍弃不合理的"+"号，得

$$r = \frac{l}{1-0.012}(1-\sqrt{0.012}) = 0.90l.$$

即离地球 $0.9l$ 处的引力势能最高，该处引力等于零。

第 46 题：答案是 (A)。月球的质量较小，因此在月球上的逃逸速度较小，只有 2.4km/s（地球上的逃逸速度为 11.2km/s），致使月球表面上的大气分子因热运动而不断逃离。

第 47 题：答案是 (A)。

行星在通过远日点时速度不变，质量突然减为原来的一半，与质量成正比的行星动能、势能和机械能也同样减半。又从开普勒第三定律知，周期 $T' = \sqrt{a'^3/K} = \sqrt{a^3/K} = T$（开普勒常量 K 只与太阳质量有关，与行星的任何参量无关），即周期也没有变化。

第 48 题：答案是 (C)。在木板参考系内，摆球受到一个竖直向上的惯性力，其与重力相抵消，以致摆球仅受绳子的拉力，而这个力提供了摆球作匀速率圆周运动的向心力。

第 49 题：答案是 (A)。在狭义相对论中，尽管粒子的质量为 $m = m_0/\sqrt{1-v^2/c^2}$，但是粒子的动能也不能写作 $E_k = \frac{1}{2}mv^2$，应由 $E_k = mc^2 - m_0c^2$ 计算，这是因为粒子的动能 E_k 应等于总能 mc^2 减去静能 m_0c^2。

第 50 题：答案是 (C)。两粒子碰撞过程动量守恒 $\boldsymbol{p}_1 + \boldsymbol{p}_2 = 0$，故它们碰撞后处于静止。用 $E_1 = E_2$ 表示各自的能量，根据能量守恒得后来的能量为

$$E = E_1 + E_2 = \frac{2m_0c^2}{\sqrt{1-(3/5)^2}} = \frac{5}{2}m_0c^2.$$

因最终结合体静止，用 m'_0 表示结合体的静质量，有 $m'_0 = \frac{5}{2}m_0$。碰前两粒子的静能为 $2m_0c^2$，碰撞后变为 $\frac{5}{2}m_0c^2$，表明动能转化为静能。原来静止质量为 $2m_0$，碰后的静止质量为 $\frac{5}{2}m_0$，故碰撞后系统的静止质量增加了。

8.3 热学与热力学

一、能力测试

以下四个选择中只有一个是正确的，请将正确的填在括号内。

1. "热",在热物理学中有两个意思,其一是温度升高的现象;其二是热量的简称。以下有一条不正确的说法,请挑出来( )

(A) 功变热;

(B) 物体内部大量分子无规运动越剧烈,物体也越热;

(C) 一定热量的产生或消失,总伴随其他形式的能量;

(D) 温度较高的物体,意味着它具有较高的热量。

2. 热力学第零定律简述为"和第三个物体分别处于热平衡的两个物体,它们之间也互为热平衡"。该定律亦是测量温度的理论依据,违背了它,便测不准温度。以下四个表述中有一个正确的关系,请挑出( )

(A) 两个喜欢同一个女生的男生,也会互相喜欢;

(B) 水和酒精可以互溶,汽油和酒精可以互溶,则水和汽油也互溶;

(C) 热力学第零定律没有被人们认真予以接受,其原因是人们把物质系的热平衡看作热力学其他三个定律的前提条件;

(D) 无论被测物体的质量多大,用温度计总是可以精确测出待测物体的温度。

3. 可以测量任意高的温度的温度计是( )

(A) 光测温度计;(B) 蒸气压温度计;(C) 磁温度计;(D) 气体温度计。

4. 如果系统和环境都没有任何变化的情况下,可以使系统从终态回复到始态的过程,叫做可逆过程。判断以下四个过程中,哪一个更接近于可逆过程?( )

(A) 房间内一杯水蒸发为气;

(B) 在等温等压下,混合 N_2 和 O_2;

(C) 恒温下将水倾入大量的溶液中;

(D) 水在冰点时变成同温、同压的冰。

5. 夏天,在用绝热材料制成的房间内,门窗紧闭,室内放置一个冰箱,并接好电源。如果我们选择不同的组合作为系统,那么以下对热量、做功和系统内能变化情况描写的不正确的是( )

(A) 选择冰箱和电源为体系,则体系与外界仅有热量交换;

(B) 选择冰箱和房间为体系，则体系与外界相互作用仅有功；

(C) 选择房间为体系，则体系与外界有热量交换和功相互作用；

(D) 选择冰箱、电源和房间为体系，则体系无热量和功发生。

6. 给一个系统加热的效果并不能用升高其温度来概括，以下四个表述中有一个是不正确的，它是（ ）

(A) 等压加热系统，使其自由能增加；

(B) 等温加热未加剧系统内部分子的热运动，因为系统吸收的热量都对外做功了；

(C) 等容加热增加了系统的内能；

(D) 等压且等温加热系统，发生相变。

7. 历史上，克劳修斯根据卡诺循环显示的特点定义了熵，其变化值用可逆过程的热量与温度之比来计算。你认为这种熵的最好命名是（ ）

(A) 统计熵；(B) 量热熵；(C) 绝对熵；(D) 构型熵。

8. 在相同温度和压强下，氢气和氧气从四种不同的途径生产水，即 (1) 氢气在氧气中燃烧；(2) 爆鸣；(3) 氢氧热爆炸；(4) 氢氧燃料电池。请问这四种变化途径的热量、内能和焓的变化值是否相同？（ ）

(A) 三个量均变化；

(B) 三个量均不变化；

(C) 热量变化不同，而内能和焓不变；

(D) 内能不变，热量和焓变化。

9. 在以下的四个过程中，仅有一个的焓不变，它是（ ）

(A) 范德瓦尔斯气体等温自由膨胀；

(B) 理想气体的焦耳-汤姆孙实验；

(C) 常温常压下，水结成冰；

(D) 氢气和氧气在绝热钢瓶中爆鸣生成水。

10. 关于焓 $H = U + pV$、自由能 $F = U - TS$ 和吉布斯函数 $G = U - TS + pV$，以下的四个描述中有一个是不恰当的，请挑出（ ）

(A) 具有能量单位,同样遵守守恒定律;

(B) 三个实际上不存在,是热力学函数的特定数学组合;

(C) 对封闭系统处于热力学平衡时,定义式均可使用,没有额外的限制;

(D) 用它们的始终态的差来计算一些等值过程的热量或功,有一定的限制条件。

11. 以下关于热力学过程描述,正确的是( )

(A) 系统既可以沿正方向进行,也能沿逆方向进行,那么它就是一个可逆过程;

(B) 系统进行一不可逆过程必然导致熵的增加;

(C) 工作于两个相同热源之间的一切热机,以可逆卡诺热机的效率为最大;

(D) 在液气二相共存和转变的过程中,若等温压缩系统,则压强随之变大。

12. 以下关于不可逆过程的描写,有一条不正确,它是( )

(A) 气体向真空膨胀;

(B) 热量从高温物体传入低温物体;

(C) 浓度不等的溶液混合均匀;

(D) 系统做功的绝对值最大。

13. 热力学第二定律有许多等价的表述,但以下有一条并不妥当,请挑出( )

(A) 任何体系,若不受外界影响,则体系总是单向地趋于平衡状态;

(B) 一切涉及热现象的宏观过程都是不可逆的;

(C) 第二类永动机是不可能造成的;

(D) 从单一热源吸收的热量全部转变为功是不可能的。

14. 绝热自由膨胀不是一个( )

(A) 等内能过程;(B) 熵增加过程;(C) 不可逆过程;(D) 确定理想气体的内能仅是温度的函数的实验。

15. 关于焦耳–汤姆孙多孔塞节流实验不正确的表述是( )

(A) 理想气体经节流后内能不变;

(B) 等焓过程；

(C) 任何气体经过节流后的温度不会升高；

(D) 节流后气体的压强小于节流前的。

16. 以下对熵性质做了总结，其中不正确的说法是（ ）

(A) 生命赖负熵为生；

(B) 系统内部的不可逆变化所引起的熵增加，称为熵产生；

(C) 孤立系统熵增加，但自发地由非平衡态趋向平衡态；

(D) 如系统从平衡态 A 经一个不可逆过程到达平衡态 B，若改用其他过程来计算熵差 $S_B - S_A$，就不能正确反映 A 和 B 两态的熵变。

17. 关于热力学第三定律，以下与之无关或不正确的表述是（ ）

(A) 该定律在经典意义上亦成立；

(B) 绝对零度不可以被到达；

(C) 随着温度趋于零，$\Delta H - \Delta S$ 快于线性地趋于零；

(D) 存在绝对熵。

18. 理想气体起初被用隔板限制在体积为 V 的绝热容器的一半体积内，容器的剩余部分是真空。当隔板抽掉后，气体膨胀而充满整个容器。如果气体的初始温度为 T，那么它最终的温度为（ ）

(A) $0.5T$；(B) T；(C) $2T$；(D) 不能确定。

19. 对于一个室温下的双原子分子理想气体（定容热容量为 $\frac{5}{2}\nu R$），在等温膨胀两倍体积的过程中，系统对外做功与从外界吸收的热量之比 $\frac{A}{Q}$ 为（ ）

(A) 1；(B) $\frac{1}{2}$；(C) $\frac{2}{5}$；(D) $\frac{2}{7}$。

20. 若上题的过程改为等压膨胀，则结果为（ ）

(A) 1；(B) $\frac{1}{2}$；(C) $\frac{2}{5}$；(D) $\frac{2}{7}$。

21. 1 摩尔理想气体经历了体积从 V 到 $2V$ 的绝热自由膨胀过程，则（ ）

(A) 系统熵变为 0，整个体系熵变为 $-R\ln 2$；

(B) 系统熵变为 0，整个体系熵变为 0；

(C) 系统熵变为 $R\ln 2$，整个体系熵变为 $R\ln 2$；

(D) 系统熵变为 $R\ln 2$，整个体系熵变为 0。

22. 实际气体自由膨胀时，其温度和内能的变化为（ ）

    (A) $\Delta U = 0$, $\Delta T = 0$; (B) $\Delta U = 0$, $\Delta T < 0$;

    (C) $\Delta U = 0$, $\Delta T > 0$; (D) $\Delta U > 0$, $\Delta T < 0$。

23. 理想气体的体积经历下列过程膨胀了 3 倍，其中有一个过程的熵变与其他三个不同，它是（ ）

    (A) 绝热自由膨胀；(B) 可逆等温膨胀；(C) 可逆绝热膨胀；(D) 绝热节流膨胀。

24. 一个可逆卡诺热机，其工作物质为 1 摩尔单原子分子理想气体，已知循环过程中等温膨胀开始时的温度为 $4T_0$、体积为 V_0；等温压缩开始时的温度为 T_0、体积为 $4V_0$，该循环过程的效率为 η_1、对外做功为 A_1. 现设有同样的热机，但以 1 摩尔双原子分子理想气体为工作物质，循环过程与前相同，此时热机效率为 η_2、对外做功为 A_2，它们之间的关系是（ ）

    (A) $\eta_1 = \eta_2$, $A_1 = A_2$; (B) $\eta_1 = \eta_2$, $A_1 > A_2$;

    (C) $\eta_1 < \eta_2$, $A_1 < A_2$; (D) $\eta_1 = \eta_2$, $A_1 < A_2$。

25. 关于定压膨胀系数 α、定容压强系数 β 和等温压缩系数 κ，不正确的表述是（ ）

    (A) 理想气体的 $\alpha = \beta$；

    (B) 理想气体的定压膨胀系数反比于温度；

    (C) 对任何实际气体而言，有 $\alpha = \kappa\beta p$；

    (D) κ 用在膨胀过程比较方便，而 β 用在冷却降压过程比较方便。

26. 以下关于物质热容量的正确的表述是（ ）

    (A) 热容量不可以为负值；

    (B) 定容热容量与体积无关；

    (C) 实验上定压热容量比定容热容量易于测量；

    (D) 根据迈耶方程知道，定压热容量一定大于定容热容量。

27. 如下理想气体的哪一个量仅是温度的函数（ ）

(A) S；(B) F；(C) G；(D) H。

28. 用以下哪个判据可以确定系统到达了平衡态（ ）

(A) 熵极大或自由能极大或焓极大；

(B) 熵极大或自由能极小或焓极小；

(C) 熵极大或自由能极小或焓极大；

(D) 熵极小或自由能极小或焓极小。

29. 若选 S 和 V 为两个独立变量，则特性函数是（ ）

(A) U；(B) F；(C) H；(D) G。

30. 根据热力学第二定律，我们断定以下成立的表述是（ ）

(A) 自然界的一切自发过程都是不可逆的；

(B) 不可逆过程就是不能向相反过程进行的过程；

(C) 热量可以从高温物体传到低温物体，但不能从低温物体传到高温物体；

(D) 任何过程总是沿着熵增加的方向进行。

31. 在关于信息量和信息熵的讨论中，以下有一条是错误的，它是（ ）

(A) 信息量越大，就越有利于作出判断；

(B) 信息量越大表示可供选择的可能性越多，因而作出准确的判断就恰恰是越难的；

(C) 若信息熵越大，则信息的不确定度越大；

(D) 信息熵的减少意味着信息源提供的有效信息增加了。

32. 已知空腔辐射压强 p、能量密度 $u(T)$ 和温度之间存在着关系：$p = \frac{1}{n}u, u = aT^4$，其中 a 为一常量。试根据熵是一个态函数存在全微分的条件，确定 n 的值等于（ ）

(A) $n = 1$；(B) $n = 2$；(C) $n = 3$；(D) $n = 4$。

33. 对于一个热力学过程而言，以下不能运用的判据是（ ）

(A) 在定常能量和体积下，熵趋于增加；

(B) 熵判据仅适用于孤立系统；

(C) 在定常温度和体积下，自由能趋于降低；

(D) 在定常压强和体积下，吉布斯函数趋于降低。

34. 对磁制冷效应的不正确理解是（　）

(A) 系统是一个顺磁物体；

(B) 可以产生 10^{-2}K 的低温；

(C) 绝热去磁；

(D) 如果外界磁场增加，则系统的熵增加。

35. 如果在 p-V 图上画出一条等温线，那么它的斜率不被允许的情况是（　）

(A) 水平；(B) 负无穷大；(C) 正的；(D) 绝对值小于绝热线的。

36. 关于气液相变的临界点的不正确说法是（　）

(A) 临界点是汽化线终点；

(B) 在临界点的汽化热为零；

(C) 在临界点液相向气相转换仍需要外界输送潜热；

(D) p-V 图中等温线的拐点。

37. 如果在某一段温度区间，范德瓦耳斯气体的定容热容量仅与温度有关，那么它的何量与体积无关？（　）

(A) 自由能；(B) 定容热容量；(C) 熵；(D) 内能。

38. 有一理想气体，经一等温压缩后，对以下热力学函数的增量的正确判断是（　）

(A) $\Delta U = 0, \Delta S < 0, \Delta F > 0$；(B) $\Delta U = 0, \Delta S > 0, \Delta F > 0$；

(C) $\Delta U = 0, \Delta S < 0, \Delta F < 0$；(D) $\Delta U = 0, \Delta S = 0, \Delta F = 0$。

39. 由相律公式知，单元三相系的热力学自由度为（　）

(A) $f = 3$；(B) $f = 1$；(C) $f = 2$；(D) $f = 0$。

40. 迈斯纳效应属于以下哪一种相变？（　）

(A) 磁相变；(B) 有序-无序相变；(C) 位错相变；(D) 超导相变。

41. 以下与二级相变不相关的事实是（　）

(A) 厄伦菲斯特方程；(B) 连续相变；(C) 对称性破缺；(D) 克拉珀龙方程。

42. 以下是对化学势性质的总结，其中有一条是错误的，请指出（　）

(A) 向系统增加一个粒子所需的能量；

(B) 化学平衡的标志；

(C) 一个单位的吉布斯函数；

(D) 其是一个广延量，且是温度和压强的函数。

43. 如下是天气预报员说明天下雨的四种概率，请问哪一个预报所含的信息具有较大的比特？( )

(A) 10%；(B) 50%；(C) 60%；(D) 80%。

44. 被誉为史上最伟大的十个方程之一 $\Delta S \geqslant 0$，请问如下哪位科学家在平衡态热力学中提出了类似不等式？( )

(A) 开尔文；(B) 克劳修斯；(C) 卡诺；(D) 焦耳。

45. 以下哪一条公式或常量被刻在玻尔兹曼的墓碑上?( )

(A) $S = k \ln W$；(B) $k = 1.38 \times 10^{-23} \text{J/K}$；(C) 玻尔兹曼方程；(D) $\frac{\mathrm{d}H}{\mathrm{d}t} \leqslant 0$。

46. 热力学过程存在时间之箭是因为 ( )

(A) 微观粒子的运动不再遵守牛顿定律；

(B) 全同粒子不可分辨性；

(C) 熵增加原理；

(D) 引入概率性假设。

47. 相比较而言，你认为以下哪一个是经典热力学与统计物理最为成功的例子 ( )

(A) 由能量均分定理可以测量体系的自由度；

(B) 双原子分子的热容量的计算；(C) 存在绝对熵；(D) 相变。

48. 驱赶麦克斯韦妖的办法是 ( )

(A) 引入吉布斯修正因子；

(B) 小妖引入了负熵；

(C) 温度低的系统的能级应是分离的；

(D) 近独立近似不适用于实际气体。

49. "熵"一词的原意是 ( )

(A) 无序的量度；(B) 热量与温度之比；(C) 转变；(D) 不确定度。

50. 以下关于热力学与统计物理的研究，哪一项获得的不是诺贝尔物理学奖，而是诺贝尔化学奖?( )

(A) 1910 年范德瓦耳斯关于气体和液体的状态方程；

(B) 1926 年佩兰关于阿伏伽德罗常量的测量；

(C) 1920 年能斯特建立了热力学第三定律；

(D) 2001 年 E.A. Cornell, C.E. Wieman 和 W. Ketterle 三人观察到玻色–爱因斯坦凝聚现象。

二、结果分析

第 1 题：答案是 (D)。因为热量是一个过程量而不是一个状态量，我们说在某一个过程进行中，两个物体间交换了多少热量，但不能说一个物体在某一态具有多少热量。

(A) 做功可以转换成热量散发，其是一个不可逆过程，即从单一热源吸取热量全部转化为功而无其他影响是不可能的；(B) 中的"热"是温度升高的意思；(C) 的含义反映能量守恒与转化的第一定律。

第 2 题：答案是 (C)。至今仍沿用热力学具有三个基本定律的说法。

(A) 和 (B) 是错误的，一般来说，像热力学第零定律这种逻辑关系并不适用于其他情况。

(D) 如果被测物体的质量较小时，那么就不能忽视测量物体本身对温度的影响，而是需要通过热平衡计算被测物体的温度。下面具体讨论这一问题。

假设有 A 和 B 两个物体，两者的温度分别为 T_A 和 T_B，如果 $T_A > T_B$，两者接触时就有热量由 A 流向 B，A 的温度就会降低，而 B 的温度就会升高，最后达到平衡温度 T。

设达到热平衡时，A 和 B 之间的热交换量为 Q，则 A 流向 B 的热量为 $Q = m_A c_A (T_A - T)$，B 由 A 获得的热量为 $Q = m_B c_B (T - T_B)$。式中，m_A 和 m_B 分别为物体 A 和 B 的质量，c_A 和 c_B 分别为物体 A 和 B 的比热，T 为热

平衡后两物体的共同温度，即
$$T = \frac{m_A c_A T_A + m_B c_B T_B}{m_A c_A + m_B c_B},$$
由此可知，当 $m_A \gg m_B$ 时，$T = T_A$。

第 3 题：答案是 (A)。当温度高于金点，光测高温计是唯一的测温方法。原理为测量高温物体所辐射的热量，辐射通量密度与温度的关系，即斯特藩–玻尔兹曼公式：$R = \sigma T^4$。

(B) 蒸气压温度计是一个测量低温仪器。其原理是：一个化学纯的物质的饱和蒸气压与它的沸点有一定的关系。

(C) 磁温度计是测量 1K 以下的温度计，其原理是利用顺磁体的磁化率与温度的关系，也就是居里定律：$\chi = CT^{-1}$。

(D) 气体温度计毕竟有赖于气体的共性，对极低的温度（气体的液化点以下）和高温（1000°C 是上限）就不适用。

第 4 题：答案是 (D)。

(A) 和 (C) 是自发过程，凡是自然界中的自发过程都是不可逆的，所以这两个过程是不可逆的。

(B) 凡是有功转化为热的过程也是不可逆的，将氮气和氧气混合，需要外部做功，两者发生化学反应生成 NO_2，但无法不借助外界或留给外界不可磨灭的影响，再使 NO_2 分解还原成氮气和氧气。

第 5 题：答案是 (C)。热量是系统与环境之间温度不同而传递的能量，系统内部因温差而交换的能量不能算热量；功分为体积功和非体积功，电功属于非体积功。若系统的内能发生变化，则系统与外界的相互作用非热即功。在三者之中，没有被选为体系的对象就是外界。

第 6 题：答案是 (A)。按照热力学第一定律，有 $\delta Q = dU + pdV$，对于固定的压强，我们得到：$\delta Q = d(U + pV) = dH$，这里 $H = U + pV$ 是系统的焓的定义式。所以，等压加热系统，使其焓增加。

第7题：答案是 (B)。事实上，设计一个可逆过程（即准静态过程）将两个平衡态连接起来，将过程中每微元中的系统与外界的热量交换与系统的温度之比相加，即可计算出始终态的熵差，所以称之为量热熵。

(A) 利用热力学概率或配分函数计算的熵称为统计熵；(C) 以热力学第三定律为依据，用积分法求得的在温度 T 的熵值称为绝对熵；(D) 不对称分子在 0K 时，由于取向不同而产生的微观状态数对熵的贡献称为取向构型熵。

第8题：答案是 (C)。因为内能和焓是状态函数，只要始终态相同，无论通过什么途径，其变化值一定相同；而热量是一个过程量，尽管始终态相同但不同的途径的热量产生或吸收可以不一样。

第9题：答案是 (B)。焦耳–汤姆孙实验是一个等焓过程。

(A) 范氏气体是一种实际气体，它的内能不仅与温度有关，也依赖于它的体积，所以焓变化。

(C) 这是一个从液体变化到固态的相变，系统向外界释放潜热且体积减小，所以它的焓变化。

(D) 按照标准的参考表，在室温和标准大气压下，燃烧 1 摩尔的氢气所释放的热量就是这个反应的焓变，即 $\Delta H = 286 \text{ kJ}$。

第10题：答案是 (A)。

(B) 表述的意思是：这三个宏观量并没有对应的微观起源，是为了研究某些等值过程方便起见，例如用它们可以计算出可逆过程的功和热量，判断不可逆过程的允许进行方向；所谓特定的组合是指选定两个变量为自变量，对于单元单相系，热力学自由度（即可以独立变化的参量）为 2，而 H、F、G 均是两个变量的函数，有 $H = H(S,p)$、$F = F(T,V)$ 和 $G = G(T,p)$。

(C) 这三个量均是态函数，而只要系统处于热力学平衡态，即它的温度、压强和化学势均有唯一确定的量值，就可以定义在该态的热力学函数。

(D) 由这三个函数的变化：$dH = TdS + Vdp$、$dF = -SdT - pdV$ 和 $dG = -SdT + Vdp$ 就可以看出在等压 ($dp = 0$) 情况下，$\delta Q_p = (TdS)_p = dH$，吸热使

系统的焓增加；在等温 ($dT = 0$) 情况下，$\delta A_T = pdV = -dF$，系统对外做功使其自由能减小；而在等温等压条件下，$dG = 0$，系统吉布斯函数达到极小。故定义的这三个量在一定的限制条件下，才能发挥作用。

第 11 题：答案是 (C)。卡诺定理。

(A) 对一个可逆过程，仅系统具备这样的特征还不够，还要求系统的环境也同时具有这种性质。

(B) 熵增加原理指的是孤立系统。

(D) 在二相共存状态下，不同的温度对应于不同的饱和蒸气压，后者不随系统的体积减少而变化。

第 12 题：答案是 (D)。可逆过程的变化是一个无限缓慢的准静态过程，系统与环境之间相对运动可忽略，也就无摩擦了。所以，若系统可资利用的能量一定时，则系统经历一个可逆过程，对外做有用的功为极大。其实，这就是自由能表述的最大功原理。

(A)、(B) 和 (C) 均为不可逆过程。在没有外界影响下，任何自发变化的逆过程是不能自动进行的，当然，当借助外力，系统恢复原状后，会给环境留下不可磨灭的影响。这不符合可逆过程的定义。

第 13 题：答案是 (D)，缺少了无其他影响的条件。其他三条是热力学第二定律的等价表述。

第 14 题：答案是 (C)，题中使用了否定之否定，就是说绝热过程是一个可逆过程，这当然错了。

(A) 过程首先是绝热的，又因为自由膨胀过程，系统不受压强作用，所以体积功等于零，那么按照热力学第一定律知，无热量和功的过程必然是系统内能不变化的，即等内能。

(B) 题设自由情况即压强 $p = 0$，该封闭系统又与环境绝热，所以其是一个孤立系统，但系统体积发生膨胀系内部自发过程引起的，将有熵产生。按照孤立系统熵增加原理,我们设计一个等温过程将系统的初态(体积为 V_1)和末态(体积为 V_2)联系起来,从而计算熵差,即

$$\Delta S = \int_{V_1}^{V_2} \frac{\nu RT}{VT} dV = \nu R \ln\left(\frac{V_2}{V_1}\right).$$

(D) 历史上,盖吕萨克–焦耳实验就是用理想气体(空气)绝热向真空自由膨胀验证了:$(\partial U/\partial V)_T = 0$,进而得出结论:理想气体的内能仅与温度有关。

第 15 题:答案是 (D)。该实验能够降低实际气体的温度,要求节流前的压强大于节流后的,这样气体便可以通过多孔塞;若实验测得焦耳–汤姆孙系数

$$\mu = \left(\frac{\partial T}{\partial p}\right)_H > 0,$$

则表明被节流的气体的温度降低了。

(A) 焓的定义为 $H = U + pV$,因为理想气体的内能仅与温度有关,又根据理想气体物态方程知 $pV = \nu RT$,所以,理想气体的等焓过程意味着内能亦相等。

(B) 任何气体的节流前和节流后焓相等。

(C) 不一定,对于小的压强差 Δp,可以证明节流后与节流前的温度差为

$$\Delta T = \frac{V}{C_p}(T\alpha - 1)\Delta p,$$

式中,α 是定压膨胀系数。如果 $T\alpha < 1$,又由于 $\Delta p < 0$,那么就有 $\Delta T > 0$ 的结果。

第 16 题:答案是 (D),因为熵是态函数,所以两态的熵之差与过程无关。

(A) 这个论点是薛定谔在 1943 年发表的《生命是什么?》小册子中,探讨物理学规律在生命科学中的作用时提出的。他从熵变的观点分析了生命有机体的生长与死亡,指出"生命赖负熵为生",他写道:"一个生命有机体,在不断地增加它的熵——你或者可以说是在增加正熵——并趋于接近最大值的熵的危险状态,那就是死亡。要摆脱死亡,就是要活着,唯一的办法就是从环境里不断地汲取负熵,我们马上就会明白负熵是十分积极的东西,有机体就是赖负熵为生的。"

(B) 对于任意不可逆过程，既有外部熵流入系统，也有内部熵产生，导致系统熵增加。

(C) 从非平衡态出发的孤立系统通过自发过程，趋于熵极大即达到平衡态。

第 17 题：答案是 (A)，因为热力学第三定律仅是在量子意义下成立的。后三个表述是这一定律的等价表述。

第 18 题：答案是 (B)。这是一个绝热自由膨胀过程，因此也就是一个等内能过程，而理想气体的内能仅与温度有关，内能不变则温度不变。

本问题容易根据 $V_1/T_1 = V_2/T_2$，而错答成 (A)，即热胀冷缩。但是，该公式称为理想气体的盖吕萨克定律，适用于恒定压强且准静态过程，而理想气体向真空膨胀不是一个可逆过程，不能用这一定律来计算系统末态温度。

第 19 题：答案是 (A)。这个题目不需详细计算，而根据理想气体内能的性质就能判断。因为温度不变则 $\Delta U = 0$，所以系统吸热全部对外做功，$A = Q$。

第 20 题：答案是 D。计算如下：
$$\frac{A}{Q} = \frac{p(V_2 - V_1)}{C_p(T_2 - T_1)} = \frac{\nu R(T_2 - T_1)}{\left(\frac{5}{2}\nu R + \nu R\right)(T_2 - T_1)} = \frac{2}{7}.$$

第 21 题：答案是 (C)。系统的状态发生了变化，因此它的熵发生改变，但由于系统与外界绝热，所以外界的熵不变，故整个体系的熵变等于系统的熵变。因为熵是一个态函数，它的变化与经历的实际过程无关，所以我们可以设计一个简单的可逆过程（即等温过程）来计算系统熵变，
$$\Delta S = \int_V^{2V} \frac{pdV}{T} = \int_V^{2V} \frac{RdV}{V} = R\ln 2.$$

第 22 题：答案是 (B)。对这类问题的判断可采用排除法。首先应明确题意，"自由膨胀"指的是与外界绝热的系统向真空（压强等于零）膨胀，则无功和热量，即是一个等内能过程，所以 (D) 不对；接下来就要判断过程初末态温

度的变化。我们知道系统的内能也就是系统的总能量，其由分子的动能和分子之间相互作用势能构成。由于系统的体积增加使得分子之间的势能增加，而系统的内能不变，这导致分子的平均动能降低，故系统的温度减小。

第 23 题：答案是 (C)。对于此题，无需用公式去计算，而是利用熵是态函数的特性，即考察从同一个初态出发的系统，其经历不同的过程所达到的末态是否一样。

设系统初态为 (T_1, V_1)，末态为 (T_2, V_2)，这里题意告诉 $V_2 = 3V_1$。注意到系统是一个内能仅与温度有关的理想气体，那么，过程 (A) 是一个等内能过程，所以 $T_2 = T_1$。显然，经历过程 (B)，系统的温度不变。过程 (D) 是一个等焓过程 $(H_1 = H_2)$，则 $U_1 + p_1 V_1 = U_2 + p_2 V_2$，进一步有 $U(T_1) + \nu R T_1 = U(T_2) + \nu R T_2$，所以 $T_1 = T_2$。对于 (C) 而言，有理想气体的绝热过程：$T_1 V_1^{\gamma-1} = T_2 V_2^{\gamma-1}$，由于 $V_1 \ne V_2$，所以 $T_1 \ne T_2$。

第 24 题：答案是 (A)。

按照卡诺定理，可逆卡诺热机的效率为 $\eta = \dfrac{A}{Q_1} = 1 - \dfrac{T_2}{T_1}$，其取决于高温热源温度 T_1 和低温热源温度 T_2，而与工作物质无关。所以，$\eta_1 = \eta_2$。系统对外做功 $A = \eta Q_1$，其中 Q_1 是系统从高温热源吸收的热量。又由于两种情况下，高温热源的温度相等，则 $A_1 = A_2$。本解答没有被题目繁琐的描述所困惑，这就要求学习者基本概念很清楚。

第 25 题：答案是 (C)。

将理想气体物态方程代入 α 和 β 的定义，即可证明 (A) 和 (B) 是正确的。

(C) 不一定。这个关系的得到是基于一个数学原理：若三个变量满足一个约束方程，例如 $f(x, y, z) = C$，则它们之间的互相偏导数，共三个的乘积等于 -1。然而，实际气体可能存在相变而出现两相共存的情况，这时热力学自由度等于 1，例如饱和蒸气压仅是温度的函数却与体积无关，即 $p_s = p_s(T)$，此情况下的态变量的约束关系仅出现两个变量，以致于无三变量循环偏导数关系。

(D) 假设一个均匀物质的物态方程为 $V = V(T,p)$,对其进行微分并代入 α 和 κ 的定义式,有

$$dV = \left(\frac{\partial V}{\partial T}\right)_p dT + \left(\frac{\partial V}{\partial p}\right)_T dp = \alpha V dT - \kappa V dp,$$

可见,κ 可用来描写由于压强变化所带来体积膨胀或压缩的哪一部分。

第 26 题:答案是 (C)。测量一个样品的热容量就是考察它的吸热本领,简单地说,待测物质作为研究系统,保持它压强恒定比体积不变容易,例如与外界相联就可保持一个大气压。所以人们常说,实验上测定压热容量而理论上推导定容热容量。

第 27 题:答案是 (D)。因为 $H = U + pV = U(T) + \nu RT$。然而,理想气体的熵并不是仅依赖于温度。我们现在计算在态 (T,V) 的熵,为了到达这一状态,我们从已知态 (T_0, V_0) 出发,经过一个可逆过程而达到态 (T,V),利用 $dS = (\delta Q + p dV)/T = \frac{C_V dT}{T} + \nu R \frac{dV}{V}$,积分得

$$S = S_0 + \int_{T_0}^{T} \frac{C_V dT}{T} + \nu R \ln\left(\frac{V}{V_0}\right).$$

并且,自由能 $F = U - TS$ 和吉布斯函数 $G = U - TS + pV$ 也与体积有关。

第 28 题:答案是 (B)。注意在所有的判据中,在平衡态除了熵以外的其他热力学函数都达到极小,具有稳定的特点,但熵却趋于极大。这是因为熵是系统无序的量度,而平衡态体系具有最多的微观态即最无序。

第 29 题:答案是 (A)。所谓特性函数是选择两个正确的自变量而关于它们的热力学函数,以致于所有其他热力学函数能用特性函数来表示。

第 30 题:答案是 (A)。

第 31 题:答案是 (A)。其他三条都是正确的关于信息量、不确定度和信息熵的表述。

第 32 题：答案是 (C)。空腔是一个开放系统，其内的光子数不守恒，但热辐射的化学势等于零，所以

$$dS = \frac{dU + pdV}{T} = \frac{1}{T}d(aT^4V) + \frac{a}{n}T^3 dV = \left(1 + \frac{1}{n}\right)aT^3 dV + 4aT^2 V dT$$

欲使上式成为一个全微分，需要 $a\left(1 + \frac{1}{n}\right)\left(\frac{\partial T^3}{\partial T}\right)_V = 4a\left(\frac{\partial (VT^2)}{\partial V}\right)_T$,

$3(1 + 1/n) = 4$，故 $n = 3$.

第 33 题：答案是 (D)。(A) 之所以正确，是因为当选取 U 和 V 时，熵成为一个特性函数，由于平衡态下的熵极大，孤立系统从非平衡态趋向平衡态过程中熵增加。(C) 正确性的道理与 (A) 类似。

第 34 题：答案是 (D)。当磁场增强时，分子磁矩的排列有序度增高，这相当于系统的熵减小。

第 35 题：答案是 (C)。在 p-V 图中，假设一条等温线的斜率 $(\partial p/\partial V)_T > 0$，这意味着压强变大，而系统的体积反而变大，这是不被允许的。

(A) 等温线水平，代表两相共存。(B) 等温线的斜率趋于负无穷大，表示系统处于固相，压强增加很大但体系的体积变化不大。

第 36 题：答案是 (C)。在临界点，能不通过相变而从气态连续过渡到液态。

第 37 题：答案是 (B)。让我们计算内能 U 和熵 S，而自由能 $F = U - TS$，定容热容量 $C_V = \left(\frac{\partial U}{\partial T}\right)_V$。

把内能看做是 T 和 V 的函数，则其全微分为

$$dU = \left(\frac{\partial U}{\partial T}\right)_V dT + \left(\frac{\partial U}{\partial V}\right)_T dV = C_V dT + \left(\frac{\partial U}{\partial V}\right)_T dV,$$

其中，等式右边后一项的偏导数由能态方程给出：

$$\left(\frac{\partial U}{\partial V}\right)_T = T\left(\frac{\partial p}{\partial T}\right)_V - p,$$

ν 摩尔范氏气体的物态方程：$\left(p+\dfrac{\nu^2 a}{V^2}\right)(V-\nu b)=\nu RT$，则 $\left(\dfrac{\partial p}{\partial T}\right)_V=\dfrac{\nu R}{V-\nu b}$ 可以求得

$$\left(\frac{\partial U}{\partial V}\right)_T=\frac{\nu^2 a}{V^2},$$

于是，内能的全微分为

$$\mathrm{d}U=C_V\mathrm{d}T+\frac{\nu^2 a}{V^2}\mathrm{d}V.$$

两边积分得到

$$U(V,T)=\int C_V\mathrm{d}T-\frac{\nu^2 a}{V}+U_0,$$

其中 U_0 是一积分常量。这表明范氏气体的内能不再只是温度的函数而与体积也有关。

现从 $T\mathrm{d}S$ 方程出发来计算范氏气体的熵

$$T\mathrm{d}S=C_V\mathrm{d}T+T\left(\frac{\partial p}{\partial T}\right)_V\mathrm{d}V,$$

将已求知的偏导数代入上式，有

$$\mathrm{d}S=\frac{C_V}{T}\mathrm{d}T+\frac{\nu R}{V-\nu b}\mathrm{d}V.$$

两边积分，得

$$S=\int\frac{C_V}{T}\mathrm{d}T+\nu R\ln(V-\nu b)+S_0,$$

式中 S_0 为一常量。

可见，内能、熵和自由能均与体积有关。不过，定容热容量在一段温度范围内可能与体积无关。

第 38 题：答案是 (A)。对某些问题可以不去详细地计算结果，而是用物理概念和已知的结论去分析。

理想气体的内能仅与温度有关，所以系统在等温过程中内能保持不变，即 $\Delta U=0$；系统被压缩意味着其体积减小，则内部分子的运动的有序度增大，所

以系统的熵降低,即 $\Delta S < 0$; 按照自由能定义 $F = U - TS$, 在等温情况下, 它的变化为 $\Delta F = \Delta U - T\Delta S > 0$。

这也符合自由能本身的含义,我们知道系统对外做功使得其本身的自由能减少,现在是系统体积减少即外界对系统做功,故系统自由能增加。

第 39 题: 答案是 (D)。这是根据吉布斯相律得到的结果,热力学自由度为 $f = k + 2 - \phi$,其中 k 和 ϕ 分别为组元和相的数目。本题中 $k = 1$, $\phi = 3$, 所以 $f = 0$。这意味着在三相点,系统的温度、压强和体积均取唯一的值。

第 40 题: 答案是 (D)。这是超导相变中非常重要的效应,指置于磁场中的金属圆柱体转变到超导态以后,其内部的磁通量完全被排斥到圆柱体之外,亦即在超导体内的磁感应强度 $B = 0$,由于 $B = \mu_0(H + M)$,这里 H 为外加磁场强度矢量,M 是磁介质的磁矩矢量,因而有 $M = -H$。这表明超导体具有完全抗磁性。

第 41 题: 答案是 (D)。因为克拉珀龙方程不适合描写这种相变。

二级相变也称为连续相变,虽然系统的宏观状态没有突变,但对称性发生了突变。例如

$$\frac{\mathrm{d}p}{\mathrm{d}T} = \frac{\Delta s}{\Delta v},$$

对于二级相变, $\Delta s = 0$ 和 $\Delta v = 0$, 方程的右端成为不确定,而数学的洛必达法则告诉我们,可以继续对分子分母求导,直至结果有限为止。

第 42 题: 答案是 (D)。化学势 μ 等于广延量吉布斯函数 G 除以广延量粒子数 N, 即 $\mu = G/N$, 所以它是一个强度量。

第 43 题: 答案是 (A)。预报下雨概率为 10%, 亦即不下雨的概率为 90%, 这比预报下雨概率为 80% 更加肯定。

第 44 题: 答案是 (B)。将克劳修斯不等式运用于孤立系统经过一个有限的不可逆过程,即可得出: $\Delta S \geqslant 0$。

(A) 开尔文建立了热力学温标，提出了热力学第二定律的一种表述；(C) 卡诺循环和卡诺定理。

第 45 题：答案是 (A)。这被称为熵公式，是将微观量 (热力学概率 W，亦即微观状态数) 与宏观量 (熵是系统无序度的标志) 联系起来的典范。

第 46 题：答案是 (D)。题目的含义是热力学过程是不可逆的，即单个分子的运动是可逆的，而由大量分子组成的宏观系统的行为却是不可逆的。

(A) 每个粒子的运动方程仍然遵守牛顿定律，其满足时间反演不变性，即对于牛顿第二定律：$m_i \mathrm{d}^2 \boldsymbol{x}_i / \mathrm{d}t^2 = \boldsymbol{F}_i$，进行时间反演 $t \to -t$，方程的形式保持不变。

第 47 题：答案是 (D)。(C) 存在绝对熵一定是量子意义上的，因为这发生在 $T = 0\mathrm{K}$ 极限。

第 48 题：答案是 (B)。麦克斯韦妖 (Maxwell's demon) 通过开启和关闭一个小门来完成一项工作：允许动能小于平均分子动能的分子从 A 到 B，而位于 B 处的分子仅当它的动能超过平均动能才可以到达 A 处。

(A) 引入吉布斯修正因子，其目的在于消除全同粒子由于不同的排列所引发的微观态数增多的问题，同时还保证了近独立近似下体系的热力学函数为广延量。

(D) 所谓近独立近似有一个重要性质：就是不考虑组成气体的分子的相互作用，显然这不符合实际气体的特点。这个表述本身还是正确的，但与驱赶麦克斯韦妖无联系。

第 49 题：答案是 (C)。熵的英文单词是 "entropy"，来源于希腊词 "en+trpein"，意思是 "转变"。1923 年，J.P. 普朗克来中国南京讲学，著名物理学家胡刚复教授为其翻译，首次将 "entropy" 译为 "熵"。胡教授之所以这样译，是因为他依据公式 $\mathrm{d}S = \delta Q / T$，认为 S 为热量与温度之商，而且此概念与火有关 (象征着热)，于是在商字加上火字旁，构成一个新字 "熵"，从此 entropy 就有了中文名：熵。

其他三个表述也是正确的，反映了熵的性质，但并不是该词原来的意思。

第 50 题：答案是 (C)。

8.4* 统计物理学

一、能力测试

以下四个选择中只有一个是正确的，请将正确的填在括号内。

1. 在某些比赛的评判中，要去掉一个最高分和一个最低分，这种做法的目的是（　）

(A) 改变最概然值；(B) 不改变平均值；

(C) 不改变评委打分的分布宽度；(D) 使平均值向最概然值靠拢。

2. 不作为平衡态热力学与统计物理的结果是（　）

(A) 能量守恒；(B) 熵极大；

(C) 孤立系统处于平衡态时，所有微观态出现的概率相同；

(D) 能量均分定理。

3. 将统计物理比作连接微观和宏观的桥梁，以下哪些不具备这个功能？（　）

(A) 麦克斯韦关系；(B) 玻尔兹曼熵公式；

(C) 根据配分函数计算热力学函数；

(D) 能量均分定理。

4. 相比较而言，你认为以下哪一个是经典热力学与统计力学最为成功的例子（　）

(A) 由能量均分定理可以测量体系的自由度；

(B) 双原子分子的热容量的计算；

(C) 存在绝对熵；(D) 相变。

5. 20 世纪初笼罩在物理学上空的两朵乌云，其中的一朵是与以下描述无关（　）

(A) 量子论；(B) 黑体辐射；

(C) 紫外灾难；(D) 爱因斯坦固体理论与实验不符。

6. 以下哪一条重要的物理事件不属于平衡态热力学与统计物理范畴（ ）

(A) 紫外灾难；(B) 麦克斯韦妖；(C) 吉布斯佯谬；(D) 洛施密特逆转疑问。

7. 以下不与熵发生联系的名词是（ ）

(A) 香农；(B) 比特；(C) 负温度；(D) 费米函数。

8. 吉布斯是近代统计力学的创始人，以下哪一条物理发现和现象与他无关？（ ）

(A) 相律；(B) 系综理论；(C) 信息论；(D) 混合熵。

9. 驱赶麦克斯韦妖的办法是（ ）

(A) 引入吉布斯修正因子；

(B) 小妖引入了负熵；

(C) 温度低的系统的能级应是分离的；

(D) 近独立近似不适用于实际气体。

10. 关于由广义坐标和动量构成的相空间中的等能面讨论，你认为错误的是（ ）

(A) 一个系统的两个等能面不会相交；

(B) 等能面必须是闭合的；

(C) 若等能面的能量越高，则其附近的相格数越多；

(D) 在高能壳中发现粒子的概率降低，是由于考虑了系统的粒子数有限。

11. 以下对相格描述错误的是（ ）

(A) 其内粒子的动量和坐标不可区分；(B) 一维的面积是普朗克常量；

(C) 大小为测量精度所限制；(D) 相格代表粒子的一个微观态。

12. 以下关于态密度正确的说法是（ ）

(A) 某一能量 E 处单位能量间隔的态数目；(B) 相格体积的倍数；

(C) 等能面所围空间的相体积除以总能量；(D) 等于 N/V。

13. 在推导玻尔兹曼分布时，其中的两个拉格朗日乘子是用如下的条件确定的（ ）

(A) 系统能量和粒子数守恒；

(B) 系统粒子数为 N 和可逆过程的 $(dU+\delta A)/T$ 是一个全微分；

(C) 系统能量为 E 和可逆过程的 $(dU+\delta A)/T$ 是一个全微分；

(D) 应用到理想气体情况。

14. 以下从不同角度对配分函数的涵义进行了解释，其中不正确的是（ ）

(A) 归一化常数；(B) 态求和；

(C) 因为所有热力学函数均可从配分函数导出，所以配分函数是有量纲的；

(D) 它可能是温度、体积和粒子数的函数。

15. 以下关于能量均分定理不正确的说法是（ ）

(A) 这一定理在量子情况下不再成立；

(B) 在平衡态下，粒子在每一自由度上的能量被均分为 $\frac{1}{2}k_BT$；

(C) 仅适用于平衡态；(D) 也适用于实际气体。

16. 使用能量均分定理时可能会出现一些错误，但以下有一条正确的，它是（ ）

(A) 利用该定理可以测量系统的自由度数目；

(B) 系统的自由度数目与温度无关；

(C) 在平衡态下粒子的总能量可由平方自由度的数目来确定；

(D) 粒子的一个独立平方自由度能量为 $\varepsilon_i = \frac{1}{2}\alpha_i q_i^2$，平衡态下 $\bar{\varepsilon}_i = \frac{1}{2}k_BT$，其中出现的 $\frac{1}{2}$ 来自于能量表达式中的 $\frac{1}{2}$ 系数。

17. 已知金属铜的原子量是 64，一个铜币的重量为 32 克，则它的定容热容量的最佳估计值是（ ）

(A) $\frac{1}{2}R$；(B) $\frac{3}{4}R$；(C) $\frac{3}{2}R$；(D) $\frac{7}{4}R$。

18. 已知粒子遵守玻尔兹曼分布，其能量表达式为 $\varepsilon = \frac{1}{2}(p_x^2 + p_y^2 + p_z^2) + 2y^2$，则粒子的平均能量是（ ）

(A) $\frac{3}{2}k_BT$；(B) $2k_BT$；(C) $\frac{7}{2}k_BT$；(D) $\frac{11}{2}k_BT$。

19. 已知一个各向同性的二维量子谐振子的能量等于 $3h\nu$，则它的简并度是（ ）

    (A) 1；(B) 2；(C) 3；(D) 4。

20. 对双原子分子振动模的不正确描述是（ ）

    (A) 压强等于零；

    (B) 很多分子的振动模起作用的温度要远大于转动模的特征温度；

    (C) 温度很低时，振动对热容量无贡献；

    (D) 定容热容量不等于定压热容量。

21. 一个双原子分子在某种条件下，它的振动自由度上量子数 n 和转动自由度上的总角动量量子数 l 均等于 2（即 $n=2$，$l=2$），那么关于它的简并度，正确的描述是（ ）

    (A) 振动简并度是 1，转动简并度是 5；

    (B) 振动简并度是 2，转动简并度是 2；

    (C) 振动简并度是 2，转动简并度是 5；

    (D) 振动简并度是 5，振动简并度是 2。

22. 以下关于负温度的描述不正确的是（ ）

    (A) 负温度体系在力学上不稳定；

    (B) 从能量观点来看，负温度体系比正温度体系更远离 $T=0K$ 极限情况；

    (C) 负温度体系违背了热力学第三定律；

    (D) 使体系的高能级上的粒子数多于低能级上的粒子数，这样的体系就是负温度体系。

23. 以下哪一条描述与负温度概念矛盾？（ ）

    (A) 系统的内能为负值； (B) 激光；

    (C) 短暂的平衡态；   (D) 粒子的能级必须有上限。

24. 一气体由双原子分子构成，对其压强有贡献的自由度是（ ）

    (A) 转动自由度；(B) 平动自由度；

    (C) 振动自由度；(D) 所有自由度均无贡献。

25. 关于三个系综描写的不正确的是（ ）

    (A) 微正则系综是 N, V, E 不变的系统；

    (B) 正则系综是 N, V, T 不变的系统；

    (C) 巨正则系综是 p, V, μ 不变的系统；

    (D) 实际系统的粒子数足够多，可将微正则系综处理为正则系综。

26. 在系综理论中引入吉布斯修正因子，可以改变用玻尔兹曼最概然统计计算的一些不合理结果，但以下哪一条用两种理论所得结论是相同的？（ ）

    (A) 同种气体混合熵不变；   (B) 所有热力学函数均是广延量；

    (C) 量子统计退化到经典统计；(D) 不同种气体混合熵增加。

27. 在系综理论中引入了粒子全同性修正因子 $1/N!$，那么以下正确的判断是（ ）

    (A) 对 F, U 和 S 均有影响；

    (B) 对 U 和 S 有影响，对 F 无影响；

    (C) 对 F 和 U 有影响，对 S 无影响；

    (D) 对 F 和 S 有影响，对 U 无影响。

28. 以下关于量子统计向经典统计过渡条件的不正确的说法是（ ）

    (A) 稀薄气体；   (B) 短的德布罗意波长；

    (C) 温度不能低于室温；(D) 粒子质量大。

29. 可以基于以下各物理量来鉴别经典粒子和量子粒子，相比较而言，用哪个量做这件事困难？（ ）

    (A) 温度；(B) 简并度；(C) 德布罗意波长；(D) 自旋。

30. 量子统计并没有修正如下的哪个经典统计用到的性质？（ ）

    (A) 近独立近似；(B) 相格大小是人为引入的；

    (C) 粒子能量是连续的；(D) 同种物质粒子可以编号。

31. 以下关于分子能级及其简并度不正确的说法是（ ）

    (A) 室温下，绝大多数气体分子占据高激发态；

    (B) 盛有分子的容器越大，则分子的能级间隔越宽；

(C) 随着容器的体积减小，则第 j 个能级的值增加；

(D) 随着简并度的增高，则要考虑粒子间相互作用。

32. 对费米能级或费米面正确的描述是（　）

(A) 费米面是一个球面；

(B) 自由电子在基态的能量为费米面；

(C) 自由电子的化学势称为费米能级；

(D) 费米面上还有少量的自由电子。

33. 系统是研究对象，系综是统计预期，以下四个量中有一个不能用系综的概念来讨论，它是（　）

(A) 电子的态矢量；(B) 电子的粒子性；(C) 电子的波动性；(D) 电子的平均能量。

34. 在 $T=0\text{K}$ 极限情况下，对理想费米气体的不正确说法是（　）

(A) 费米气体的压强不等于零；

(B) 粒子的费米能小于 $T\neq 0\text{K}$ 的费米能级；

(C) 自由电子的等能面称为费米面；

(D) 此情况下电子的平均能量比电子在一个气体中的热能量大很多，所以它对金属的热容量起主要贡献。

35. 在以下哪一种情况下，仍然可以用经典统计而不用量子统计？（　）

(A) 德布罗意波长比粒子的尺度大；(B) 强简并；(C) 稀薄气体；(D) 室温。

36. $T=0\text{ K}$ 时一个自由电子的平均能量为（　）

(A) $\frac{3}{5}\mu(0)$；(B) $\frac{2}{5}\mu(0)$；(C) $\frac{1}{5}\mu(0)$；(D) $\mu(0)$。

37. 以下对金属中自由电子性质描述正确的是（　）

(A) 室温下电子气体的简并度消失；

(B) 低温下自由电子气的热容与温度的平方成正比；

(C) 低温下自由电子气的热容趋于一个常量；

(D) 只有费米面附近的电子对热容有贡献。

38. 由 N 个自由电子组成的电子气,在 $T=0\,\text{K}$ 时,对其总能量描写正确的是( )

(A) 与 N 无关;　　(B) 与 N 成正比;

(C) 与 $N^{2/3}$ 成正比;(D) 与 $N^{5/3}$ 成正比。

39. 遵循量子力学规律、近独立全同粒子组成的系统称为量子理想气体,不正确的解释是( )

(A) 对于费米子而言,一个量子态被一个粒子占据,将排斥其他粒子占据同一个量子态;

(B) 对于玻色子而言,占据某个量子态的粒子数愈多,则愈促使其他粒子占据同一量子态;

(C) 对于理想量子气体,粒子间是相互独立的,没有相互作用,因此粒子在统计学上无相关性;

(D) 费米–狄拉克分布和玻色–爱因斯坦统计法均体现量子粒子的统计相关性。

40. 关于玻色–爱因斯坦凝聚机制,不正确的说法是( )

(A) 当温度低于玻色温度,所有粒子均占据基态;

(B) 一维和二维不存在这一现象;

(C) 这一现象其实是一种相变;

(D) 仅考虑了玻色子的平动。

41. 考虑体积 V 内,温度为 T 的光子气,光子的静质量为零,即 $\varepsilon=cp$。则光子数对温度的依赖关系正比于( )

(A) T^3; (B) T^4; (C) $T^{3/2}$; (D) T^0。

42. 玻色温度 T_B 的定义或性质是( )

(A) 当 $T=T_B$ 发生 BEC;

(B) 若 $T<T_B$,则粒子皆处于基态;

(C) 当 $T>T_B$,所有粒子皆处于激发态;

(D) 当 $T<T_B$,处于基态的粒子数将多于处于激发态的。

43. 关于玻色气体的热力学行为不正确的表述是（ ）

(A) 定容热容量在玻色温度处取极大值；

(B) 当 $T < T_B$，玻色气体的压强与体积无关；

(C) 根据玻色气体的物态方程 $pV = \frac{2}{3}U$ 知，它的压强反比于体积；

(D) 当 $T \to 0\text{K}$ 时，玻色气体的熵趋于零。

44. 以下关于光子和声子性质的比较中，不正确的是（ ）

(A) 光子是自旋为 1 的玻色子；(B) 声子与光子都没有静止质量；(C) 声子是自旋为零的玻色子；(D) 光子有两个偏振态，声子有两个振动态。

45. 以下对光子气体描写错误的说法是（ ）

(A) 光子的自旋为 1；(B) 封闭在空腔的电磁波可看成光子气体；(C) 光子无偏振态；(D) 光子气体是理想的玻色气体。

46. 以下是物理实物或模型的温度，其中最高的温度是（ ）

(A) 费米温度；(B) 玻色温度；(C) 星际温度；(D) 金的熔点。

47. 以下是物理实物或模型的温度，其中最低的温度是（ ）

(A) 费米温度；(B) 玻色温度；(C) 星际温度；(D) 金的熔点。

48. 以下哪一个不能用费米模型来处理？（ ）

(A) 超新星；(B) 超流体；(C) 光电发散；(D) 晶体缺陷。

49. 准粒子有很多种，请问晶体可以被划分在以下哪一类准粒子（ ）

(A) 声子；(B) 激子；(C) 磁子；(D) 旋子。

50. 以下哪一个理论模型计算的固体热容在低温情况下，与实验结果相差最大？（ ）

(A) 杜隆-珀蒂定律；(B) 爱因斯坦模型；(C) 德拜模型；(D) T^3 定律。

二、结果分析

第 1 题：答案是 (D)。这样一来使得分数的分布宽度变小了，但没有改变分布极大值位置，但改变平均分数。因为分布变窄了，所以平均分数就向最概然分数接近。

第 2 题：答案是 (C)。这是平衡态统计物理的唯一假设，其他三个表述系平衡态热力学与统计物理的结果或推论。

第 3 题：答案是 (A)。它是各个宏观热力学函数对状态参量求偏导数后的关系，没有出现微观量。玻尔兹曼熵公式中的熵是一个宏观热力学函数，与之发生联系的是微观状态数；配分函数是对所有相格子数按指数衰减权重求和，由它计算出平衡态下诸热力学函数；能量均分定理尽管确定的是一个粒子的平均能量，却用到了系统微观态的分布，而由之给出的系统的内能具有宏观性。

第 4 题：答案是 (D)。(A) 是经典统计物理的成果，但没有相变重要；而 (B) 和 (C) 是量子论的结果。

第 5 题：答案是 (D)。1900 年 4 月 27 日，英国皇家学会为迎接新世纪的来临，开了一次庆祝会。在这个会上，德高望重的开尔文勋爵发表了一个著名的演讲，他说："物理学的大厦已经建立，未来的物理学家只需要做些修修补补的工作就行了。"但是开尔文独具慧眼，他接着说："现在明朗的天空还有两朵乌云，一朵与黑体辐射有关，另一朵与迈克耳孙实验有关。"这就是人们津津乐道的 20 世纪初物理学天空的两朵乌云。在开尔文讲了这段话不久，就从这两朵乌云里面诞生了量子论和相对论。

当年的年底就从第一朵乌云中诞生了**量子论**，是由普朗克提出来的。五年之后从另一朵乌云中诞生了相对论，是由爱因斯坦建立的。第一朵乌云就是**黑体辐射**。不过开尔文的原话实际上不是谈黑体辐射，而是谈固体比热，当然了，这两者是同一个困难。

英国人瑞利 (T.B. Rayleigh) 和金斯 (J.H. Jeans) 分别在 1900 年和 1905 年研究黑体辐射时，将封闭在空腔中的电磁场分解为一系列单色平面波的叠加，或看作许多谐振子组成的系统，并利用经典能量均分定理，得出黑体平衡辐射的能量密度的表达式：

$$\rho(\nu, T)\mathrm{d}\nu = \frac{8\pi}{c^3} k_B T \nu^2 \mathrm{d}\nu,$$

其称为瑞利–金斯（Rayleigh-Jeans）公式。若将该公式对频率从 0 到 ∞ 积分，得到含所有频率的能量密度为无穷大。这意味着平衡辐射场只有当能量密度为无穷大时才开始建立。这一荒诞的结果称为"**紫外灾难**"(ultra-violet catastrophe)，历史上它使得经典物理陷入严重的危机，从而也推动了辐射理论和近代物理学的发展。

为了解决这一问题，普朗克是这么认为的："热辐射从原子里射出来的时候是一份一份的，吸收的时候也是一份一份的，但是在辐射脱离原子之后，在空间传播的时候是连续的，不是一份一份的。"但是大家还是不理解他的观点。普朗克又诙谐地打了一个比方，说道："有一个湖，湖里头有很多的水，旁边有一个水缸，里头也有水，有人用小碗把水缸里的水一碗一碗搬到湖里，你说这水是连续还是不连续的？"这就是普朗克的突变 —— 量子假设，所以，量子论的鼻祖是普朗克。

第 6 题：答案是 (D)。其属于非平衡统计物理范畴。洛施密特在 1876 年指出，如果原来系统从 0 到时刻 t 在相空间运动使 H 减小，那么，在 t 时刻若所有分子的坐标不变而速度反向，则系统将沿原来的相轨道逆向进行，这样一来，H 函数不就增加了吗？

玻尔兹曼在答复上述疑问批评的讨论中表达了如下观点：玻尔兹曼方程存在一个"碰撞积分"$\left(\frac{\partial f}{\partial t}\right)_{\text{coll}}$，这一项并非纯力学定律的结果，而系包含了若干统计假设而来的，所以 H 定理所要求的 H 总在减小，只是概率意义上的，即在任何时刻，H 减低的概率远大于增加的概率。这不仅对时间 t 如此，对 $-t$ 亦如此。

第 7 题：答案是 (D)。信息熵也叫香农熵；香农 (C. E. Shannon) 提出了一个不确定度函数，也叫做信息熵，代表信息量的损失。在信息论中，把从两种可能性中作出判断所需的信息量叫做 1 比特。根据热力学温度的定义 $T^{-1} = (\partial S/\partial E)_N$，负温度意味着当系统的内能增加，其熵反而降低，这对应于非稳定系统的一种短暂的平衡态。当对能级取连续化近似，费米子（例如电子）所遵循费米–狄拉克分布中出现费米函数，但与熵无关，熵是一个宏观概念，而费米函数是一个平均每个量子态所占据的粒子数的微观概念。

第 8 题：答案是 (C)。信息熵是香农创建的。

第 9 题：答案是 (B)。其他三个表述与本问题无关。

第 10 题：答案是 (D)。应是考虑了系统内能为一定量的约束所造成的。

第 11 题：答案是 (B)。相格是为了在经典统计物理引入概率性，事先将相空间分割成很多个小的相体积，其大小是一个待定量，不过那儿还没有用到量子理论的概念。

第 12 题：答案是 (A)。无 (B) 这个概念；(C) 是粒子密度，与微观状态数及其密度不是一个概念；(D) 是状态数。

第 13 题：答案是 (B)。(A) 是体系必须满足的两个约束条件；(D) 不需应用到理想气体情况。

第 14 题：答案是 (C)。配分函数的表达式显示出将所有能壳内的相格数按玻尔兹曼因子权重求和，因此它被称为"态求和"，亦出现在分布密度函数的分母中，起到归一化作用；它一般是温度、体积和粒子数的函数，而不是一个纯常数，但它是无量纲的。

第 15 题：答案是 (B)。是的，能均分定理是在经典玻尔兹曼分布下推导的，在量子情况下要修正。(C) 是对的，因为在平衡态下粒子的分布律是稳定的；而在暂态过程中，粒子的分布密度函数还随时间变化。(D) 也是对的，组成实际气体的分子间存在相互作用，但只要在分子的能量表示式中，有一项独立动量或坐标的平方项，则就可运用能量均分定理来计算这个分子在该自由度上的平均能量。

第 16 题：答案是 (A)。假设系统仅在二次型自由度上储存能量（比如晶格振动），能量均分定理给出系统内能：$U = \frac{1}{2}r\nu RT$，这里 ν 是物质的摩尔数，R

是普适气体常量，只要测出系统的定容热容量 $C_V = \left(\dfrac{\partial U}{\partial T}\right)_V = \dfrac{1}{2}r\nu R$，就可确定系统的自由度数 r。

第 17 题：答案是 (C)。在室温下，金属的简谐晶格模型告诉我们，三个动量平方自由度，三个振动坐标平方自由度，而由价电子构成的自由电子气对金属的热容无贡献。所以，1 摩尔物质量的固体金属的定容热容量等于 $6 \times \dfrac{1}{2}R = 3R$，而本题中物质的量是 $32/64 = 0.5$ 摩尔，故 (C) 是正确的，而其他三个为错误。

第 18 题：答案是 (B)。按照能量均分定理，处于温度为 T 的平衡态经典系统，一个粒子的能量分配在每一独立平方项上的平均值等于 $\dfrac{1}{2}k_B T$。若粒子的能量表达式中有 r 独立平方自由度，则粒子在平衡态下的平均能量等于 $\dfrac{r}{2}k_B T$。结果与平方项中的系数无关。

第 19 题：答案是 (C)。二维量子谐振子能量公式为：$\varepsilon = (n_x + n_y + 1)h\nu$，令其等于 $3h\nu$，则要求 $n_x + n_y = 2$，有三种情况满足这一条件：$(n_x, n_y) = (0,2), (1,1), (2,0)$。只有量子情况才存在简并的概念，即能量相同的粒子还有其他自由度不一样。

第 20 题：答案是 (D)。这个问题容易出错，其他三个描述都是正确的，实验上容易测量定压热容量。

第 21 题：答案是 (A)。双原子分子在转动能级上存在着简并情况，若用总角动量 l 标志一个转动能级，同一个角动量在空间某一方向上的投影也是量子化的，共有 $2l+1$ 个可能投影取值，则就有 $2l+1$ 个不同的量子态取相同的能量。对振动按量子揩振子处理，因为双原子分子的振动是一维，所以振动无简并。

第 22 题：答案是 (B)。负温度体系是暂态情况，而热力学第三定律是平衡态，所以违背。

第 23 题：答案是 (A)。根据热力学温度的微观定义：$T^{-1} = \left(\dfrac{\partial S}{\partial U}\right)_{V,N}$，我

们知道通常情况下系统的内能越高时，可能出现的微观态数越多，其熵也就越大，温度为正。所以，负温度并不要求系统的内能为负。

(C) 和 (D) 是实现负温度的两个必要条件。(B) 是高能级粒子数大于低能级粒子数，即粒子数反转进而出现负温度的重要实例。

第 24 题：答案是 (B)。我们从压强的一种定义式出发，即
$$p = -\left(\frac{\partial F}{\partial V}\right)_T,$$
这里 F 是系统的自由能，V 是气体分子活动的空间体积。在统计物理，气体的自由能可由单分子配分函数的自然对数来计算，而 V 仅出现在分子平动相关的配分函数中，所以双原子分子组成的气体的压强来自于它的平动自由度。

第 25 题：答案是 (C)。巨正则系综描写的是 T, V, μ 一定的系统。

第 26 题：答案是 (D)。不同种分子的混合熵增加。

第 27 题：答案是 (D)。如果某个热力学函数是对系统配分函数求导数，那么对配分函数中出现的 $1/N!$ 求导后将消失，例如本题中的 U，引入 $1/N!$ 修正因子的结果与未引入这个因子的玻尔兹曼法一样。如果不是这样，那么引入 $1/N!$ 的系综法与玻尔兹曼法的结果不同，前者正确，而后者使得这些热力学函数不具备广延量的性质。

第 28 题：答案是 (C)。在分子水平上，高于室温 (300 K) 的温度并不意味着不是低温。其他三项均是粒子不显示量子行为的条件。

第 29 题：答案是 (A)。这四个量反映量子性由易到难的次序：自旋、简并度、德布罗意波长和温度。

第 30 题：答案是 (A)。近独立性有两层含义：一是系统的总能量等于所有粒子本身能量（也称自能）之和，不考虑粒子的相互作用能；二是一个粒子处于哪个能级与另一个能级处于另外一个能级，这两件事情是独立的。显然，这两个条件在经典和量子统计同样适用。

第 31 题：答案是 (B)。对于这样比较专门的问题，尽管你可能没有学过统计物理，但可在逻辑推理而不是直觉下进行筛查。量子与经典的差别表现在分子能量上就是：前者能级离散，后者能级连续；容器越大意味着系统的粒子数密度越小，而这正是经典粒子要求的条件。按照经典能级连续性的特点，分子的能级间隔应该变窄而不是越宽。因此，我们就可认为 (B) 是不对的说法。

第 32 题：答案是 (A)。自由电子的能量表达式为：$\varepsilon = \dfrac{1}{2m}(p_x^2 + p_y^2 + p_z^2)$，从动量空间来看，能量等于费米能 $\varepsilon = \varepsilon_F$ 的等能面是一个球面，费米面。因此，(A) 是正确的而 (B) 是错误的。

对于自由电子气而言，$T = 0\text{K}$ 时的化学势称为费米能，$T \ne 0\text{K}$ 时的化学势称为费米能级，并且后者轻微小于前者。

第 33 题：答案是 (B)。

第 34 题：答案是 (B)。根据自由能的定义 $F = U - TS$，利用等温系统对外做功等于它自由能减少的性质，即 $dF = -SdT - pdV$，$p = -(\partial F/\partial V)_T$。在 $T = 0\text{K}$ 极限下，$F = U = E_0$，那么，$p = -\partial E_0/\partial V$。

在 $T = 0\text{K}$，自由电子气体的总能量为

$$E_0 = \frac{3h^2}{10m}N\left(\frac{3N}{8\pi V}\right)^{2/3},$$

可以看出，它是与体积有关的，这里 V 为想象的一个箱子，往里添加自由电子。所以费米气体在 $T = 0\text{K}$ 的压强为

$$p = -\frac{\partial E_0}{\partial V} = \frac{2}{3}\frac{E_0}{V}.$$

这一压强称为零点压强。这是理想费米气体与经典理想气体的重要区别之一。

第 35 题：答案是 (C)。因为经典统计适用于稀薄体系。若粒子的平均活动尺度大于德布罗意波长，则量子效应不明显；简并性是量子系统的特性；一般金属的费米温度可高达 $10^3 \sim 10^4 \text{K}$，而必须用费米–狄拉克量子统计来处理。

第 36 题：答案是 (A)。

第 37 题：答案是 (D)。在 $T=0\,\mathrm{K}$ 时，电子填充费米能以下，而费米能以上的状态是空着的；当温度升高，由于泡利不相容原理的限制，不是所有的电子能被激发到费米面以上的状态去，只有费米面内附近 $k_B T$ 薄层内的电子有可能被激发到费米面以外。

室温是指 300K，我们知道一般金属的简并温度（也称退化温度）为 $10^3 \sim 10^4\mathrm{K}$，只有当温度远大于这个温度时，量子效应即简并度消失，故 (A) 是错的。

低温即温度小于费米温度情况下，电子气的热容正比于温度，所以，(B) 和 (C) 都是错误的。

第 38 题：答案是 (D)。在 $T=0\,\mathrm{K}$ 时，自由电子气的总能量为 $E_0 = \frac{3}{5}\mu(0)N$，而费米能 $\mu(0)$ 又与粒子数有关，$\mu(0) = \frac{h^2}{2m}\left(\frac{3N}{8\pi V}\right)^{2/3}$，所以，$E_0$ 正比于 $N^{5/3}$。

第 39 题：答案是 (C)。正确的 (A) 和 (B) 表述已经回答了量子理想气体粒子间在统计意义上不是无关的，所以 (D) 是正确的。

第 40 题：答案是 (A)。玻色温度的意义是：当温度大于它时，所有的玻色子处在激发态，而当温度低于这一温度时，玻色子占据基态的数目增加。

(B) 是正确的，这是因为在一维和二维情况下，理想玻色气体的化学势不可能趋于零，这与 BEC 机制矛盾；换句话说，若令化学势等于零，则一维和二维不存在玻色温度。

(C) 是对的，可以把 BEC 看做一种相变，即一种相粒子在激发态，另一种相粒子在基态，存在一个转换温度即玻色温度，导致基态的粒子数随温度有不规则的变化。这是自然界的唯一缺乏相互作用的相变。

(D) 是的，只考虑玻色子的平动，自由粒子的能量为 $\varepsilon = p^2/(2m)$。

第 41 题：答案是 (A)。

光子在动量空间中的等能面是一个球面，因此，能量在 $\varepsilon \sim \varepsilon + \mathrm{d}\varepsilon$ 的光子

状态数为
$$g(\varepsilon)\mathrm{d}\varepsilon = 2\frac{V}{h^3}4\pi p^2 \mathrm{d}p = \frac{8\pi V}{c^3 h^3}\varepsilon^2 \mathrm{d}\varepsilon,$$
光子气体又可以被看成极端相对论玻色气体，遵从 $\mu = 0$ 的 B-E 分布：
$$\bar{n} = \frac{1}{\mathrm{e}^{\beta\varepsilon} - 1},$$
体积 V 内的光子数等于
$$N = \int_0^\infty \bar{n} g(\varepsilon)\mathrm{d}\varepsilon = \frac{8\pi V}{h^3 c^3}\beta^{-3}\int_0^\infty \frac{x^2}{\mathrm{e}^x - 1}\mathrm{d}x.$$
最后式中的积分为一个无量纲的常数值，按本题的要求并不需求出它，而 $\beta = (k_B T)^{-1}$，故光子数以 T^3 形式正比于温度。

第 42 题：答案是 (C)。这是玻色温度的定义。

事实上，当 $T = T_B$ 时全部粒子还处于激发态；所谓 BEC，当温度接近绝对零度，全部粒子都转到仅与动量相关的最低能级上。因此，$T = T_B$ 时，未发生 BEC 现象，故 (A) 是错误的。

(B) 当 $T < T_B$，玻色子占据基态的数目增加，粒子并未都处于基态。

(D) 是错误的。当 $T < T_B$ 时，处于基态的粒子数与总粒子数之比为
$$\frac{N_0}{N} = 1 - \left(\frac{T}{T_B}\right)^{3/2},$$
可见，若 $N_0 > \frac{1}{2}N$，则需 $T < 2^{-2/3}T_B$。

第 43 题：答案是 (C)。这是因为内能 U 还正比于体积。

让我们分析其他三个正确表述的物理原因，有时侯的分析可以跳出公式本身。

一个物体的热容可以朴素地理解成：从外界吸收热量使其温度发生变化的本领。依据 $C = Q/\Delta T$ 知，若物体吸收一定量的热而它的温度改变小，则说明它的热容大。另一方面，温度又是刻画组成物体分子热运动的剧烈程度，在不同的温度区间，物体的热容并不一样。

对于等容过程，系统从外界吸热全部用来增加其内能，$Q = \Delta U$，而内能等于无相互作用的分子的动能之和。在玻色温度以下，一部分分子在能量为零的基态，一部分分子在激发态，随着温度的增加，在基态的分子被激发到对系统内能有贡献的激发态，则内能的变化大，导致 C_V 上升；在玻色温度处，所有分子都处于激发态，那么再升高一个单位温度，则系统的内能的变化反而变弱。故系统在玻色温度处的定容热容量最大。

(D) 熵趋于零是热力学第三定律要求的，任何体系不能违背这一定律。

第 44 题：答案是 (D)。声子有两个横声子状态和一个纵声子状态。

第 45 题：答案是 (C)。光波是电磁波，可以认为电磁场是由大量独立的光子组成的理想气体。光子的简并度等于 2，这是因为电磁波是横波，有两种偏振态。

第 46 题：答案是 (A)。一般金属的费米温度约是 65000K；玻色温度为 0.036K；星际温度为 4K；金的熔点是 1336K。

第 47 题：答案是 (B)。

第 48 题：答案是 (B)。液氦在低温的超流性是一个相变过程，可以用玻色–爱因斯坦凝聚机制来解释。

第 49 题：答案是 (A)。半导体归类为激子；铁磁材料属于磁子；超流液氦属于旋子。

第 50 题：答案是 (A)。这一定律仅适用于高温极限，$C_V = 3Nk_B$。德拜模型计算的固体热容在整个温度区间与实验符合得较好。

参考文献

[1] 漆安慎, 杜婵英, 包景东. 普通物理学教程 力学（第三版）[M]. 北京：高等教育出版社, 2012.

[2] 雅科夫·伊西达洛维奇. 趣味力学 [M]. 谷羽，赵秋长译. 武汉：湖北少年儿童出版社，2009.
[3] 赵凯华. 新概念物理教程　力学、热学 [M]. 北京：高等教育出版社，2010.
[4] 包景东. 热力学与统计物理简明教程 [M]. 北京：高等教育出版社，2011.
[5] 李椿，章立源，钱尚武. 热学（第二版）[M]. 北京：高等教育出版社，2008.
[6] 包景东. 理论物理课程应在培养学生批判性思维能力上发挥作用 [J]，大学物理，2014，33(1): 1.
[7] 沈惠川. 统计力学 [M]. 合肥：中国科学技术大学出版社，2011.
[8] Greiner W, Neise L, Stöcker H. Thermodynamical and Statistical Mechanics [M]. New York: Springer-Verlag, 1995.
[9] Carter A H. Classical and Statistical Thermodynamics [M]. New Jersey: Pearson Education. Inc, Publishing as Prentics-Hall, Inc., 2001.
[10] Pathria P K. Statistical Mechanics [M]. 2nd Edition. Singapore: Elsevier Pte Ltd., 1997.
[11] Schwabl F. Statistical Mechanics [M]. 2nd Edition. Berlin: Springer-Verlag, 2006.

 最后的话

自然这本伟大的"书"包含了太多的篇幅，充满新的现象和尚未得到解决的神秘事物和新的线索；随着每个老问题得到回答，新问题又产生了。所以，这本《格物致理·批判性科学思维》可能不会有最后一章，在本书里我们展现了物理学定律和原理背后的故事，这些物理学背景及其物理学家们的批判性思维将成为带领我们超越科学世界的忠实向导。

从科学本身的特点和教学的实际角度来展示批判性思维的威力。即使最持怀疑态度的读者也会相信，科学的确通过精致的细节描述了世界的运作，而不断完善的科学就是靠质疑来前行的。我们已经看到了物理学家是如何运用一系列精心开发的逻辑步骤，如何援引研究发展道路上著名的科学原理，去着手得出深刻的结论。

我们常常把"创新"挂在嘴边，但它的前奏是"质疑"，有了不盲从的意识才可能发展知识[1]。从这个角度来讲，批判性思维是创新型人才培养的前提。在当今开放与共享的年代，要普及科学但更要彰显科学精神。目前的理科教育大都是怎样去说明人们所看到的现象，而不是理性地考虑问题，做到对任何事情经过考证才下结论。所以，更应该鼓励理工科学生热爱科学和逻辑，使他们成为素质、能力和知识相长的"全人"；学习和发现没有终点……

---

[1] 葛墨林. 物理教学的思考[J]. 大学物理，2013, 32(9): 1-8.